新编

计算机基础操作短期培训教程

王环　李安宗　编

西北工業大學出版社

【内容提要】本书为全国计算机职业技能培训规划教材，基于 Windows XP 操作平台，主要包括：计算机基础知识、中文输入技术、中文 Windows XP 的使用、中文 Word 2003、中文 Excel 2003、中文 PowerPoint 2003、Internet 操作基础以及常用工具软件等内容。

本书从实用性、易掌握性出发，重点突出、操作简练、图文并茂，并结合难易程度做了必要的说明和提示，使读者能够快速入门，迅速掌握计算机的基础知识。

本书是初学者自学及计算机培训班的理想教材，同时也可供大中专院校师生学习参考。

图书在版编目（CIP）数据

新编计算机基础操作短期培训教程/王环，李安宗编.—西安：西北工业大学出版社，2005.3
（2018.8 重印）

ISBN 978-7-5612-1905-8

Ⅰ. 新…　Ⅱ. ①王…　②李…　Ⅲ. 电子计算机—技术培训—教材　Ⅳ. TP3

中国版本图书馆 CIP 数据核字（2005）第 017291 号

出版发行：西北工业大学出版社
通信地址：西安市友谊西路 127 号　邮编：710072
电　　话：(029) 88493844　88491757
网　　址：www.nwpup.com
电子邮箱：computer@nwpup.com
印 刷 者：北京虎彩文化传播有限公司
开　　本：787 mm×1 092 mm　1/16
印　　张：14
字　　数：376 千字
版　　次：2005年3月第1版　2018年月第6次印刷
定　　价：40.00 元

前言

随着科学技术日新月异的发展，计算机的应用技术也蓬勃发展起来，计算机知识已成为现代人不可缺少的知识储备。高等院校几乎所有专业均开设了计算机课程，而且计算机知识的普及教育也正走向中专、中小学乃至家庭。各行各业的人都日益感觉到掌握计算机知识是适应社会发展的必然趋势。为满足广大用户学习掌握和使用计算机的要求，作者在多年实践的基础上编成此书。

本书主要是以当前最常用的 Windows XP 为操作平台，针对初学者而编写的。语言通俗易懂，图文并茂，并通过大量的实例和明晰的操作步骤详细介绍了 Word 2003，Excel 2003 和 PowerPoint 2003 应用软件的使用方法。本书是计算机实践与提高的理想读物，它既是各种计算机培训班和初学者自学的首选教材，同时也可作为大中专学生的参考书和工具书。

由于作者水平有限，错误和疏漏之处在所难免，恳请广大读者批评指正。

编　者

目　录

第一章　计算机基础知识

随着计算机技术的发展，计算机应用已由少数专业人员使用发展成为我们每个人生活和工作不可缺少的一部分。现代社会已成为信息的社会，微电子、通信以及数字技术的飞速发展，计算机作为它们的工具已变得必不可少，所以了解计算机、学会和更好地使用计算机已成为当今社会每一个人的迫切需求。

本章重点

（1）从感性上认识计算机。

（2）从理性上认识计算机。

（3）多媒体计算机。

（4）计算机开机和关机。

第一节　从感性上认识计算机

从 1946 年第一台电子计算机诞生以来，计算机已成为发展最快的一门学科。尤其是微型计算机的出现，使得计算机成为人们必不可少的工作工具。本节主要介绍从感性上认识计算机的历史、分类、特点和应用等基础知识。

一、计算机的发展史

1946 年 2 月第一台全自动电子计算机 ENIAC（Electronic Numerical Integrator And Calculator）即“电子数字积分计算机”诞生了。这台计算机的诞生标志着电子计算机时代的到来，它的出现具有划时代的意义。经过 50 多年来的不断发展，计算机的更新换代越来越快，并推动人类更快地向前发展。根据计算机构成的电子元器件时代来划分计算机发展阶段，一般将计算机的发展分为 5 个阶段：

1．第一代计算机

第一代计算机（1946—1958 年），采用的主要元器件是电子管，因此被称为电子管计算机。其主要特征为：采用电子管元件作为逻辑元件，体积庞大、耗电量高、可靠性差和维护困难；运算速度慢，每秒仅为几千次；内存容量小，采用磁鼓、小磁芯片作为存储器，仅为几 KB；主要使用机器语言编程。因此，第一代计算机主要用于科学研究和军事。

2．第二代计算机

第二代计算机（1958—1964 年），采用的主要元器件是晶体管，因此被称为晶体管计算机。其主要特征为：采用晶体管元件作为逻辑元件，体积大大减小、可靠性强、寿命延长；运算速度加快，每秒可达到几十万次；内存容量大大提高，采用磁芯作为内存储器，磁盘、磁带作为外存储器，容量达到几十 KB；程序设计开始使用高级程序语言，如 C 语言、COBOL 语言和 PASCAL 语言等；计算机开始在数据处理和事务处理领域中得到应用。晶体管计算机的发明给计算机技术带来了革命性的变化。

3．第三代计算机

第三代计算机（1965—1969 年），采用的主要元器件为中、小规模的集成电路，在几平方毫米的单晶硅片上集成由十几个甚至上百个电子元件组成的逻辑电路。其主要特征为：体积进一步缩小，寿命更长；运算速度每秒可达到几百万次；存储器进一步发展，体积更小、价格低、软件逐渐完善；语言进一步发展，出现了操作系统和交互式语言，计算机开始广泛应用于各个领域。

4．第四代计算机

第四代计算机（1971 年至今），开始全面采用大规模和超大规模的集成电路，被称为电子计算机。其主要特征为：采用大规模（LSI，LargeScale Integration Circuit）和超大规模（VLSI，Very LargeScale Integration Circuit）元器件，体积更小，可靠性更好、寿命更长；运算速度每秒可达到几千万次；软件配置更丰富，并且制作更加工程化和理论化；操作系统不断完善；计算机已在办公自动化、数据库管理、语言识别等各个领域内大显身手，人类进入了以计算机网络化为特征的时代。

5．第五代计算机

从 20 世纪 90 年代以来，计算机技术发展十分迅速，产品不断升级换代。随着科学技术的不断提高，现有的计算机系统将不能满足人们日益多样化的应用要求，许多的新技术和新工艺要求计算机的功能更加完善，应用范围更加广泛，因此不断地对计算机进行研究和发展是至关重要的。西方和东方的一些发达国家已投入大量的人力和物力，积极开发支持逻辑推理和知识库的智能计算机、神经网络计算机和生物计算机等新一代计算机。总之，未来的计算机将向更智能化和网络化方向发展。

二、计算机的分类

从计算机诞生至今，人们从对计算机的不同使用，不同视觉角度等方面出发，把计算机分成以下几种类型：

1．按规模大小分

根据计算机的机器规模的大小、运算速度的快慢、主存储器容量的大小、系统性能的强弱以及价格等，可将计算机分为巨型机、大型机、中型机、小型机、微型机和工作站。

（1）巨型机。巨型机是指运算速度达到每秒亿次以上，功能最强、性能最好的计算机。主要应用于尖端科技和军事等领域。

（2）大、中型机。大、中型机是指运算速度达到每秒几千万次以上，通用性最好、功能强大的计算机。主要用于国家级科研机构。

（3）小型机。小型机是指运算速度达到每秒几百万次以上，结构简单、价格便宜、操作简便的计算机。主要应用于一般的中、小型机构。

（4）微型机。微型机也称为个人计算机，简称 PC 机或微机。是目前应用最广泛的机型，具有线路先进、小巧灵活、价格便宜、省电等优点。主要应用于一般的科研与设计机构以及普通高校等。

（5）工作站。工作站是介于微型机与小型计算机之间的一种高档微型机。它的主要特点是速度快、容量大、网络通信功能强、价格便宜等。它主要应用于图像处理、计算机辅助设计和办公自动化等方面。

2. 按处理信息的形式分

从总体上讲，电子计算机可以分为模拟计算机和数字计算机。

（1）模拟计算机。模拟计算机是指对模拟变量进行操作的计算机，它处理的信息是以模拟量来表示的。

（2）数字计算机。数字计算机是指以“0”和“1”数字代码的数据形式来表示要处理的信息。通常所说的计算机即数字计算机。

3. 按用途分

数字计算机又分为通用计算机和专用计算机。

（1）通用计算机。通用计算机能够解决各类问题，具有较强的通用性。

（2）专用计算机。专用计算机是专为处理某些问题而设计的计算机。

三、计算机的特点

计算机是一种可以进行自动控制、具有记忆功能的现代化信息处理工具。它的主要特点是运算速度快、计算精确度高、具有记忆和逻辑推理功能等。

1. 运算速度快

运算速度快是计算机最显著的特点。计算机采用存储程序设计思想，使得电子器件的快速性得到了充分的发挥，使得计算机的运算速度飞速提高，目前最快可达到每秒上百亿次。

2. 计算精确度高

计算机的精确度取决于运算中的数字位数，位数越多越精确。目前普通的计算机就能达到十几位甚至几十位有效数字和计算精度，这是一般的计算工具无法相比的。

3. 存储容量大

计算机能够把大量的数据和程序存入存储器，并能把处理的结果也保存在存储器中，当需要这些信息时，可以准确快速地把它们调出。计算机的存储器类似于人脑。

4. 具有逻辑推理能力

计算机能在执行命令的过程中，自动根据上一步执行结果判断下一步该做什么，并可根据判断自动地决定以后要执行的命令。

5. 可靠性高

因为采用了大规模和超大规模的集成电路，所以现在的计算机可靠性非常高。可以自动连续地高速、准确计算，可以不分昼夜地工作而不发生故障，这是它与其他计算工具的本质区别。

正是因为计算机具有以上几方面的特点，才促进了计算机的快速发展和被广泛的应用。

四、计算机的应用

由于计算机具有运算速度快、计算精确度高、可靠性高、逻辑推理能力强等特点，因此其应用领域非常广泛，几乎渗透到社会的各行各业中。使用计算机能够帮助人们完成一定的工作，可以大大提高工作效率，并且可以替代人类部分的脑力劳动。

计算机应用领域划分为以下几个方面：

1．科学计算

科学计算指用于完成科学研究和工程技术中提出的数学问题的计算，第一台计算机就是为了这个需要而诞生的。随着科学技术的发展，许多高精度的复杂计算都是由计算机来完成的，例如：天气预报、高能物理、火箭的运行计算和地质勘探等许多高尖端科技都离不开计算机的计算。这是计算机应用的一个重要领域。

2．信息处理

信息处理是指计算机对信息进行记录、整理、分析、合并、分类和统计等加工处理。一般应用于企业管理、事务管理、办公自动化、情报检索等领域。现代社会是一个信息化的社会，为了全面、深入、精确地认识和掌握信息所反映的事物本质，只有使用计算机对其进行一定的处理。目前利用计算机对信息进行处理已成为计算机应用的一个重要方面。

3．自动控制

自动控制又称为过程控制和实时控制，即指计算机及时采集数据，将数据处理后，按最佳值迅速对控制对象进行控制的过程。例如：对生产设备及其过程进行控制，可大大提高自动化水平和减轻劳动强度。利用计算机进行过程控制，可以提高过程的准确性和及时性，从而改善劳动条件、提高生产质量和节约能源。

4．辅助功能

计算机辅助功能是指综合利用计算机的工程计算、数据处理、逻辑判断能力和人的经验各方面的结合，形成一个专门系统帮助人们完成任务。目前主要的计算机辅助功能有：辅助设计、辅助教学、辅助制造和辅助测试等。

计算机辅助设计（CAD，Computer Aided Design）是指利用计算机来帮助人们进行工程设计。计算机辅助教学（CAI，Computer Assisted Instruction）是指将教学内容、教学方法等录入到计算机中，帮助学生轻松学到所需要的知识。计算机辅助制造（CAM，Computer Aided Manufacturing）是指利用计算机进行生产管理、控制和操作。计算机辅助测试（CAT，Computer Aided Tesing）是指利用计算机来完成大量复杂的测试工作。

5．多媒体和网络

多媒体是指以计算机技术为基础并融合大众传播和通信技术为一体，通过交互处理数据、文字、声音和图像等不同形式的信息，紧密结合的一种综合技术。这种技术在教育、电视会议和家庭娱乐等得到了广泛应用。

当前是计算机和网络的时代，把多个计算机连接成网，即可以实现资源共享。随着社会信息化的发展，计算机网络得到迅速发展作用也越来越大，目前世界上最大的网络即国际互联网（Internet）几乎把全球大多数国家联系起来了。

6．电子商务

电子商务指通过计算机和网络进行的商务活动。电子商务始于 1996 年，是在 Internet 基础上发展起来的，主要是通过网络进行商业交易。

虽然电子商务的起步不久，但由于其具有高效率、高收益、低支付和全球性的特点，很快受到各界人士的广泛重视，具有很好的发展势头。

7. 人工智能

人工智能（AI，Artificial Intelligence）也称为智能模拟，一般是指模拟人脑进行演绎推理和采取决策的思维过程。这是一种涉及计算机科学、控制论、信息论、仿生学、神经生理学和心理学等学科的边缘科学。

人工智能的研究领域包括模式识别、机器证明、自然语言理解、专家系统、机器翻译、机器人等。

第二节　从理性上认识计算机

上一节从计算机的历史、特点、应用等方面对计算机有了大概的认识，本节主要从计算机的构成、原理等方面进一步的从理性上认识计算机。

一、计算机系统的组成

计算机系统由硬件系统和软件系统组成，它们是计算机正常运行的必要条件，两者缺一不可。利用计算机来完成某一指定任务时，硬件和软件是共同协作的关系，硬件是躯体，软件就是灵魂，没有软件的计算机被称为“裸机”。如图 1.2.1 所示为计算机系统基本组成。

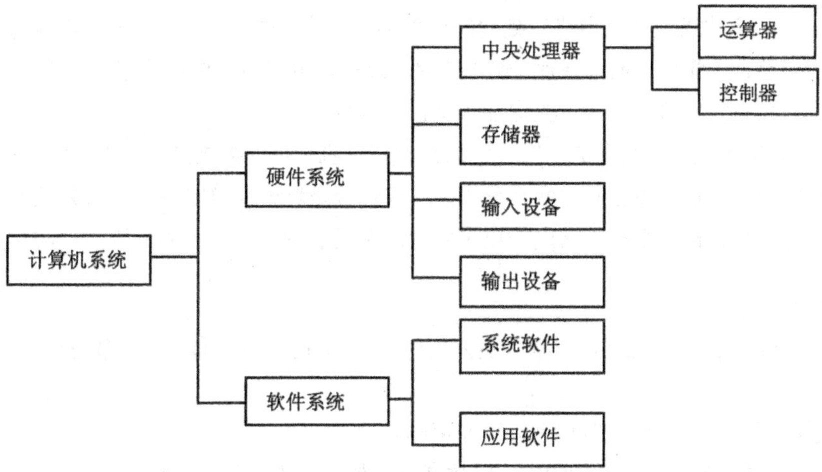

图 1.2.1　计算机系统基本组成

目前，计算机能够广泛应用于各个领域，主要是因为软件的丰富使其能够完成各种不同的任务。当然，没有良好的硬件配置，软件再好也没有用武之地。

1. 计算机硬件组成

硬件是指构成计算机的物理装置，看得见，摸得着，是一些实实在在的有形实体。从第一台计算机的诞生直到今天，计算机的硬件组成体系都没有发生过变化，即由运算器、控制器、存储器、输入设备和输出设备组成，运算器和控制器统称为中央处理器（CPU），硬件原理如图 1.2.2 所示。

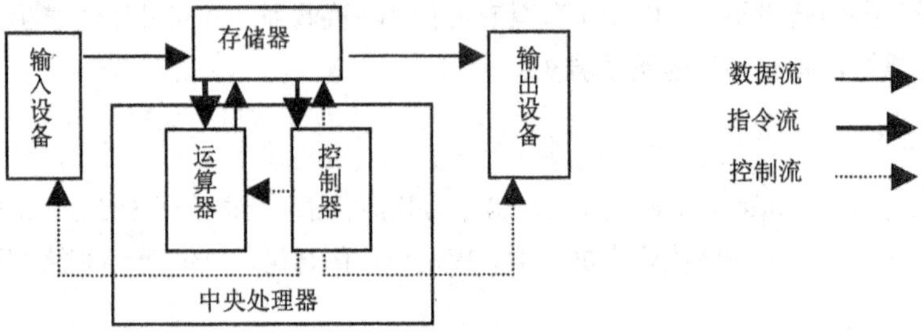

图 1.2.2　计算机硬件组

（1）运算器。运算器也称为算术逻辑部件，是 CPU 的核心部件，主要任务是在控制器的控制下执行各种算术运算和逻辑运算。

（2）控制器。控制器是 CPU 最主要的部件，其作用是对输入的指令进行分析，并统一控制和指挥计算机的各个部件按照预先编好的程序完成一定的任务。

（3）存储器。存储器是指计算机的记忆装置，用来存放参与运算的数据和程序的部件。存储器又分为内存储器和外存储器两大类。

1）内存储器。内存储器又称主存储器，简称内存，其突出的特点是存取速度快、容量小、价格贵。目前，内存储器都是由半导体构成的。从使用功能上分为随机存储器（Random Access Memory 简称 RAM）和只读存储器（Read Only Memory，简称 ROM）。计算机系统中大量使用的是 RAM，只有当开机后才能存储，断电后所有存储的内容将消失，所以一定要存盘。

2）外存储器。外存储器又称辅助存储器，简称外存，其突出的特点是容量大、价格低、存取速度慢。目前使用的外存储器主要有硬盘、软盘和光盘 3 种。

（4）输入设备。输入设备是将需要进行处理的数据输入计算机的设备。输入设备由两部分组成，一部分是输入接口电路，一部分是输入装置。输入装置通过接口电路与主机连接起来，从而接收各种数据。常用的输入设备有：键盘、鼠标、光电输入机、扫描仪等。

（5）输出设备。输出设备是将存放在内存中的经过计算机处理的数据结果，以某种人们可以识别的形式表现出来的设备。输出设备是由两部分组成，一部分是输出接口电路，一部分是输出装置。通过接口电路，计算机将输出的数据传送到输出设备上。常用的输出设备有显示器、打印机等。

2．计算机软件组成

软件是指为了管理、指挥和维护计算机完成各种任务而编制的程序的总和。程序是指针对某一种需要组织起来的指令集合。

计算机软件系统可以分为系统软件和应用软件两部分。

（1）系统软件。系统软件就是硬件和应用程序之间的媒介。通过系统软件可以使计算机正常、高效地工作和控制协调计算机硬件的工作。系统软件包括操作系统、语言程序、服务性程序和诊断程序等。操作系统是系统软件最重要的部分，它负责管理、控制计算机系统的软、硬件和数据资源，是用户和计算机之间的接口，为软件的开发和应用提供了环境。

不同体系的计算机要求的操作系统不同，相同体系的计算机硬件也可能有不同的操作系统。最常用的操作系统有：DOS，Windows 3.x，Windows 9x，Windows 98，Windows 2000，Windows XP 等。

（2）应用软件。应用软件是针对某一特定的问题或某一特定的需要而编制的软件，这些软件通常以特定的操作系统为其运行环境，通过系统软件来指挥计算机的硬件完成其功能。

现在最常用的应用软件有文字处理、电子表格、财务软件、数据库应用、图形图像处理等软件。通过系统软件，用户就可以直接使用各种各样的应用软件，使计算机完成自己的工作。这一切使用计算机的工作都是由操作系统来管理和控制的。应用软件直接影响到的是计算机的应用范围与实际的经济效益。

二、微型计算机的组成

微型计算机简称为微机，是计算机大家族中的一员。虽然其中每一个成员的规模、性能、结构和应用等都不尽相同，但是它们的组成部分是相同的，由硬件系统和软件系统两大部分组成。硬件系统由运算器、控制器、存储器、输入设备和输出设备 5 部分组成；软件系统是由系统软件和应用软件两部分组成。

微机与传统的计算机没有本质的区别，不同之处在于，随着集成电路工艺的不断提高，微机把控制器和运算器集成在电路芯片上，统称为微处理器或中央处理器，是计算机的心脏。

从微机的外观看，它由主机、显示器、键盘和鼠标等组成，如图 1.2.3 所示。

图 1.2.3 微机组成

1. 主机

主机是计算机最重要的部分。主机是由主机板、CPU、内存、机箱和电源构成。主机箱内主要有主机板、硬盘驱动器、软盘驱动器、电源和显示适配器等。主机板是一块矩形的电路板，上面布满了各种电子元件、插槽和接口等。主机板将各种周边设备如 CPU、内存、扩展卡和硬盘等紧密地联系在一起，如图 1.2.4 所示。

图 1.2.4 主机

2. 显示器

显示器是微机的另一大组成部分，是不可缺少的输出设备，用户在屏幕上直接查看计算机的程序、数据和图形等信息以及正在播放的 CD，VCD 等影像。

一般的显示器上都设有电源开关与调整亮度、对比度的旋钮，用户可通过它们对显示器进行调整。好一点的显示器还有画面水平或垂直移动、画面大小调整等功能旋钮，如图 1.2.5 所示。

图 1.2.5 显示器

3．键盘

键盘是用户和计算机进行对话的工具，通过它可以输入各种数据和程序。最早的计算机键盘为83键键盘，而目前使用最多的是101键键盘。键盘按材料可划分为电容式、机械式和机电式等几种。用户可根据自己的习惯选用手感较好和使用较为方便的一种，如图1.2.6所示。

4．鼠标

近年来，另一种输入设备随着Windows的推广，使用也越来越广泛，这就是鼠标。常用的鼠标按工作原理分为机械式和光电式两种。按照按键的数目可以分为一键式、两键式和三键式3种，但使用最多的是两键式，用户可根据自己的习惯设置鼠标的按键功能，如左键用于选择菜单、工具；右键用于选择快捷菜单，如图1.2.7所示。

鼠标以它成本低，使用方便的优点，已成为计算机使用者不可缺少的帮手。

图1.2.6　键盘

图1.2.7　鼠标

第三节　多媒体计算机

多媒体就是一种以交互方式将图形、图像、文本、音频、视频等多种媒体信息，经过计算机设备的综合处理，以单独或合成的形态表现出来的技术和方法。它在表现方式上直观、生动、容易被人们接受。多媒体是电脑在信息界的一个新的应用领域，从20世纪90年代开始是多媒体的发展和普及的时代，也是我国科技跻身于国际高科技的时代。

一、多媒体计算机及其组成

多媒体计算机要求具有综合处理声音、图形、文本信息的能力。为了达到满意的效果，高质量的多媒体系统要求具有三维图形、立体声音、真彩高保真运动画面；要求实时地处理数字化视频、音频信息，这对计算机是一个严峻的挑战。

而计算机今后应具有的新特点是：支持DVD、支持通用串行总线USB、全立体声、多监视器、具有TV功能，内存在64～128 MB、集成化网络接口卡等。

多媒体计算机基本的硬件设备组成为：声频卡（Audio Card）、视频卡（Video Card）和光盘机（CD-ROM）。在普通的个人计算机上加上声频卡和CD-ROM就可成为最简单配置的多媒体计算机。

二、多媒体计算机标准

随着计算机技术的不断发展，多媒体PC机的标准也在不断提高。1990年Microsoft公司创建了多媒体PC市场协会（Multimedia PC Marketing Council），简称MPC。1991年Microsoft公司发表了第一代多媒体 MPC 的规格标准，1993 年又发表了 MPC 2.0 的技术规格。而现在普通的多媒体 PC 机的配置已超过了这个标准，并且还在不断地发展。所以，现在 MPC 只规定了多媒体 PC 机的最低配置，凡超过这个标准的系统都可以用 MPC 标识。

1996 年多媒体 PC 市场协会发表的 MPC 4.0 规格为：操作系统 Windows 95；CPU Pentium133；内存容量 16 MB；硬盘容量 1.6 GB；CD-ROM 速度 10X；声卡 16 位；分辨率 32 位真彩；图像 16 位；软驱 1.44 MB。

第四节　计算机开机和关机

计算机也可以说是我们日常的家用电器，和一般的家用电器一样，启动计算机时也要接通电源才能工作，不同的是计算机的准备工作比较麻烦，需要经过各种测试及一系列的初始化。启动计算机的过程根据性质不同可分为冷启动、复位启动和热启动。

一、冷启动

冷启动即电脑在未通电的情况下接通电源来启动。如果磁盘操作系统已经装入硬盘，启动计算机的具体操作步骤如下：

（1）接通电源。

（2）打开显示器电源开关。

（3）接通主机电源。

这时计算机开始启动，首先对内存开始自检，屏幕左上角不停地显示已检测的内存量，然后启动硬盘，计算机自动显示提示信息。

提示：如果已安装 Windows XP，系统则直接进入 Windows XP 界面。

二、复位启动

复位启动过程类似于冷启动。为避免反复开关影响电脑的寿命，在热启动无效的情况下，可按主机箱前面的“Reset”按钮，即可重新启动。

三、热启动

热启动是指计算机在已经通电情况下的启动。一般在计算机运行中出现死机、异常停机和死锁于某一状态时使用。其方法为一只手同时按下“Ctrl”键和“Alt”键不放，另一只手按下“Del”键，然后两手同时松开，计算机即可重新启动。

热启动是一种最迅速的启动过程，因为它省去了一些检测过程。但是，如果因为某些严重的错误使热启动无效时只能使用复位启动。

四、关机

关机时，也要按一定的顺序进行操作，否则容易丢失数据。关闭计算机的具体操作步骤如下：

（1）关闭所有正在运行的应用程序。

（2）选择→命令，弹出如图 1.4.1 所示的对话框。

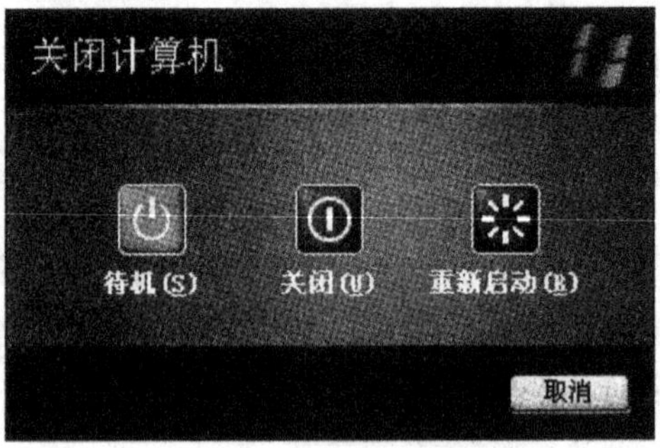

图 1.4.1 “关闭计算机”对话框

（3）在对话框中单击按钮，即可关闭计算机。

提示：如果屏幕上出现“现在您可以安全地关闭计算机了”，这时可直接按下主机箱上的“Power”按钮，安全关闭计算机。

习题一

一、填空题

1. 最早的计算机是____________年诞生的。
2. 计算机主要有____________、____________、____________、____________等特点。
3. 第三代计算机主要有____________、____________、____________、____________等特点。
4. 计算机的硬件系统主要包括____________、____________、____________、____________和____________组成部分。
5. 计算机的软件主要包括____________和____________。

二、问答题

1. 计算机的发展经历了哪几个阶段？各阶段主要有什么特征？
2. 微型计算机由哪几个部分组成？
3. 计算机有哪几种启动方法？
4. 多媒体计算机的硬件有哪些配置？
5. 简述计算机的组成。

第二章　中文输入技术

本章从键盘和鼠标操作入手，介绍指法训练的一些基本方法和技巧，最后两节重点介绍当前国内常用的汉字输入法：智能 ABC 和五笔字型输入法。

本章重点

（1）键盘和鼠标简介。

（2）指法训练。

（3）五笔字型输入法。

（4）智能 ABC 输入法。

第一节　键盘和鼠标简介

在 Windows XP 环境下，主要依靠键盘和鼠标来进行操作，所以熟练地掌握键盘和鼠标的操作非常重要，在本节就主要介绍键盘和鼠标。

一、键盘简介

键盘是最常用的输入设备，使用它可以方便用户输入文字。标准键盘可以划分为 4 个区域，分别为：功能键区、打字键区、数字键区和编辑键区。

1．功能键区

功能键区位于键盘的最上面，它在不同的应用程序中具有不同的作用。例如在通常情况下，按“Esc”键可以取消进行的操作；按“F1”键可以打开应用程序的帮助系统；在“我的电脑”中按“F5”键可以进行刷新操作。

2．打字键区

打字键区在键盘中占有大块的区域，其中某些键的功能很强大。例如按“CapsLock”键可以切换大小写字母；按“BackSpace”键可以删除光标前的字符；按“Enter”键可以把当前执行的操作提交给系统。

3．数字键区

数字键区位于键盘的最右边，使用这些数字键可以用来进行数学运算，例如“NumLock”键为数字锁定键。

4．编辑键区

编辑键区位于打字键区和数字键区的中间，它们主要是完成一些基本的编辑操作。例如按“Delete”键可以删除光标所在处的字符，光标不动；按“Insert”键可以切换插入/改写状态；按“PageUp”

和“PageDown”键可以用来向前或向后翻页。

另外，键盘区域中的各个键还可以组合使用，例如按“Alt+Tab”快捷键可以切换各个应用程序。常用的快捷键如表 2.1 所示。

表 2.1　常用快捷键

快捷键	功　能
Alt+F4	关闭当前窗口
Alt+Tab	选择性地切换打开应用程序
Alt+Esc	依次切换打开的应用程序
Shift+F10	打开快捷菜单
Ctrl+C	复制
Ctrl+V	粘贴
Ctrl+X	剪切
Ctrl+Z	撤销
Ctrl+A	全选
Ctrl+O	打开文件
Ctrl+N	新建文件
Alt+Enter	查看所需项目属目
Shift+Delete	永久删除文档

二、鼠标简介

鼠标也是一种常见的输入设备，它可以很方便地完成键盘的所有操作。例如使用鼠标可以完成菜单操作，应有程序的启动等。

从历史来看，鼠标的出现次序为机械式鼠标、光电机械式鼠标和光电式鼠标。由于机械式鼠标精度有限、传输速度慢及寿命低，所以基本上已被淘汰，并以同样价廉的光电机械式鼠标取而代之。光电机械式鼠标已经普及到我们生活中的每一台计算机中，但它无法避免机械磨损造成的损害。光电式鼠标诞生最晚，其中又分两种：旧式的光电鼠标需要使用专门的光栅做鼠标垫，不够方便，光栅磨损后也会影响精度；新式的光电鼠标采用一种名为“光眼”的新型光学引擎，精确度更高、可靠性更好。除了这些标准应用鼠标之外，鼠标家族还有几位兄弟，其中包括专业应用中的轨迹球（Track ball）以及其他用于不同用途的专业鼠标。

在 Windows XP 中，鼠标主要有以下几种操作：

（1）指向：移动鼠标到某一个对象上。

（2）单击：快速按下和释放鼠标左键，主要用于选择某个对象。

（3）右击：快速按下和释放鼠标右键，可以弹出快捷菜单或对象的帮助提示信息。

（4）双击：快速按下鼠标左键两次，可以用来启动某个应用程序或打开窗口。

（5）拖动：按住鼠标左键不放，拖动到一个新位置，可以将所选对象移动到新位置。

另外，鼠标指针在对不同的对象操作时，其指针形状也不一样，如表 2.2 所示为鼠标在不同的状态下的形状。

表 2.2　鼠标形状

形　状	状　态	形　状	状　态
	输入文本或选择文本处		水平调整
	选择窗口、菜单或控制标尺等	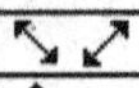	沿对角线调整
	等待状态		移动
	帮助选择		候选
	后台运行		链接选择
	垂直调整		手写

第二节　指法训练

指法训练是进行计算机操作的基础，只有掌握正确的输入方法，才可以事半功倍。另外，还要掌握打字技巧。正确的输入方法应该包括两个方面：一方面是手指与键位之间的分工，另一方面是手指的击键方式。

一、手指与键位的分工

手指尽可以放到基准键位上，就是位于主键盘的第三排的“ASDF”以及“JKL;”上，基准键位与手指的对应关系如图 2.2.1 所示。

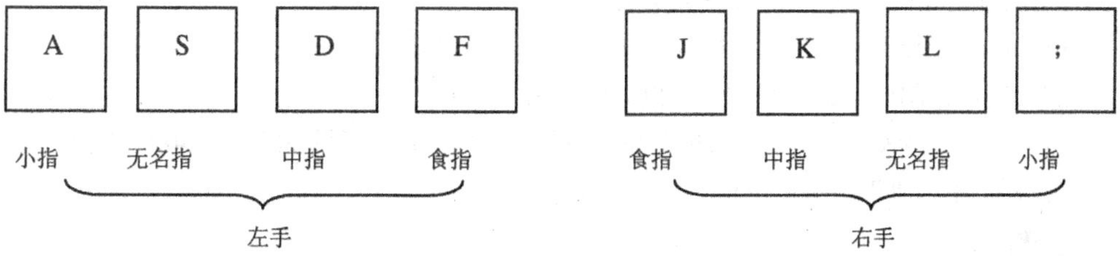

图 2.2.1　手指与基准键位的分工

另外，食指还多管了一个字符，即左手食指多管了一个 G 键，右手食指多管了一个 H 键。左手稍微往左上方斜，就是所对应的 Q～R 键，左手稍微往右下方斜，就是所对应的 Z～V 键；右手稍微往左上方斜，就是所对应的 U～P 键，右手稍微往右下方斜，就是所对应的 M～/键。

二、击键方式

正确的击键方式也是非常重要的，主要包括以下几点：

（1）姿势要正确，一般击键时，身体要保持垂直，肩、手、肘、腕要放松。

（2）在击键时，指尖一定要对准键位中心击打。

（3）击键时，手指击键的节拍要一致。

（4）显示器放在键盘的正后方，输入前先将键盘右移 5 cm，再将原稿紧靠键盘左侧放置，以便阅读。

第三节　五笔字型输入法

五笔字型输入法是一种典型的汉字输入法，它适合于专业的录入人员，其主要优点是无需拼音方面的知识，重码率低，可以进行高速的输入。

一、五笔字型基础知识

五笔字型是一种形码，它是按照汉字的字形进行编码的。所以在学习五笔字型前，必须首先了解关于汉字的一些基本结构。

1. 汉字的笔划

一般从书写形态上分为：点、横、竖、撇、捺、挑（提）、钩、（左右）折8种。

在五笔字型中，把汉字的笔划分为：横、竖、撇、捺（点）、折5种。把“点”归结为“捺”类，是因为两者运笔方向基本一致；把挑（提）归结于“横”类；除竖能代替左钩以外，其他带转折的笔划都归结为“折”类。

2. 笔划的书写顺序

在书写汉字时，可以按照以下规则：先左后右，先上后下，先横后竖，先撇后捺，先内后外，先中间后两边和先进门后关门的顺序。

3. 汉字的字形

在五笔字型输入法中，汉字的字形分为3类：

（1）1型：结构是左右型的汉字，例如：快、明、汉等字。

（2）2型：部位是上下型的字，例如：分、花、杂等。

（3）3型：称为杂合型，包括单字和内外型的汉字，即没有明显的上下和左右结构的汉字，例如：困、同、本、果等。

提示：在向计算机输入汉字时，只告诉计算机该字是由哪几个字根组成的，往往还不够充分，有时必须把字型信息告诉计算机。

4. 汉字的拆分方法

五笔字型的拆分方法分为以下几种：

（1）字根等于4个的汉字：依次把4个字根拆出来，敲出代码即可，如“型”字，拆分为一、廾、刂和士，代码为：GAJF。

（2）字根多于4个的汉字：取首字根+次字根+第三个字根+末字根就可以了。

（3）字根少于4个的汉字：取首字根+次字根+第三个字根+识别码；有的汉字只有两个字根：取首字根+次字根+识别码+空格。其中识别码是末笔所在的区与汉字的类型交叉所构成的代码，如表2.3所示。

表2.3　字根识别码

类型／笔划	左右型	上下型	杂合型
横	G	F	D
竖	H	J	K
撇	T	R	E
捺	Y	U	I
折	N	B	V

二、五笔字型汉字输入

对于五笔字型的学习，必须首先掌握其字根键盘、码元助记词、简码输入、词组输入、重码、容错码和Z键的使用方法等。

1. 五笔字型字根键盘

所谓字根就是由若干笔划交叉连接而形成的相对不变的结构。在五笔字型编码输入法中，选取了组字能力强、出现次数多的130个左右的笔划作为基本字根，其余所有的字，包括那些虽然也能作为字根，但是在五笔字型中没有被选为基本字根的部件，在输入时都要经过拆分成基本字根的组合。

为了方便操作人员的记忆，五笔字型按照字根分区划分原则，对选出的130多个基本字根，按照其起笔笔划，分为5个区，以横起笔的为第一区，以竖起笔的为第二区，以撇起笔的为第三区，以捺（点）起笔的为第四区，以折起笔的为第五区。而且每个区又分为五个位，这样共有：11～15，21～25，31～35，41～45，51～55共25个键位，这样130多个基本字根就被分为25类，每类平均5～6个基本字根。25类基本字根安排在除Z键以外的A～Y的25个英文字母键上。其字根分布如图2.3.1所示。

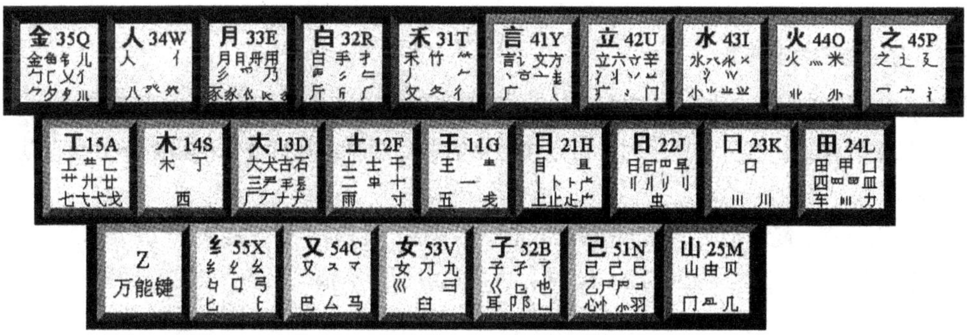

图 2.3.1　五笔字型字根键盘

"五笔字型"码元键盘是依据以下"形码设计三原理"设计完成的：

兼容性：使其码元组合产生的重码最少，重码率要在万分之二以内。

规律性：使其键位或码元的排列井然有序，让使用者好学易记。

谐调性：使双手操作打键时"顺手"，充分发挥各手指的功能，使效率最高。

总之，一个有科学依据、有实用价值因而有真正生命力的码元键盘或输入方案，应当同时满足以上3个条件。

2. 码元助记词

为了使码元的记忆可以琅琅上口，特为每一区的码元编写了一首"助记词"，如表2.4所示。学习者只需反复默写吟诵，即可牢牢记住。

表 2.4　码元助记词

区　位	码元助记词
11	王旁青头戋（兼）五一
12	土士二干十寸雨
13	大犬三羊古石厂
14	木丁西
15	工戈草头右框七
21	目具上止卜虎皮
22	日早两竖与虫依
23	口与川，码元稀
24	田甲方框四车力
25	山由贝，下框几
31	禾竹一撇双人立，反文条头共三一
32	白手看头三二斤
33	月彡(衫)乃用家衣底

续表

区 位	码元助记词
34	人和八，三四里
35	金勺缺点无尾鱼，犬旁留叉儿一点夕，氏无七
41	言文方广在四一，高头一捺谁人去
42	立辛两点六门疒
43	水旁兴头小倒立
44	火业头，四点米
45	之字军盖建道底，摘礻（示）衤（衣）
51	已半巳满不出己，左框折尸心和羽
52	子耳了也框向上
53	女刀九臼山朝西
54	又巴马，丢矢矣
55	慈母无心弓和匕，幼无力

3．五笔字型的拆分准则

凡是字根表中没有的汉字，都可以拆分成字根表中的字根，其拆分准则为以下几点：

（1）按书写顺序：拆分某些字时，可以按照字的书写顺序进行拆分，例如拆分“想”为木、目和心，而不是木、心和目。

（2）能散不连，能连不交：拆分时遵守“散”比“连”优先，“连”比“交”优先的原则。例如：“于”字拆分为一、十，而不能拆分为二、丨，因为后者两个字根之间的关系为交而前者是“散”的关系。

（3）取大优先：“取大优先”是保证在书写顺序下拆分成尽可能大的基本字根，力求字根数目最少。所谓最大字根是指如果增加一个笔划，则不成其基本字根的字根。

（4）兼顾直观：“兼顾直观”是说在拆分字根时要考虑少数汉字码元的完整性而放弃“书写顺序”和“取大优先”的原则。例如“自”字拆分成丿、目；而不能拆分为白、一。

4．字根键位的特征

五笔字型输入法把130多个字根分成5区5位，科学地排列在25个英文字母键上便于记忆，也便于操作，其特点如下：

（1）每键平均2~6个基本字根，有一个代表性的字根成为键名，为便于记忆起见，关于键名有一首“键名谱”：

1）（横）区：王、土、大、木、工

2）（竖）区：目、日、口、田、山

3）（撇）区：禾、白、月、人、金

4）（捺）区：言、立、水、火、之

5）（折）区：已、子、女、又、纟

（2）每一个键上的字根其形态与键名相似。

例如：“王”字键上有一、五、戋、龶、王等字根；“日”字键上有日、曰、早、虫等字根。

（3）单笔划基本字根的种类和数目与区位编码相对应。

例如：一、二、三这3个单笔划字根，分别安排在1区的第一、二、三位置上；

丶、冫、氵、灬这4个单笔划字根，分别安排在4区的第一、二、三、四位置上；

丨、刂、川这3个单笔划字根分别安排在2区的第一、二、三位置上。

三、简码输入

简码分为一级简码字、二级简码字和三级简码字。

1. 一级简码字

对一些常用的高频字，敲一键后再敲一空格键即能输入一个汉字。高频字共 25 个，如图 2.3.2 所示，其中键左上角为键名字，键右下角为高频字即一级简码字。

键名	Q	W	E	R	T	Y	U	I	O	P
简码	我	人	有	的	和	主	产	不	为	这
键名	A	S	D	F	G	H	J	K	L	
简码	工	要	在	地	一	上	是	中	国	
键名	Z	X	C	V	B	N	M			
简码		经	以	发	了	民	同			

图 2.3.2　一级简码键盘位置

2. 二级简码字

由单字全码的前两个字根代码和一空格键组成，最多能输入 25×25=625 个汉字。

3. 三级简码字

由单字前 3 个字根和一个空格键组成。前 3 个字根在编码中是惟一的，都选作三级简码字，约有 4 300 多个。虽敲键次数未减少，但省去了最后一码的判别工作，仍有助于提高输入速度。

四、词组输入

汉字以字作为基本单位，由字组成词。在句子中若把词作为输入的基本单位，则速度更快。五笔字型中的词和字一样，一词仍只需 4 码。用每个词中汉字的前两个字根组成一个新的字码，与单个汉字的代码一样，来代表一条词汇。词汇代码的取码规则如下：

（1）双字词：分别取每个字的前两个字根构成词汇简码。

例如：“计算”取“讠、十、⺮、目”构成编码（YFTH）。

（2）三字词：前两个字各取一个字根，第三个取前两个字根作为编码。

例如：“操作员”取“扌、亻、口、贝”构成一个编码（RWKM）；“解放军”取“⺈、方、冖、车”作为编码（QYPL）等。

（3）四字词：每字取第一个字根作为编码。

例如：“程序设计”取“禾、广、讠、讠”（TYYY）构成词汇编码。

（4）多字词：取一、二、三、末尾 4 个字的第一个字根作为构成编码。

例如：“中华人民共和国”取“口、亻、人、囗”（KWWL），“电子计算机”取“曰、子、讠、木”（JBYS）等。

五笔字型中的字和词都是 4 码。因此，词语占用了同一个编码空间。之所以词字能共同容纳于一体，是由于每个字 4 键，共有 25×25×25×25 种可能的字编码，约 39 万个，大量的码空闲着。对词汇编码而言，由于词和字的字根组合分布规律不同，它们在汉字编码空间中各占据着基本上互不相交的一部分。因此词和字的输入完全一样。

五、重码、容错码和Z键

如果一个编码对应着几个汉字，这几个称为重码字；几个编码对应一个汉字，这几个编码称为汉字的容错码。

在五笔字型中，当输入重码时，重码字显示在提示行中，较常用的字排在第一个位置上，并用数字指出重码字的序号，如果你要的就是第一个字，可继续输入下一个字，该字自动跳到当前光标位置。其他重码字要用数字键加以选择。

例如："嘉"字和"喜"字，都分解为（FKUK）4个键，因"喜"字较常用，它排在第一位，"嘉"字排在第二位。若你需要"嘉"字则要用数字键"2"来选择。

为了减少重码字，把不太常用的重码字设计成容错码字即把它的最后一码修改为L，例如：把"嘉"字的码定义为FKUL，这样用FKUL输入，则获得"嘉"字。

在汉字中有些字的书写顺序往往因人而异，为了能适应这种情况，允许一个字有多种输入码，这些字就称为容错字。在五笔字型编码输入方案中，容错字有500多种。

从五笔字型的字根键位图可见，26个英文字母键只用了A～Y共25个键，Z键用于辅助学习。当对汉字的拆分一时难以确定用哪一个字根时，不管它是第几个字根都可以用 Z 键来代替。借助于软件，把符合条件的汉字都显示在提示行中，再键入相应的数字，则可把相应的汉字选择到当前光标位置处。在提示行中还显示了汉字的五笔字型编码，可以作为学习编码规则之用。

第四节　智能ABC输入法

智能ABC输入法（又称标准输入法）是中文Windows XP中自带的一种汉字输入方法，由北京大学的朱守涛先生发明。它具有简单易学、快速灵活的特点，深受用户的青睐。但是在日常使用中，许多用户并没有真正掌握这种输入法，而仅仅是将其作为拼音输入法的翻版来使用，使其强大的功能与便利远未能得到充分的发挥。

一、智能ABC的启动退出

启动Windows XP之后，按"Ctrl+Shift"快捷键，即可启动智能ABC词条，如图2.4.1所示。

图2.4.1　智能ABC词条

按钮可以用来切换中文和西文输入状态。单击标准按钮，可以切换到双打状态，如果再次单击该按钮，又可以切换到标准状态。按钮可以用来切换全角和半角状态。按钮可以用来切换中文和西文标点符号。按钮可以打开或关闭软键盘。

退出智能ABC的方法是按"Ctrl+Shift"快捷键。用户还可以按"Ctrl+空格"快捷键在中文和英文之间进行切换。

二、智能ABC的特点

智能ABC是一种以拼音为主的智能化键盘输入法，它具有以下特点：

1. 内容丰富的词库

智能ABC的词库以《现代汉语词典》为蓝本，同时增加了一些新的词汇，共收集了大约60 000词条。其中单音节词和词素占13%；双音节占着很大的比重，约有66%；三音节占11%；四音节占9%；五～九音节占1%。词库不仅具有一般的词汇，也收入了一些常见的方言词语和专门术语，例如人名有“周恩来”等中外名人300多人；地名有国家名称及大都市、名胜古迹和中国的城市、地区一级的地名，约2 000条。此外还有一些常用的口语和数词、序数词。熟悉词库的结构和内容，有助于恰当地断词和选择效率高的输入方式。

2. 允许输入长词或短句

智能ABC允许输入40个字符以内的字符串。这样，在输入过程中，能输入很长的词语甚至短句，还可以使用光标移动键进行插入、删除、取消等操作。

3. 自动记忆功能

智能ABC输入法能够自动记忆词库中没有的新词，这些词都是标准的拼音词，可以和基本词汇库中的词条一样使用。智能ABC允许记忆的标准拼音词最大长度为9个字。下面是使用自动记忆功能的两个注意事项：

（1）刚被记忆的词并不立即存入用户词库中，至少要使用3次后才有资格长期保存。新词栖身于临时记忆栈之中，如果记忆栈已经满时它还不具备长期保存资格，就会被后来者挤出。

（2）刚被记忆的词具有高于普通词语频度，但低于常用词频度的特点。

4. 强制记忆

强制记忆一般用来定义那些非标准的汉语拼音词语和特殊符号。利用该功能，只需输入词条内容和编码两部分，就可以直接把新词加到用户库中。允许定义的非标准词最大长度为15字；输入码最大长度为9个字符；最大词条容量为400条。其具体操作步骤如下：

（1）在打开的词条上，单击鼠标右键，在弹出的快捷菜单中选择 定义新词... 选项，弹出 定义新词 对话框，如图2.4.2所示。

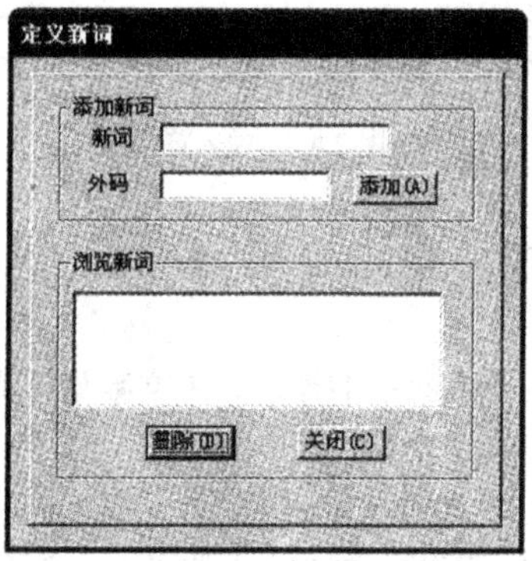

图2.4.2　“定义新词”对话框

（2）在“添加新词”选项区域中的“新词”文本框中输入需要添加的新词，例如输入“中文输入技术”，在“外码”文本框中输入“zwsrjs”。

（3）单击 添加(A) 按钮，即可添加到“浏览新词”列表框中。

（4）如果要删除当前添加的新词，则单击 删除(D) 按钮。

（5）所有的设置完成后，单击 关闭(C) 按钮即可完成了强制记忆功能，如果用户下次要输入“中文输入技术”，只需输入拼音“zwsrjs”就可以了。

5．频度调整和记忆

所谓的频度，是指一个词的使用频繁程度。智能 ABC 标准词库中同音词的排列顺序能反映它们的频度，但对于不同使用者来说，可能有较大的偏差。所以，智能 ABC 设计了词频调整记忆功能。用户如果要对其进行设置，可以直接在词条上单击鼠标右键，在弹出的快捷菜单中选择 属性设置 选项，弹出 智能ABC输入法设置 对话框，如图 2.4.3 所示。

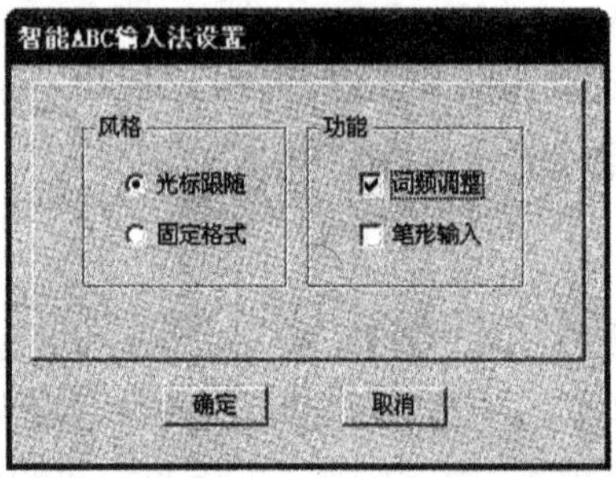

图 2.4.3　“智能 ABC 输入法设置”对话框

在“功能”选项区域中选中 词频调整 复选框，单击 确定 按钮。这时词频调整就开始自动进行，而不需要人为干预。其中主要调整的是默认转换结果，因为系统把具有最高频度值的候选词条作为默认转换结果。

6．中文输入状态下输入英文

在输入拼音的过程中（“标准”或“双打”方式下），如果需要输入英文，可以不必切换到英文方式，只需键入“v”作为标志符，后面跟随要输入的英文。

例如：在输入过程中希望输入英文“office”，键入“voffice”，如图 2.4.4 所示，完成后按空格键即可。

图 2.4.4　输入英文

三、智能 ABC 的特殊输入

智能 ABC 的特殊输入包括 23 个高频字的输入、中文数量词简化输入和笔形输入等。

1．25 个高频字的输入

有 25 个单音节词可用“简拼+空格键”输入。它们是：

Q=去　W=我　R=日　T=他　Y=有　I=一　P=批

A=啊　S=是　D=的　F=发　G=个　H=和　J=就　K=可　L=了
Z=在　X=小　C=才　B=不　N=年　M=没　ZH=这　SH=上　CH=出

用户记住上述高频字，就可以迅速地提高输入速度。

2. 中文数量词简化输入

智能 ABC 提供阿拉伯数字和中文大小写数字的转换能力，对一些常用量词也可简化输入。“i”为输入小写中文数字的前导字符。“I”为输入大写中文数字的前导字符。

例如：输入“i6”，则键入“六”；输入“I6”，则键入“陆”。

如果输入“i”或“I”后直接按中文标点符号键，则转换为“一”+该标点或“壹”+该标点。

例如：输入“i6\”，则键入“六、”；输入“I6\”，则键入“陆、”。

3. 以词定字输入单字

以词定字的方法是使用“[”和“]”两个键。词语拼音+“[”取前一个字，词语拼音+“]”取后一个字。例如：要得到“数字”的“数”字，输入“shuzi[”，即可得“数”字；要得到“字”字，输入“shuzi]”，即可得到“字”字。

4. 输入特殊符号

如果要输入 GB-2312 字符集 1～9 区各种符号的简便方法为：在标准状态下，按字母 v+数字(1～9)，即可获得该区的符号。例如：要输入“※”，可以键入“v1”，再按若干下“+”，如图 2.4.5 所示，这时就可以找到这个符号。

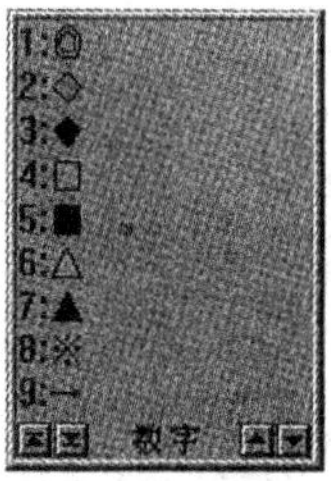

图 2.4.5　输入特殊符号

5. 笔形输入

用户在使用笔形输入时可以在不知道读音的情况下使用，其具体操作步骤为：

（1）在智能 ABC 词条上单击鼠标右键，在弹出的快捷菜单中选择 属性设置... 命令，弹出 智能ABC输入法设置 对话框，如图 2.4.3 所示。

（2）在“功能”选项区域中选中 ☑ 笔形输入 复选框。

（3）单击 确定 按钮完成笔形输入设置，例如用户输入“乜”字，直接输入数字“56”即可。

提示：如果用户要采用笔形输入法来输入，必须首先记住笔形输入法中 8 个笔形代码的含义和规则。

四、使用双打输入

智能 ABC 为专业录入人员提供了一种快速的双打输入。

1. 双打规则

双打遵守以下规则：

（1）一个汉字在双打方式下，只需要击键两次：奇次为声母，偶次为韵母。

（2）有些汉字只有韵母，称为零声元音节：奇次键入“o”字母（o 被定义为零声母），偶次为韵母。虽然击键为两次，但是在屏幕上显示的仍然是一个汉字规范的拼音。

提示：在双打变换状态中，下列场合对双打键盘的定义不起作用：

（1）大写字母（输入拼音时，大写字母要按“Shift + 字母”）；

（2）第一键为“u”，它用于输入用户定义的新词。

（3）第一键为“i”或“I”，用于输入中文数量词。

2. 利用双打提高输入速度

在双打方式下输入一个汉字，只需要击键两次：奇次为声母，偶次为韵母，如表 2.5 所示。

表 2.5 智能 ABC 几种输入法

汉字	全拼	简拼	双打
明枪暗箭	Mingqiang’anjian	Mq’aj	m’Q’aj
重量	zhongliang	zl	Aslt

注意：在双打方式中，由于字母“v”替代声母“sh（诗）”，所以不能使用“v + 区号”的方式来输入 1～9 区的字符，也不能使用“v + ASCII 码字符串”输入西文。

习题二

一、填空题

1. 标准键盘可以划分为 4 个区域，分别为：________、________、________和________。
2. 从历史来看，鼠标的出现次序为________、________和________。
3. 正确的输入方法应该包括两个方面，一方面是________之间的分工，另一方面是________。
4. 五笔字型中的简码输入分为________、________和________。
5. 智能 ABC 的特点包括________、________、________、________、________和________。

二、上机操作题

1. 熟悉键盘上按键的分布及各键的功能。
2. 使用五笔输入法输入一、二级简码。
3. 使用智能 ABC 录入一篇文章。

第三章　中文 Windows XP 的使用

中文 Windows XP 是 Microsoft 公司于 2001 年底推出的操作系统。它在继承了 Windows 2000 先进技术的基础上，又添加了许多全新的技术和功能。Windows XP 具有直观、友好的操作界面，使用户无论在何处工作，都可以在 Windows XP 环境下轻松地进行各种操作与管理。

本章重点

（1）Windows XP 的基本知识。

（2）Windows XP 的基本操作。

（3）资源管理器。

（4）控制面板。

（5）系统管理。

第一节　Windows XP 的基本知识

目前 Windows 操作系统几乎统治了整个电脑界，它集操作系统、硬件规范、多媒体、通信、网络、移动计算机和娱乐功能于一身。且 Windows 操作系统功能强大，给电脑界带来了不言而喻的影响。所以在学习使用电脑前，首先要掌握 Windows 操作系统。在学习 Windows 操作系统之前，要学习 Windows XP 的一些基本知识。

一、Windows XP 概述

Windows XP（XP 是 Experience 的缩写）是微软公司在新世纪发布的新一代操作系统，给用户在应用上带来更多的新体验。根据用户对象的不同，中文 Windows XP 可以分为家庭版的 Windows XP Home Edition 和办公扩展专业版的 Windows XP Professional。

Windows XP 是基于 NT 技术的纯 32 位操作系统，而不像 Windows 9x 那样是 16/32 位的操作系统。它运行非常可靠、稳定而且快速，为用户计算机安全、正常、高效地运行提供了保障。

Windows XP 系统还大大增强了多媒体性能，对其中的媒体播放器进行了彻底的改造，使之与系统完全融为一体，用户无需安装其他的多媒体播放软件，使用系统自带的“娱乐”功能即可播放和管理各种格式的音频和视频文件。

Windows XP 不但使用更加成熟的技术，而且外观设计也焕然一新，桌面风格清新明快、优雅大方，用鲜艳的色彩代替了以往版本的灰色基调，使用户有良好的视觉享受。

总之，Windows XP 系统中增加了众多的新技术和新功能，使用户能轻松地完成各种管理和操作。

二、Windows XP 的新增功能

Windows XP 包含许多新增特性、改进程序以及工具，主要集中在用户界面、多媒体功能和网络

功能上，更加方便了用户的操作与管理。

1．用户登陆界面

进入 Windows XP 后，将出现一个非常漂亮的用户登陆界面，在外观上与以前的各个 Windows 版本都有很大的区别。在界面的右边列出了所有用户的账户，并且每个用户都配有一个图标，非常生动。用户的登陆过程也进一步简化，不需要输入用户名，对于没有设置密码的账户，只需要单击用户图标即可登陆，如图 3.1.1 所示。

图 3.1.1　Windows XP 的登陆界面

2．强大的多媒体功能

Windows XP 内置了 Windows Media Player 8.0 多媒体播放程序，如图 3.1.2 所示，在界面、音质方面都超过了以前的版本。在工作忙碌之余，用户可以听 CD、看 VCD、播放多种类型的多媒体文件等。Windows XP 还增加了 Windows Movie Maker（视频编辑制作）软件，完全可以满足家庭多媒体制作的要求。

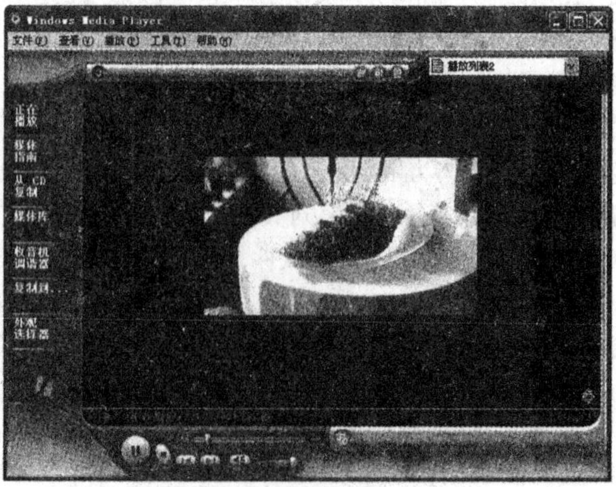

图 3.1.2　多媒体播放器

3．网络功能

Windows XP 为用户提供了安全快捷的网络连接。Windows XP 继承了 Windows Me 网络连接的便捷性，无论是通过调制解调器上网，还是家庭小型网络，或者大型局域网，都可以在连接向导的帮助下非常方便地进行安装，如图 3.1.3 所示。

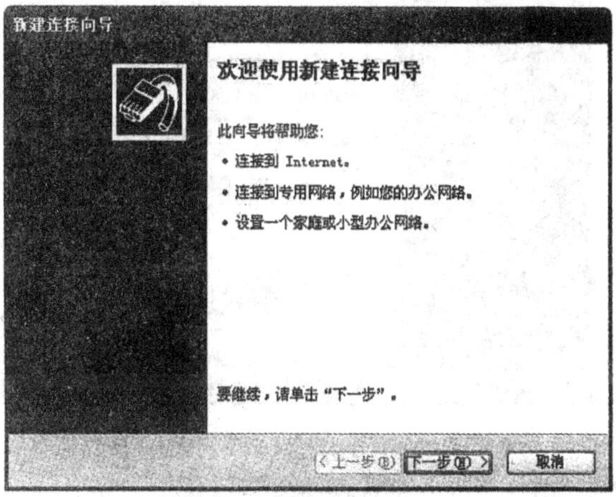

图 3.1.3　连接向导

注意：Windows XP 不能在 Windows 95/NT 环境下安装。

三、Windows XP 的安装过程

中文 Windows XP 可以在 Windows 98/Me 或 Windows 2000 环境中安装，也可以直接升级 Windows 版本或进行全新的安装。这里在 Windows 98 环境下安装，其具体操作步骤如下：

（1）启动 Windows 98。

（2）将 Windows XP 的安装光盘放入光盘驱动器，让其自动运行，即可进入 Windows XP 安装程序的欢迎界面，如图 3.1.4 所示。

图 3.1.4　Windows XP 欢迎界面

（3）在该界面上单击 安装 Microsoft Windows XP(I) 按钮，弹出 Windows 安装程序 对话框（一），如图 3.1.5 所示。在该对话框中的“安装类型”下拉列表中选择安装类型，系统默认的为“升

级”安装。用户还可以在“安装类型”下拉列表中选择“新安装”选项。

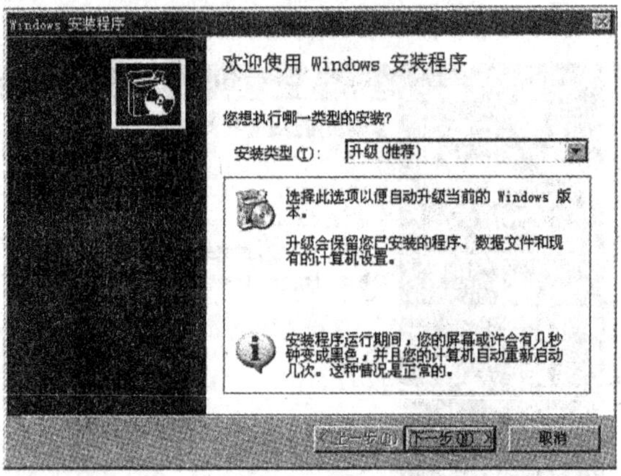

图 3.1.5　“Windows 安装程序”对话框（一）

（4）然后单击“下一步(N) >”按钮，弹出“Windows 安装程序”对话框（二），如图 3.1.6 所示。

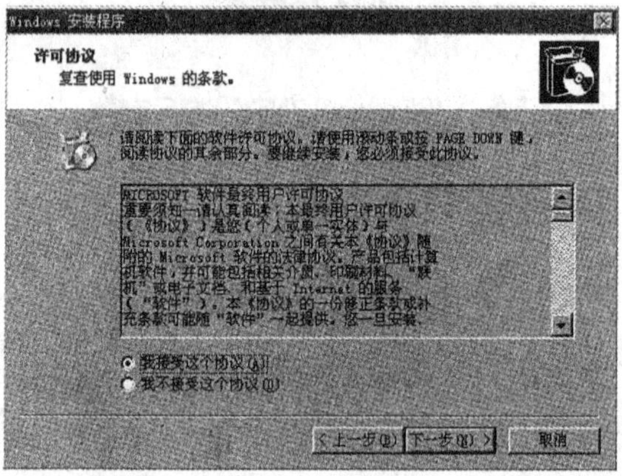

图 3.1.6　“Windows 安装程序”对话框（二）

（5）在该对话框中选中“我接受这个协议(A)”单选按钮，然后单击“下一步(N) >”按钮，弹出如图 3.1.7 所示的“Windows 安装程序”对话框（三）。

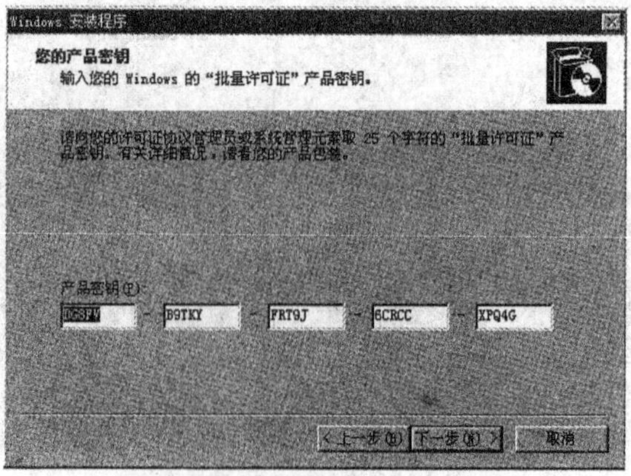

图 3.1.7　“Windows 安装程序”对话框（三）

（6）在该对话框中的“产品密钥”文本框中输入 Windows XP 的产品密钥号码。单击“下一步(N) >”

按钮，弹出 Windows 安装程序 对话框（四），如图 3.1.8 所示。

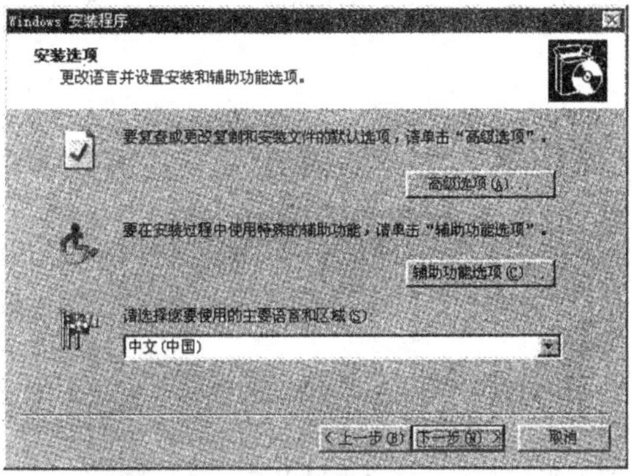

图 3.1.8　“Windows 安装程序”对话框（四）

（7）在该对话框中用户可以根据需要设置高级选项和辅助功能选项，设置完后单击 下一步(N) > 按钮，弹出 Windows 安装程序 对话框（五），如图 3.1.9 所示。

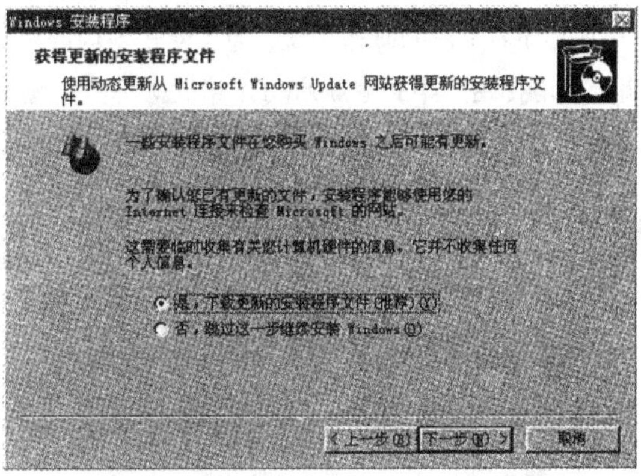

图 3.1.9　“Windows 安装程序”对话框（五）

（8）选中 否，跳过这一步继续安装 Windows (O) 单选按钮，单击 下一步(N) > 按钮，安装程序开始准备安装，如图 3.1.10 所示。

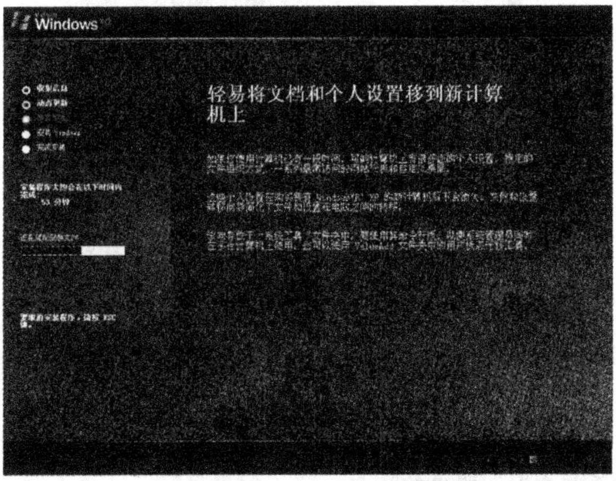

图 3.1.10　准备安装

（9）此时安装程序收集系统信息，在安装程序复制任务完成后，系统将重新启动一次。系统重新启动后，将进行安装 Windows XP 的工作，Windows XP 安装完成后，将重新启动计算机，并进一步完成系统的设置工作。

四、Windows XP 的启动

启动中文 Windows XP 是非常简单的，安装完成后系统会自动启动中文 Windows XP。以后需要启动 Windows XP 只需要打开计算机即可，其方法与启动 Windows 98/Me/2000 类似，这里不再赘述。

五、Windows XP 的退出

当用户要结束对计算机的操作时，一定要先退出 Windows XP 系统，然后再关闭计算机，否则会丢失文件或破坏程序。如果用户直接关机，而没有退出 Windows XP 系统，系统将认为是非法关机，下次开机时，系统将自动执行自检程序。

1. Windows XP 的注销

中文 Windows XP 是一个支持多用户的操作系统，为了便于不同的用户快速登陆使用计算机，中文 Windows XP 提供了注销的功能。用户不必重新启动计算机就可以实现多用户登陆，不仅快捷方便，而且减少了对硬件的损耗。

注销 Windows XP 的具体操作步骤如下：

（1）单击 开始 按钮，打开“开始”菜单，如图 3.1.11 所示。

图 3.1.11 “开始”菜单

（2）在“开始”菜单下边单击 注销(L) 按钮，弹出 注销 Windows 对话框，如图 3.1.12 所示。

（3）在该对话框中单击“注销”按钮，系统将保存设置并关闭当前登陆用户。单击“切换用户”按钮，则是在不关闭当前登陆用户的情况下切换到另一个用户，用户可以不关闭正在运行的程序，而当再次返回时系统会保留原来的状态。

图 3.1.12　“注销 Windows”对话框

2. 关闭计算机

当用户不再使用计算机时，必须先退出 Windows XP，然后才能关闭计算机。具体操作步骤如下：

（1）保存已经打开的文件和应用程序。

（2）单击开始按钮，在打开的“开始”菜单（见图 3.1.11）中单击关闭计算机(U)按钮，弹出如图 3.1.13 所示的关闭计算机对话框。

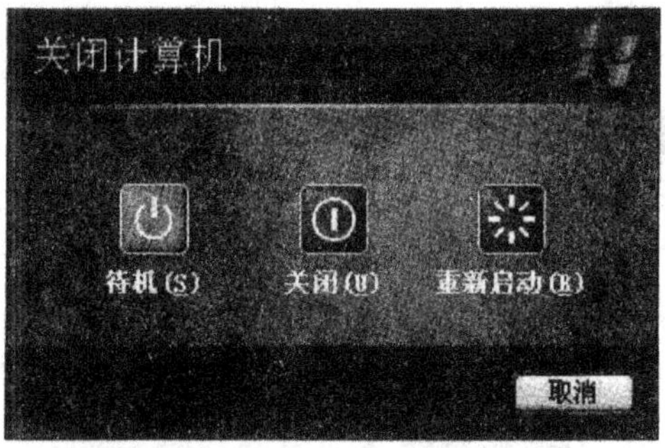

图 3.1.13　“关闭计算机”对话框

（3）单击“关闭”按钮，即可安全地关闭计算机。

提示：如果用户需要重新启动计算机，则可单击“重新启动”按钮；如果用户暂时不用计算机，可以单击“待机”按钮，此时并不退出 Windows XP，而是转入低能耗状态，以便暂时不用计算机时能节省能源。

第二节　桌面管理

当用户启动中文 Windows XP 后，在屏幕上显示的就是中文 Windows XP 的桌面，如图 3.2.1 所示。在 Windows XP 系统中，桌面是用户与系统交流信息并进行操作的地方，可视化的工作界面使用户对计算机的使用和管理变得非常方便。用户可以在桌面上存放经常使用的应用程序和文件夹图标，还可以根据自己的需要在桌面上添加各种快捷图标，在使用时双击图标就能够快速启动相应的应用程序和文件。

通过桌面，用户可以有效地管理自己的计算机。本节将主要介绍中文 Windows XP 的桌面管理和设置，主要包括“开始”菜单、任务栏、我的电脑、网上邻居、回收站、查找等内容。

图 3.2.1　Windows XP 桌面

一、"开始" 菜单

单击桌面上的按钮，打开"开始"菜单，并由此开始 Windows XP 的操作和使用，如图 3.2.2 所示。

图 3.2.2　"开始" 菜单

1. "开始" 菜单的使用

Windows XP 中的"开始"菜单与 Windows 其他版本有很大的区别，它采用了双列形式代替了原来的单列形式，"开始"菜单的命令功能如下：

（1）顶端用户信息：当前的用户名和用户图标。

（2）最近打开的应用程序：总共列有用户最近打开的 6 个应用程序的图标。

（3）所有程序：可执行程序的所有清单。

（4）我的文档：Windows XP 的文档目录。

（5）我最近的文档：显示最近打开过的 15 个文档清单。

（6）图片收藏：Windows XP 的“图片收藏”目录。

（7）我的音乐：Windows XP 的“我的音乐”目录。

（8）我的电脑：打开“我的电脑”窗口。

（9）网上邻居：打开“网上邻居”窗口。

（10）控制面板：打开“控制面板”窗口。

（11）打印机和传真机：打开“打印机和传真”窗口。

（12）帮助和支持：获得 Windows XP 系统的帮助信息。

（13）搜索：在本地计算机或者 Internet 上查找文件或文件夹。

（14）运行：通过输入命令行来运行程序、打开文档或者浏览 Internet 资源。

（15）关闭系统：注销系统、待机、关闭计算机或重新启动计算机。

在 Windows XP 中，大部分应用程序都被分门别类地归纳到“开始”菜单中。在“开始”菜单的左边列出了上网浏览和电子邮件两个最常用的工具和最近使用过的程序项。在“开始”菜单的右边列出了许多最常用的工具。

用户在“开始”菜单中还可以看到有些菜单项后面有一个小三角，这表示其下还有子菜单，有的子菜单可能还有子菜单。将鼠标移到带小三角的菜单项上，其子菜单将自动打开，这样用户可以逐级打开子菜单，最后选择要运行的应用程序即可打开相应的应用程序，如图 3.2.3 所示。

图 3.2.3　“开始”菜单中“所有程序”中的子菜单

提示：按快捷键“Ctrl+Esc”也可以打开“开始”菜单，在打开“开始”菜单后再按键盘上的方向键选定需要的命令，然后按“Enter”键即可打开相应的应用程序。

2．“开始”菜单的设置

“开始”菜单可以方便地进行设置，具体操作步骤如下：

（1）在 开始 按钮上单击鼠标右键，在弹出如图 3.2.4 所示的快捷菜单中选择 属性(R) 命令，弹出任务栏和「开始」菜单属性对话框，且打开「开始」菜单选项卡，如图 3.2.5 所示。

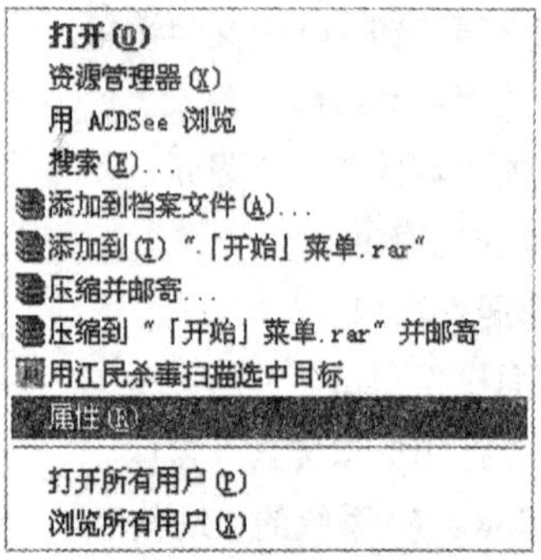

图 3.2.4　快捷菜单

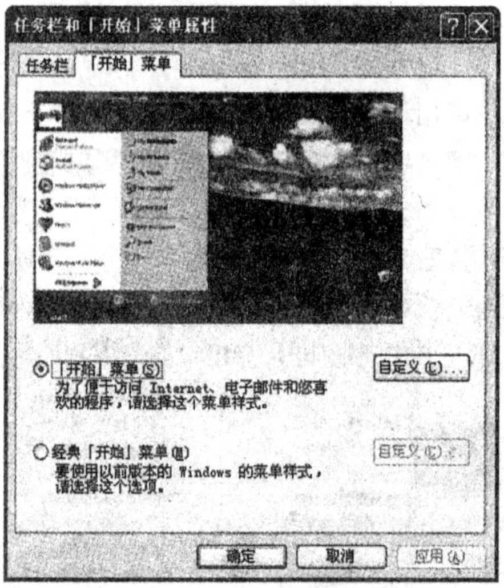

图 3.2.5　“「开始」菜单”选项卡

（2）在该选项卡中，用户可以设置当前所使用的“开始”菜单是标准的 Windows XP 类型的“开始”菜单还是经典类型的“开始”菜单。

（3）单击自定义(C)...按钮，弹出自定义「开始」菜单对话框，如图 3.2.6 所示。

图 3.2.6　“自定义「开始」菜单”对话框

（4）在该对话框中的“为程序选择一个图标大小”选区中选中◉小图标(S)单选按钮，可以在“开始”菜单中以较小的图标显示各个程序命令。在“程序”选区中用户可以指定在“开始”菜单中显示的常用快捷方式的个数，系统默认为 6 个。如果单击[清除列表(C)]按钮，可清除“开始”菜单上所有的快捷方式。用户还可以选中☑Internet(I):和☑电子邮件(E):复选框，并在其后的下拉列表中选择所使用的应用程序，如 Internet Explorer 浏览器和 Outlook Express 电子邮件软件。

（5）打开[高级]选项卡，如图 3.2.7 所示。

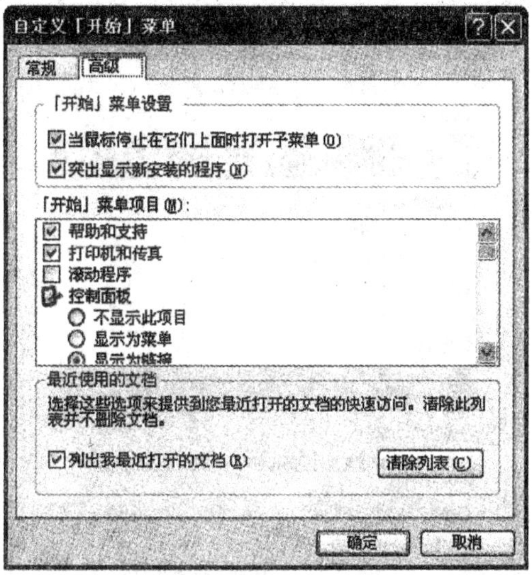

图 3.2.7　“高级”选项卡

（6）在[高级]选项卡中的“「开始」菜单设置”选区中选中☑当鼠标停止在它们上面时打开子菜单(O)复选框，当鼠标停在菜单上时即可打开子菜单；选中☑突出显示新安装的程序(N)复选框，即可在“开始”菜单中突出显示新安装的程序。在“「开始」菜单项目”选区的下拉列表中可以指定当前“开始”菜单中显示的内容。在“最近使用的文档”选区中选中☑列出我最近打开的文档(R)复选框，则可提供用户最近打开的文档的快速访问。单击[清除列表(C)]按钮，则清除最近使用的文档列表。

注意：单击[清除列表(C)]按钮，清除最近使用的文档列表，但并不删除文档。

（7）设置完成后，单击[确定]按钮，完成“开始”菜单的设置操作。

二、任务栏

任务栏位于桌面的最底行，如图 3.2.8 所示。在 Windows XP 中，任务栏是一个非常重要的工具，通过任务栏可以快速启动应用程序。在任务栏中包含一个[开始]按钮，单击该按钮可以打开“开始”菜单，开始进行用户的工作。另外，用户还可以在任务栏上设置一些启动各种应用程序的快捷方式图标。在设置后任务栏上就会出现相应的按钮。如果要切换应用程序窗口，只需要单击代表该窗口的按钮即可。关闭一个窗口后，其按钮也会从任务栏上消失。

图 3.2.8　任务栏

在使用任务栏的过程中，用户还可以根据自己的习惯来设置一个个性化的任务栏，这样可以方便用户的管理和使用。

1．设置任务栏属性

设置任务栏属性的具体操作步骤如下：

（1）在任务栏的空白处单击鼠标右键，在弹出的快捷菜单中选择 属性(R) 命令，弹出 任务栏和「开始」菜单属性 对话框，且打开 任务栏 选项卡，如图 3.2.9 所示。

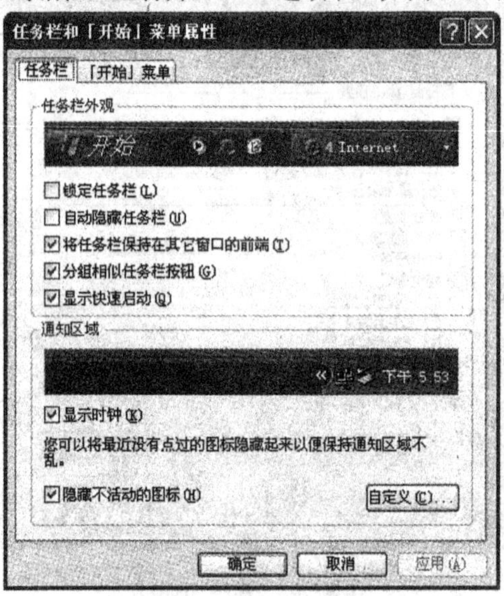

图 3.2.9　“任务栏”选项卡

（2）在 任务栏 选项卡中的“任务栏外观”选区中有 5 个复选框，分别为：

☑锁定任务栏(L)：选中该复选框，则不能改变任务栏的位置和大小。

☑自动隐藏任务栏(U)：选中该复选框，当任务栏不使用时将自动隐藏起来，避免总是占据着屏幕空间，如图 3.2.10 所示。

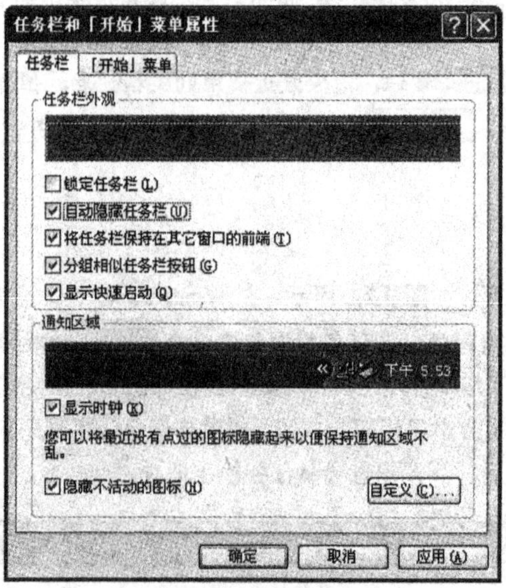

图 3.2.10　隐藏任务栏

提示：当任务栏隐藏后，将在隐藏任务栏的桌面的边缘出现一条细线，表示任务栏隐藏在这里。

☑将任务栏保持在其它窗口的前端(T)：选中该复选框，如果用户打开很多的应用程序窗口，任务栏总是在最前端，而不会被其他窗口挡住。

☑分组相似任务栏按钮(G)：选中该复选框，将相同的程序按钮放在一起。

☑显示快速启动(Q)：选中该复选框，将在任务栏中显示快速启动图标，以便快速启动这些应用程序。

（3）在“通知区域”选区中有两个复选框，选中☑显示时钟(K)复选框，可在状态区中显示时间；选中☑隐藏不活动的图标(H)复选框，可对不活动的项目进行隐藏，以便保持通知区域的简洁明了。

（4）单击 自定义(C)... 按钮，弹出 自定义通知 对话框，用户可以在该对话框中对图标进行显示或隐藏设置，如图 3.2.11 所示。

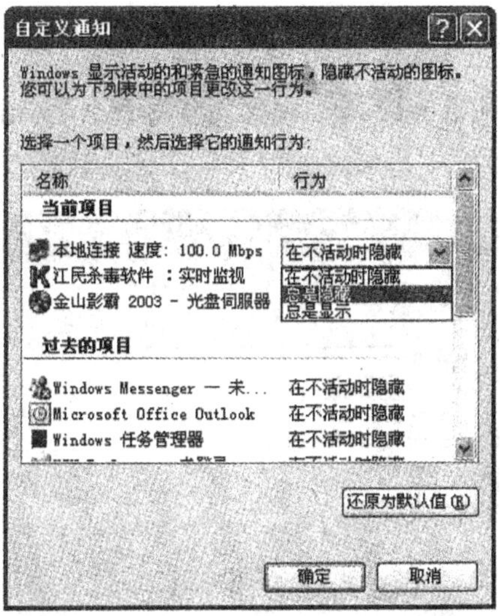

图 3.2.11　“自定义通知”对话框

2．改变任务栏大小

有时用户打开的窗口比较多而且都处于最小化状态时，在任务栏上显示的按钮将变得很小，用户观察很不方便。这时就需要改变任务栏的宽度来显示所有的窗口。将鼠标放在任务栏的边缘上，当鼠标变为双向箭头时，按住鼠标左键并拖动到合适的位置再松开鼠标，任务栏即可显示所有的按钮，如图 3.2.12 所示。

图 3.2.12　改变任务栏大小

注意：在使用任务栏的过程中，将鼠标放在没有按钮的位置，然后拖动任务栏，可将任务栏移动到窗口的任意位置。

3．添加工具栏

除了系统默认的工具栏之外，其他的工具栏都需要用户手动添加。在任务栏的空白区域单击鼠标右键，在弹出的快捷菜单中选择 工具栏(T) 命令，在其子菜单中选择所要添加的工具栏名称，如图 3.2.13 所示，此时在任务栏上就会出现添加的内容。

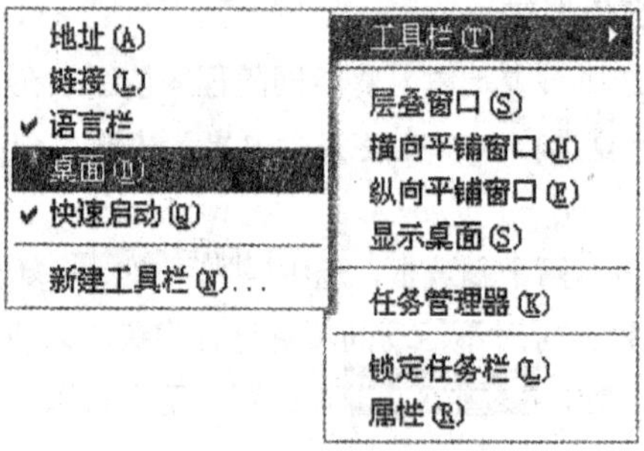

图 3.2.13　“工具栏”子菜单

4．创建工具栏

如果要创建自己的工具栏，可选择 新建工具栏(N) 命令，弹出 新建工具栏 对话框，如图 3.2.14 所示。

图 3.2.14　“新建工具栏”对话框

在列表框中选择要新建工具栏的文件夹，也可以在“文件夹”后的文本框中输入 Internet 地址。选择好后，单击 确定 按钮即可在任务栏上创建自己的工具栏。

提示：当需要删除自己创建的工具栏时，用户只需要取消“工具栏”菜单中该工具栏前面的选取标记“√”即可。

三、我的电脑

在默认方式下，“我的电脑”是 Windows XP 桌面上的一个图标。双击“我的电脑”图标 我的电脑，可以打开“我的电脑”窗口，如图 3.2.15 所示。

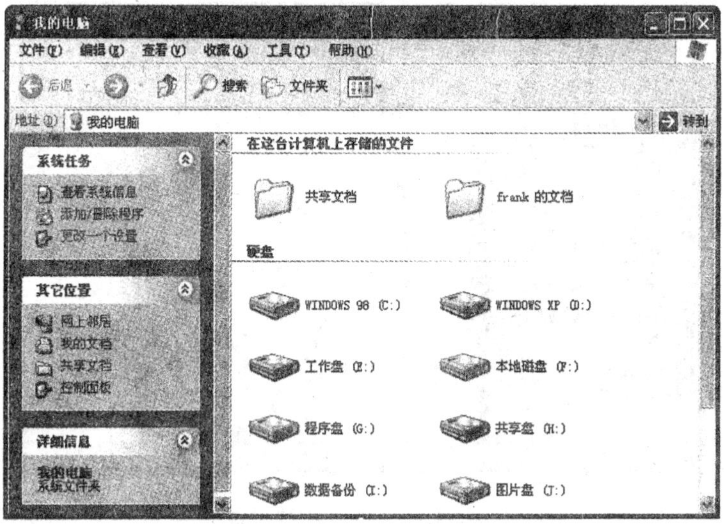

图 3.2.15　“我的电脑”窗口

在“我的电脑”窗口中可以查看用户计算机的各种信息，如文件、文件夹或所有的磁盘驱动器。用户可以双击某个磁盘启动器，例如双击图标，则可以打开“Windows XP（D:）”窗口，如图 3.2.16 所示。用户可以这样一级一级地打开需要的文件。

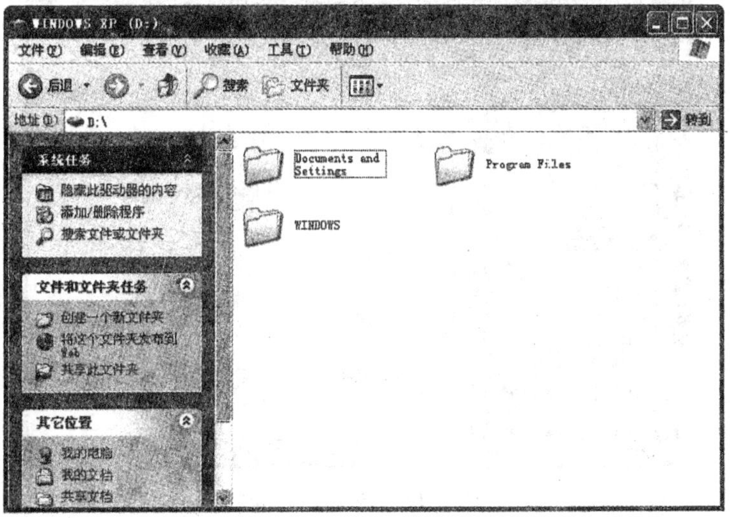

图 3.2.16　“Windows XP（D:）”窗口

四、网上邻居

在桌面上用鼠标双击“网上邻居”图标打开“网上邻居”窗口，如图 3.2.17 所示。

用户可以在此窗口中看到本网络组与本机相连的其他计算机，并且可以查看所有的可共享资源，用户可利用它很方便地进行两台计算机之间的信息交换。

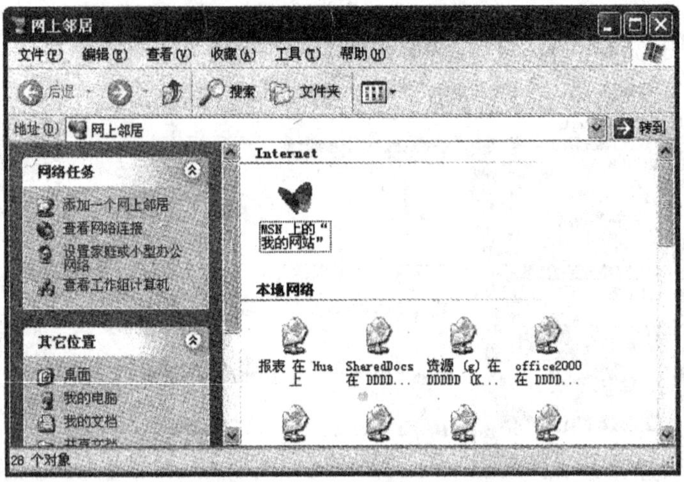

图 3.2.17　“网上邻居”窗口

五、我的文档

在桌面上双击“我的文档”图标，打开“我的文档”窗口，如图 3.2.18 所示。

图 3.2.18　“我的文档”窗口

在 Windows XP 操作系统中，“我的文档”文件夹得到了极大的增强。用户保存和查找信息有了统一的位置。除非某个程序明确要求保存在其他的文件夹中，否则 Windows XP 都会将文件保存到“我的文档”文件夹中。

六、回收站

在桌面上双击“回收站”图标，打开“回收站”窗口，如图 3.2.19 所示。

图 3.2.19　“回收站”窗口

回收站可以说是 Windows XP 中的一个比较特殊的文件夹，它的主要功能是在用户删除不需要的文件或文件夹等资料时，Windows XP 将被删除的资料放在回收站中，而不是将它们立即删除。这样就为由于误操作而删除的文件提供了一个补救的措施，使被误删除的文件或文件夹能够得以恢复。

1. 恢复文件

从“回收站”窗口中恢复文件的具体操作步骤如下：

（1）选中所要恢复的文件。

（2）选择 文件(F) → 还原(E) 命令，或者在所要恢复的文件上双击，在弹出如图 3.2.20 所示的 属性 对话框中单击 还原 按钮，此时文件将被恢复到原先删除它们时的位置。

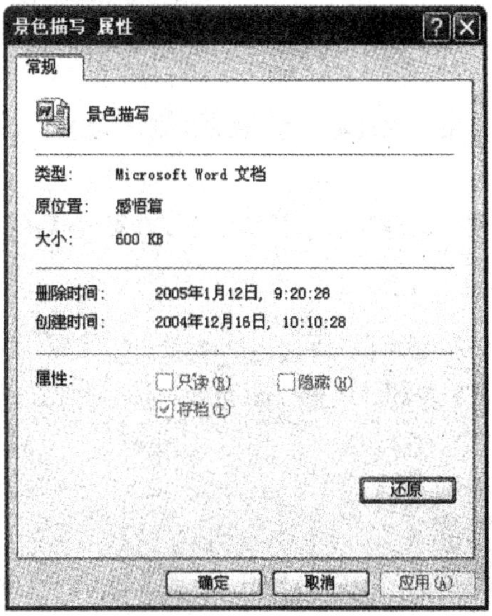

图 3.2.20　“属性”对话框

（3）文件恢复后，在“回收站”窗口中已经看不到所选择的文件，而在被恢复的文件的原位置可以看到被恢复的文件。

2. 删除文件

从“回收站”窗口中删除文件的具体操作步骤如下：

（1）选中所要删除的文件。

（2）选择 文件(F) → 删除(D) 命令，或者直接按“Delete”键，系统将弹出如图 3.2.21 所示的 确认文件删除 对话框。

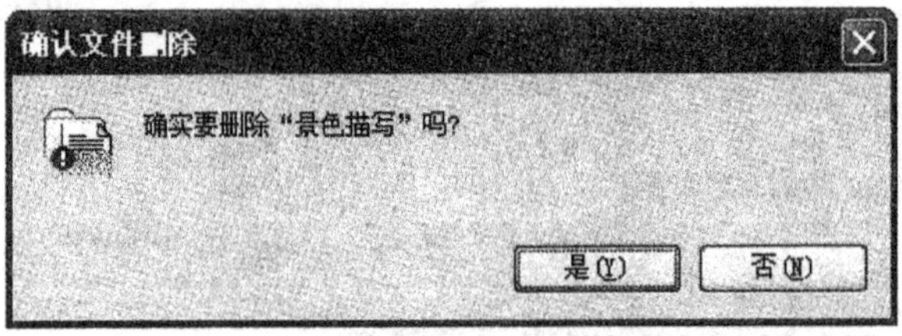

图 3.2.21 “确认文件删除”对话框

（3）单击 是(Y) 按钮，即可将所选择的文件从回收站中删除。

3. 清空回收站

如果回收站中的所有文件都不再需要，可以将回收站一次全部清空，具体操作步骤如下：

（1）选择 文件(F) → 清空回收站(B) 命令，将弹出 确认删除多个文件 对话框，如图 3.2.22 所示。

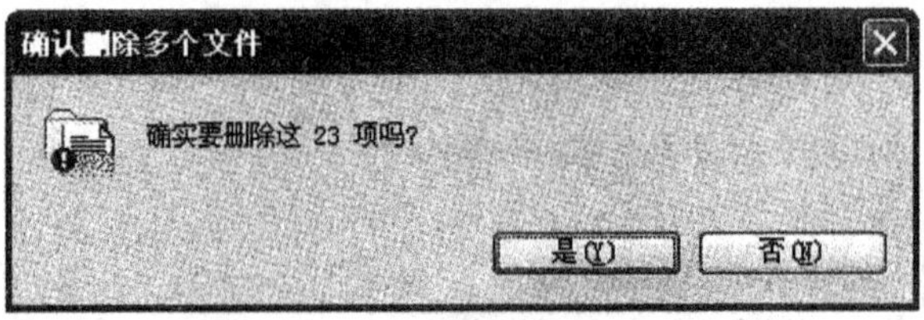

图 3.2.22 “确认删除多个文件”对话框

（2）单击 是(Y) 按钮即可清空回收站中的所有内容。

提示：在“回收站”窗口左边单击 清空回收站 超链接，也可以清空回收站。

注意：清空回收站后，被删除的文件也将从“资源管理器”中消失，不能再被使用。

4. 回收站的设置

用户在使用回收站的过程中，还可以对回收站的参数进行设置。例如回收站的大小、是否将删除的项目放入回收站中等。如果在计算机中有多个驱动器，还可以设置回收站在每个驱动器上所占有的空间大小。

设置回收站的具体操作步骤如下：

（1）在“回收站”图标 回收站 上单击鼠标右键，在弹出的快捷菜单中选择 属性(R) 命令，弹出 回收站 属性 对话框，如图 3.2.23 所示。

（2）选中 独立配置驱动器(C) 单选按钮，然后打开需要设置驱动器的选项卡，可以对每个驱动器分别进行设置；选中 所有驱动器均使用同一设置(U) 单选按钮，可以将各磁盘启动器的回收站设置为同样的参数。

（3）选中 删除时不将文件移入回收站，而是彻底删除(R) 复选框，可将删除的文件不放入回收站中，但这样被删除的文件不能再恢复。

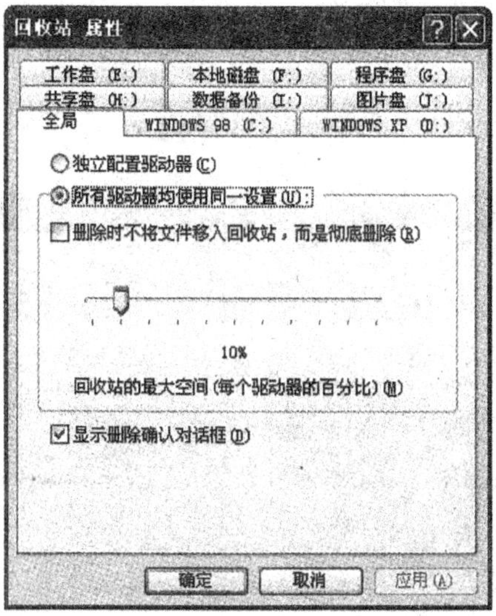

图 3.2.23　“回收站属性”对话框

（4）选中 显示删除确认对话框(D) 复选框，可在删除文件时出现确认信息。

（5）设置完成后，单击 应用(A) 和 确定 按钮使设置生效。

七、搜索

有时用户需要查看某个文件或文件夹的内容，但是忘记了该文件或文件夹的具体名称或存放的位置，所以查找起来很麻烦。Windows XP 提供的搜索文件或文件夹功能则可以帮助用户方便地查找该文件或文件夹。

搜索文件或文件夹的具体操作步骤如下：

（1）单击 开始 按钮，在弹出的快捷菜单中选择 搜索(S) 命令，打开 搜索结果 窗口，如图 3.2.24 所示。

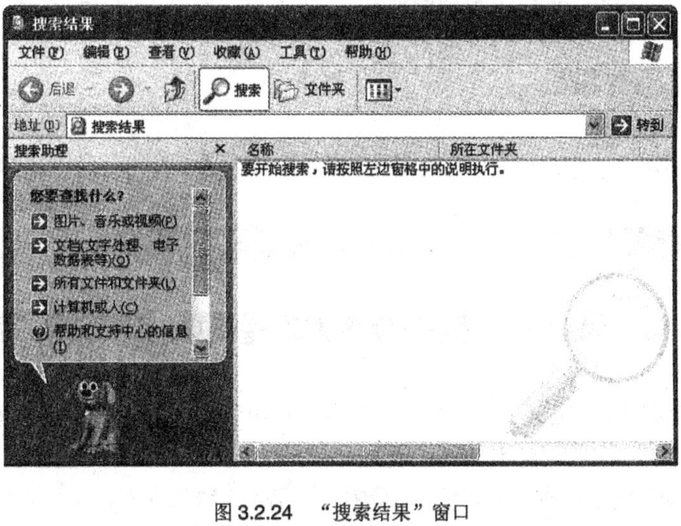

图 3.2.24　“搜索结果”窗口

（2）在“您要查找什么？”列表框中选择所要查找的选项，例如选择 所有文件和文件夹(L) 选项，在“全部或部分文件名”文本框中输入文件或文件夹的名称，例如输入“感悟生活”。在“这里寻找”下拉列表中选择要搜索的范围。

（3）单击 搜索(R) 按钮，即可开始搜索。Windows XP 会将搜索结果显示在 搜索结果 窗口右边的空白区内，如图 3.2.25 所示。

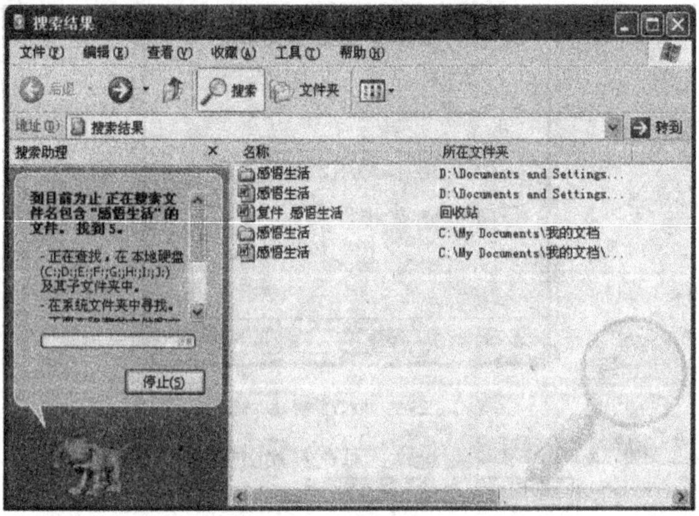

图 3.2.25　显示搜索结果

（4）如果要停止搜索，可单击 停止(S) 按钮。

（5）在搜索到的文件或文件夹上双击鼠标左键，即可打开该文件或文件夹。

第三节　资源管理器

资源管理器是 Windows XP 中另一个常用来管理文件的工具，它显示了用户计算机上的文件、文件夹和驱动器的分层结构。使用资源管理器可以查看文件夹的层次结构，也可以查看每一个文件中所包含的内容。同时，在 Windows XP 资源管理器中也可以对文件或文件夹进行管理操作。

一、启动资源管理器

进入 Windows XP 后，用户就可以打开资源管理器，然后再使用它。打开资源管理器的具体操作步骤如下：

（1）单击 开始 按钮，在弹出的快捷菜单中选择 所有程序(P) 命令，系统弹出“所有程序”菜单。

（2）在“所有程序”菜单中选择 附件 → Windows 资源管理器 命令，如图 3.3.1 所示。

（3）系统即可启动资源管理器，并打开“资源管理器”窗口，如图 3.3.2 所示。

注意：如果用户在桌面上创建了“资源管理器”的快捷方式，只要双击该图标，即可启动“资源管理器”。

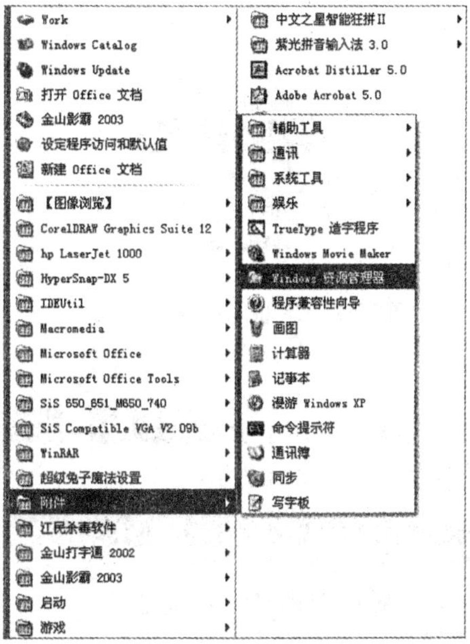

图 3.3.1　选择“Windows 资源管理器”命令

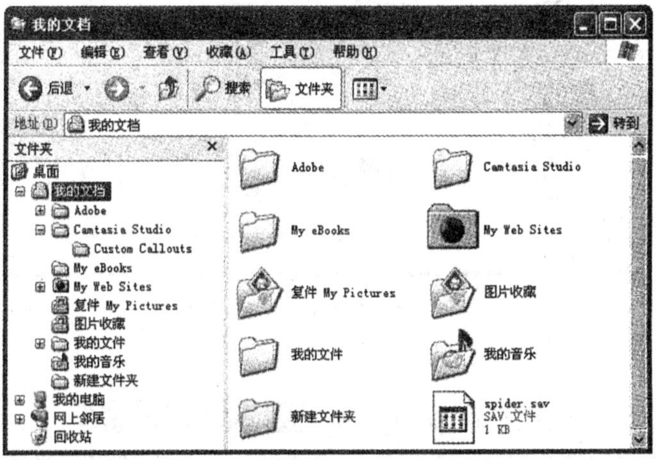

图 3.3.2　“资源管理器”窗口

在 Windows XP 的“资源管理器”窗口中有两个部分：左边部分显示的是文件夹树，右边部分是当前文件夹中的所有文件和文件夹名。左右两个部分之间有个分隔条，用鼠标拖动可使左右部分的大小随之改变。

在 Windows XP 的“资源管理器”窗口的左边部分的最上边有一个“桌面”图标 桌面 ，它包含了系统的所有文件和所有的管理窗口，是最大的文件夹。同时还可以看到在某些文件夹的前面有一个 ⊞ 图标，表示该文件夹中还有子文件夹或文件，单击 ⊞ 图标，将展开该文件夹，同时 ⊞ 图标变为 ⊟ 图标。单击 ⊟ 图标，即可折叠该文件夹。

二、改变文件和文件夹的显示方式

在 Windows XP 资源管理器中，单击“查看”按钮，弹出其下拉菜单，如图 3.3.3 所示，可以看出文件和文件夹的 5 种显示方式。

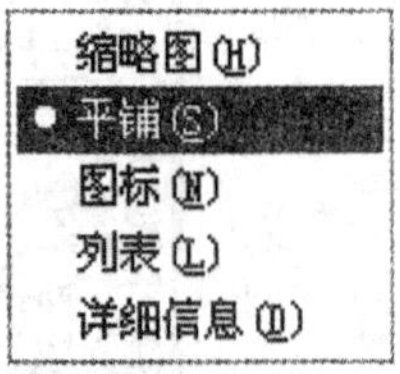

图 3.3.3　文件和文件夹的 5 种显示方式

1. 缩略图显示

在 Windows XP 的“资源管理器”窗口中，选择 查看(V) → 缩略图(H) 命令，窗口右边将用缩略图方式显示左边部分所选择的内容，如图 3.3.4 所示。

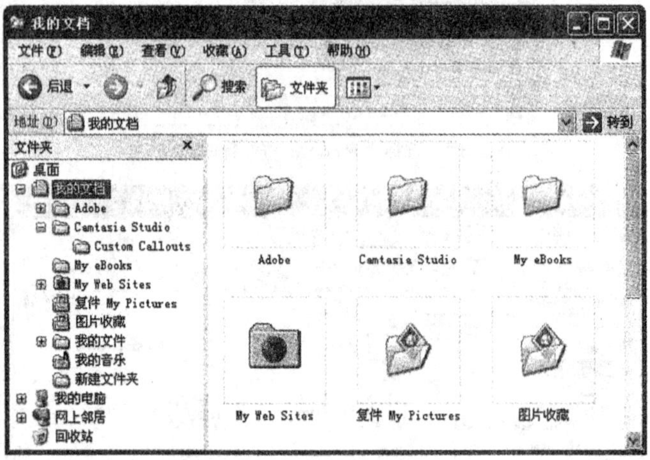

图 3.3.4　“缩略图”显示文件夹

2. 平铺显示

在 Windows XP 的“资源管理器”窗口中，选择 查看(V) → 平铺(S) 命令，窗口右边将用平铺方式显示左边部分所选择的内容，如图 3.3.5 所示。在 Windows XP 系统中，平铺显示是默认的文件显示方式。

图 3.3.5　“平铺”方式显示文件夹

3. 图标显示

在 Windows XP 的“资源管理器”窗口中，选择 查看(V) → 图标(N) 命令，窗口右边将用图标方式显示左边部分所选择的内容，如图 3.3.6 所示。

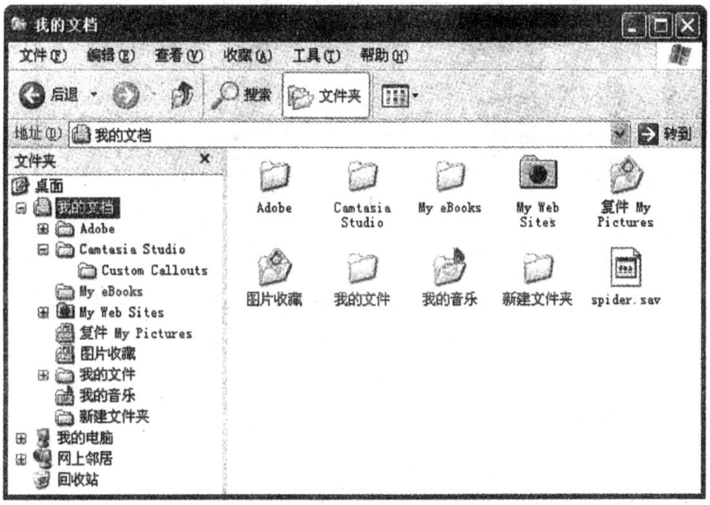

图 3.3.6　“图标”方式显示文件夹

4. 列表显示

在 Windows XP 的“资源管理器”窗口中，选择 查看(V) → 列表(L) 命令，窗口右边将用列表的方式显示左边部分所选择的内容，如图 3.3.7 所示。

图 3.3.7　“列表”方式显示文件夹

5. 详细信息显示

在 Windows XP 的“资源管理器”窗口中，选择 查看(V) → 详细信息(D) 命令，窗口右边将用详细信息的方式显示左边部分所选择的内容，并且显示文件或文件夹的修改时间，文件的大小，所属的类型等详细信息，如图 3.3.8 所示。

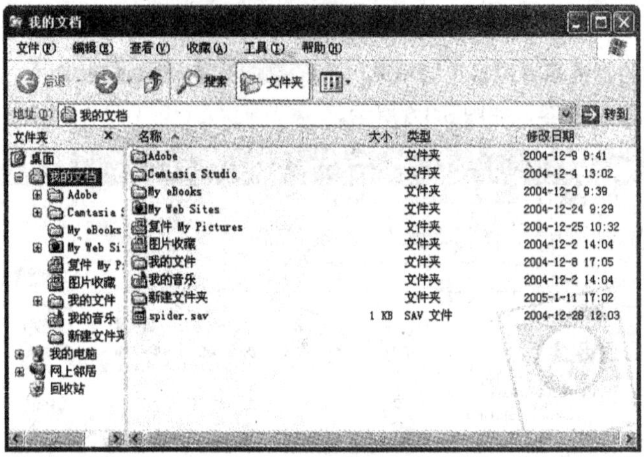

图 3.3.8 “详细信息”方式显示文件

三、创建新的文件夹

用户在 Windows XP 资源管理器中管理文件时，常常需要创建一个新的文件夹，来存放具有相同类型或相近形式的文件。创建新的文件夹的具体操作步骤如下：

（1）在 Windows XP 资源管理器中选择要创建新文件夹的文件夹，例如“我的文档”。

（2）选择 文件(F) → 新建(W) → 文件夹(F) 命令，或者单击鼠标右键，在弹出的快捷菜单中选择 新建(W) → 文件夹(F) 命令，即可创建一个新的文件夹，如图 3.3.9 所示。

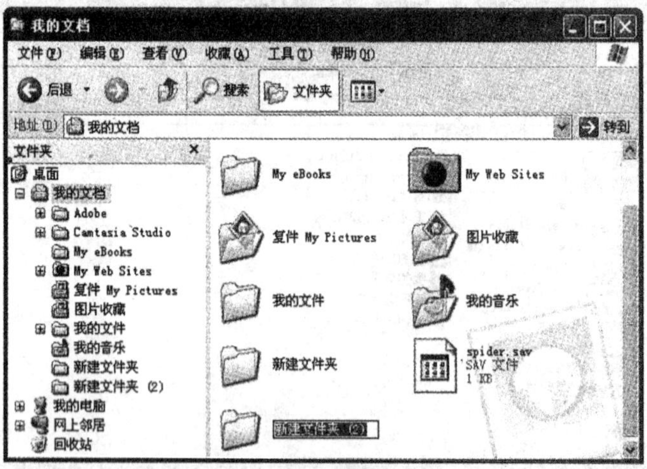

图 3.3.9 创建新的文件夹

（3）在新建的文件夹名称文本框中输入文件夹的名称，按“Enter”键或者用鼠标单击其他位置即可。

四、重命名文件和文件夹

在文件和文件夹的管理过程中，有时为了更符合用户的要求，需要给文件和文件夹重命名。重命名文件和文件夹的具体操作步骤如下：

（1）选中要重命名的文件和文件夹。

（2）选择 文件(F) → 重命名(M) 命令，或者直接单击鼠标右键，在弹出的快捷菜单中选择 重命名(M) 命令。

（3）此时文件和文件夹的名称处于可编辑状态，用户可以直接输入新的文件名称，然后按“Enter”键表示确认。

五、文件和文件夹的复制、移动和删除

在实际的应用中，有时用户需要将某个文件和文件夹复制或移动到其他位置以便使用，在不需要的时候还要将文件和文件夹删除以释放内存。

1. 复制和移动文件和文件夹

复制和移动文件和文件夹的具体操作步骤如下：

（1）选择要进行复制和移动的文件和文件夹。

（2）选择 编辑(E) → 剪切(T) Ctrl+X 或 复制(C) Ctrl+C 命令，或者单击鼠标右键，在弹出的快捷菜单中选择 剪切(T) 或 复制(C) 命令。

（3）将光标定位到文件和文件夹要移动的目标位置。

（4）选择 编辑(E) → 粘贴(P) Ctrl+V 命令，或者单击鼠标右键，在弹出的快捷菜单中选择 粘贴(P) 命令即可。

技巧：按住“Ctrl”键，然后用鼠标左键逐个选中需要复制和移动的文件和文件夹，用户可以一次选定一个或多个文件和文件夹，如图 3.3.10 所示。如果需要选定连续的文件和文件夹，可先选定第一个文件和文件夹，然后按住“Shift”键，再选定最后一个文件和文件夹，这时它们中间的文件和文件夹都将被选中。

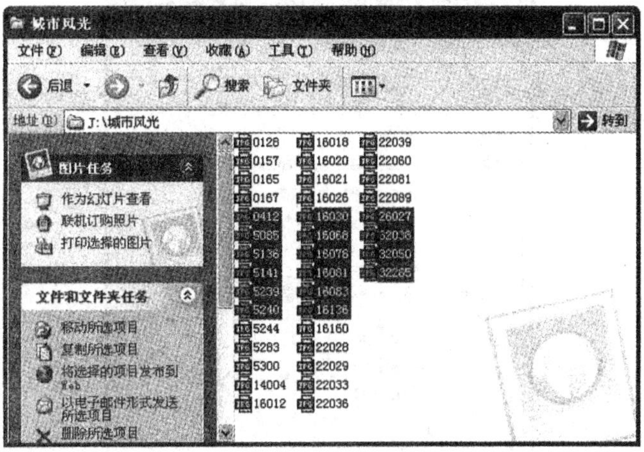

图 3.3.10　选择多个文件和文件夹

2. 删除文件和文件夹

当一个文件和文件夹不再需要时，用户可以将其删除，以释放磁盘空间来存放其他的文件。删除

文件和文件夹的具体操作步骤如下：

（1）首先选择要删除的文件和文件夹，可选择一个或多个文件和文件夹，例如选定多个文件和文件夹。

（2）选择 文件(F) → 删除(D) 命令，或者单击鼠标右键，在弹出的快捷菜单中选择 删除(D) 命令，弹出 确认删除多个文件 对话框，如图 3.3.11 所示。

图 3.3.11　“确认删除多个文件”对话框

（3）在该对话框中单击 是(Y) 按钮，可将被删除的文件和文件夹放入回收站中，单击 否(N) 按钮，则取消该次操作。

技巧：在选择要删除的文件和文件夹后，按“Delete”键也可进行删除操作，按快捷键“Shift + Delete”将永久性删除该文件和文件夹。

六、更改文件和文件夹属性

在中文 Windows XP 中，文件和文件夹的属性有 3 种：只读、隐藏和存档。更改文件和文件夹属性的具体操作步骤如下：

（1）选中要更改属性的文件和文件夹。

（2）选择 文件(F) → 属性(R) 命令，或者单击鼠标右键，在弹出的快捷菜单中选择 属性(R) 命令，弹出 新建文件夹 属性 对话框，如图 3.3.12 所示。

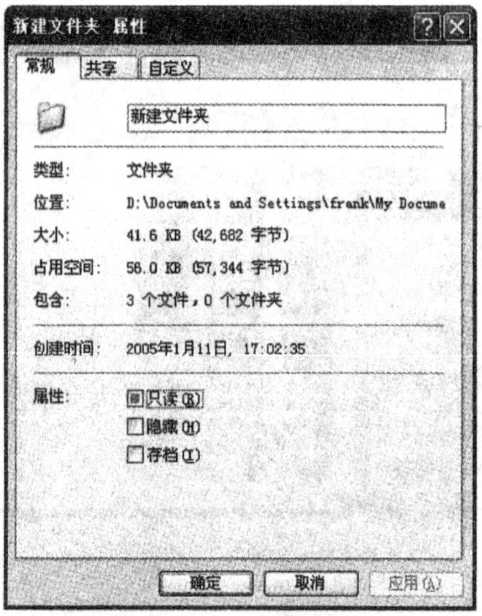

图 3.3.12　“新建文件夹属性”对话框

（3）在该对话框中的“属性”选区中有 ☑只读(R)、☑隐藏(H) 和 ☑存档(I) 3 个复选框，其作用分别如下：

☑只读(R)：选中该复选框，则文件和文件夹不允许更改和删除。

☑隐藏(H)：选中该复选框，则文件和文件夹在常规显示中将不能被看到。

☑存档(I)：选中该复选框，则文件和文件夹已经被存档，在关闭此文件和文件夹时将提示用户是否保存修改结果。

（4）选中需要的属性复选框，然后单击 应用(A) 按钮，弹出 确认属性更改 对话框，如图 3.3.13 所示。

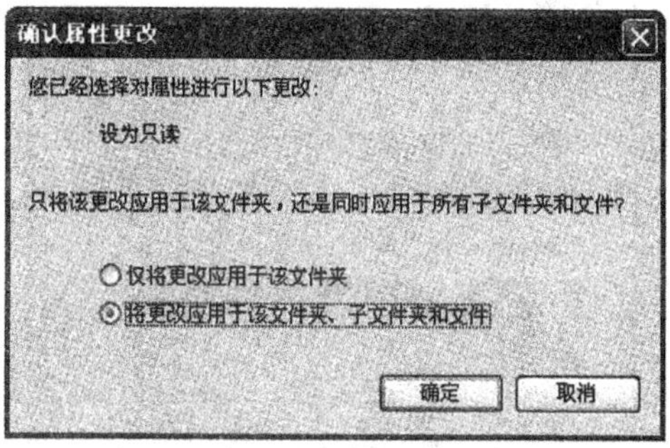

图 3.3.13　“确认属性更改”对话框

（5）在该对话框中选中 ⊙仅将更改应用于该文件夹 或 ⊙将更改应用于该文件夹、子文件夹和文件 单选按钮，单击 确定 按钮，返回到 新建文件夹 属性 对话框。

（6）单击 确定 按钮，即可应用该属性。

（7）在 新建文件夹 属性 对话框中打开 共享 选项卡，如图 3.3.14 所示。在该选项卡中的“网络共享和安全”选区中选中 ☑在网络上共享这个文件夹(S) 复选框，单击 应用(A) 和 确定 按钮后即可在网络上共享这个文件夹的资源。

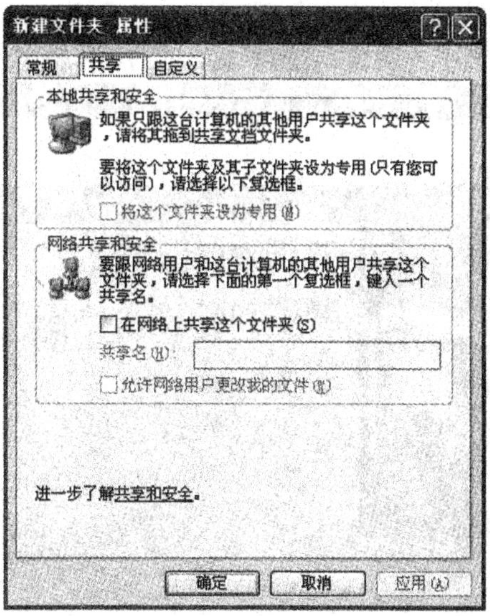

图 3.3.14　“共享”选项卡

提示：在选定的文件夹上单击鼠标右键，在弹出的快捷菜单中选择 共享和安全(H)... 命令，也可以打开 共享 选项卡。

（8）在新建文件夹 属性对话框中打开自定义选项卡，如图 3.3.15 所示。在该选项卡中用户可以设置文件夹的类型和图标，单击更改图标(I)...按钮，在弹出的对话框中还可以设置文件夹的图标。

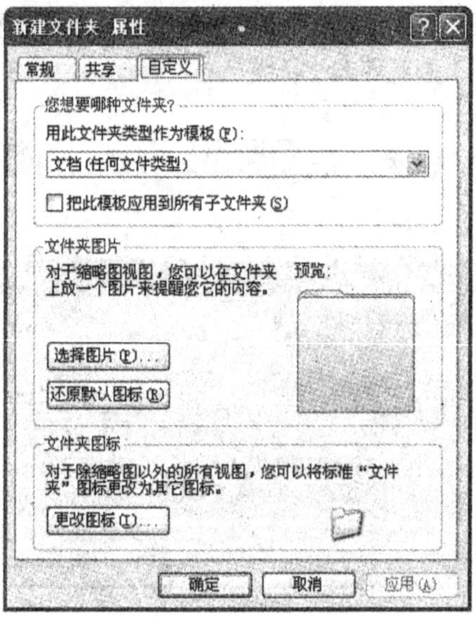

图 3.3.15 “自定义”选项卡

七、创建快捷方式

用户还可以为经常使用的文件夹创建快捷方式，这样可以大大方便操作。其具体操作步骤如下：

（1）选定需要创建快捷方式的文件。

（2）选择文件(F)→创建快捷方式(S)命令，或者单击鼠标右键，在弹出的快捷菜单中选择创建快捷方式(S)命令，可在当前文件夹中生成该文件的快捷方式。

在当前文件夹中为其他文件夹中的文件创建快捷方式的具体操作步骤如下：

（1）选择文件(F)→新建(W)→快捷方式(S)命令，弹出创建快捷方式对话框，如图 3.3.16 所示。

图 3.3.16 “创建快捷方式”对话框

（2）在“请键入项目的位置”文本框中输入要创建快捷方式的文件夹的路径，或者单击浏览(R)...按钮，在弹出如图 3.3.17 所示的浏览文件夹对话框中选择文件夹的路径。

（3）单击下一步(N) >按钮，弹出选择程序标题对话框，如图 3.3.18 所示。

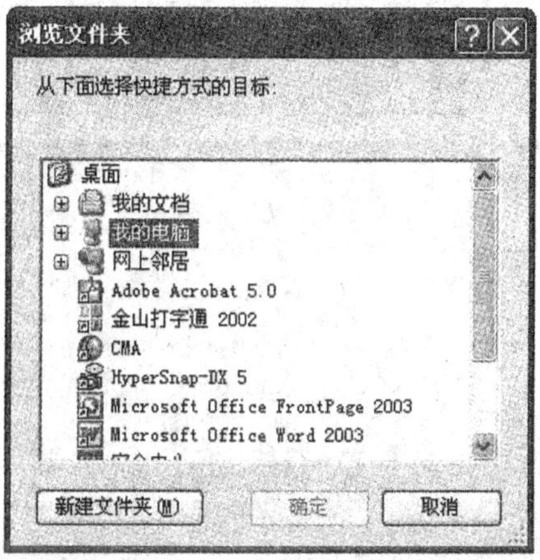

图 3.3.17　“浏览文件夹”对话框

图 3.3.18　“选择程序标题”对话框

（4）在“键入该快捷方式的名称”文本框中输入快捷方式的名称，然后单击 完成 按钮。

第四节　控制面板

Windows XP 为用户提供了一个控制面板，它是一组应用程序，可以让用户对系统资源进行自由灵活地配置，使 Windows XP 按照个人爱好方式运行。

单击 开始 按钮，在弹出的“开始”菜单中选择 控制面板(C) 命令，打开 控制面板 窗口，如图 3.4.1 所示。从图中可以看出，Windows XP 的控制面板与其他版本相比外观有所改变，使用户操作更加方便灵活。

一、鼠标和键盘的设置

鼠标和键盘是操作计算机过程中使用最频繁的设备之一，几乎所有的操作都要用到鼠标和键盘。在 Windows XP 操作系统中，用户可以根据自己的需要对鼠标和键盘的参数进行设置，使其符合自己的习惯和喜好。

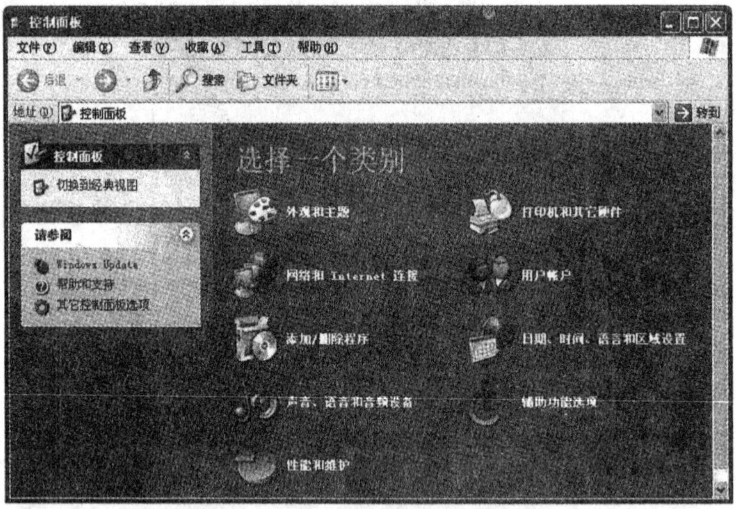

图 3.4.1 “控制面板”窗口

1. 设置鼠标

设置鼠标的具体操作步骤如下：

（1）在控制面板窗口中单击打印机和其它硬件超链接，然后在打开的打印机和其它硬件窗口中单击鼠标图标，弹出鼠标 属性对话框，并且打开鼠标键选项卡，如图 3.4.2 所示。

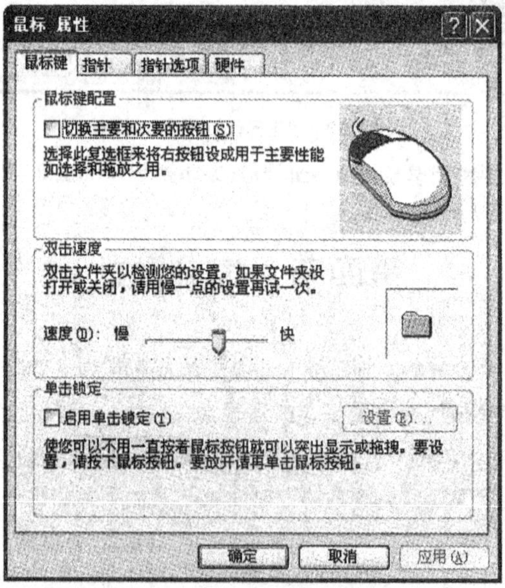

图 3.4.2 “鼠标键”选项卡

（2）在该选项卡的“鼠标键配置”选区中，可将鼠标设置为左手习惯或者右手习惯。在默认情况下，系统将左键设置为主要键，如果选中切换主要和次要的按钮(S)复选框，则将右键设置为主要键，即将鼠标设置为右手习惯。在“双击速度”选区中拖动滑块可调整鼠标的双击速度。

（3）在鼠标 属性对话框中打开指针选项卡，如图 3.4.3 所示。在该选项卡中“方案”下拉列表中提供了许多种鼠标指针的显示方案，用户可以根据自己的喜好来选择鼠标指针。在“自定义”列表框中显示了该方案中鼠标指针在各种状态下显示的样式。如果用户对这些样式还不满意，可以在选中鼠标指针样式的情况下，单击浏览(B)...按钮，在弹出如图 3.4.4 所示的浏览对话框中选择一种喜欢的鼠标指针样式，然后单击打开(O)按钮，即可将所选样式应用到所选鼠标指针方案中。如果用户还希望鼠标指针带有阴影，则可选中☑启用指针阴影(E)复选框。

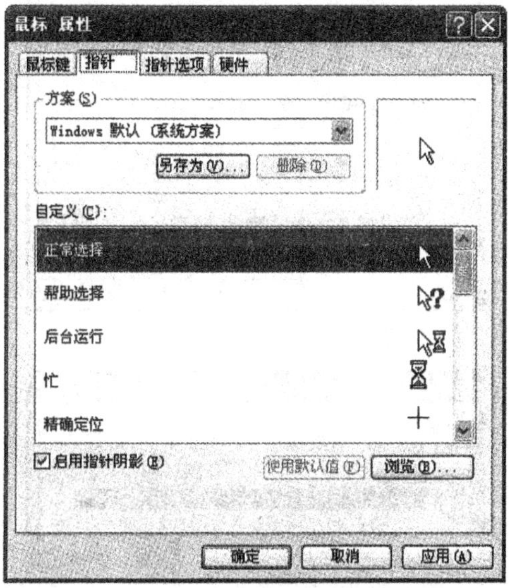

图 3.4.3　“指针”选项卡

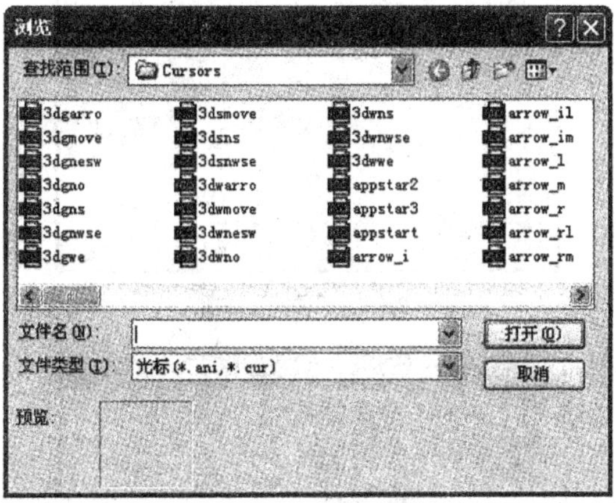

图 3.4.4　“浏览”对话框

（4）在鼠标 属性对话框中打开指针选项选项卡，如图 3.4.5 所示。在该选项卡中的“移动”选区中可以更改鼠标的移动速度。在“取默认按钮”选区中选中☑自动将指针移动到对话框中的默认按钮(U)复选框，则在打开对话框时，鼠标指针将自动放在默认的按钮上。在“可见性”选区中选中☑显示指针踪迹(D)复选框，则在移动鼠标指针时将显示指针的移动轨迹，同时还可以拖动滑块来调节鼠标轨迹的长度。

（5）在鼠标 属性对话框中打开硬件选项卡，如图 3.4.6 所示。在该选项卡中显示了设备的名称、类型及属性。单击疑难解答(T)...按钮可得到有关问题的帮助信息，单击属性(R)按钮可在弹出如图 3.4.7 所示的Microsoft PS/2 Mouse 属性对话框中显示出当前鼠标的常规属性、高级设置和启动器程序等信息。

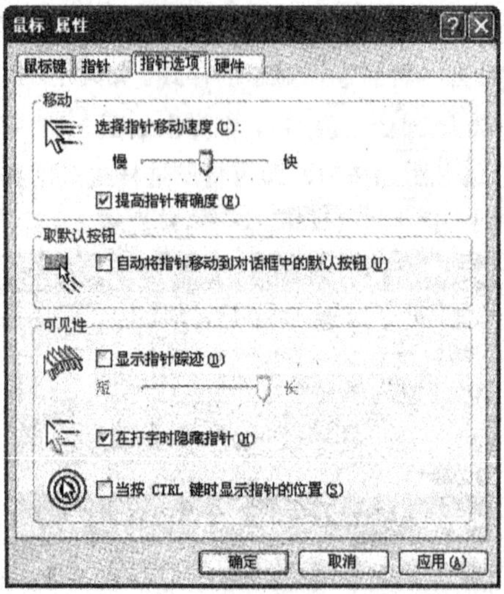

图 3.4.5　“指针选项”选项卡

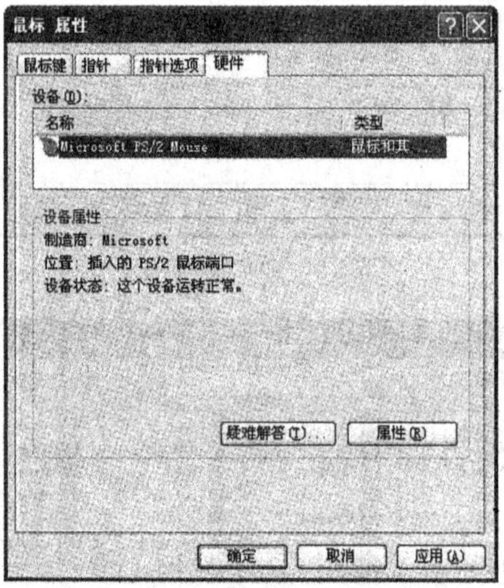

图 3.4.6　“硬件”选项卡

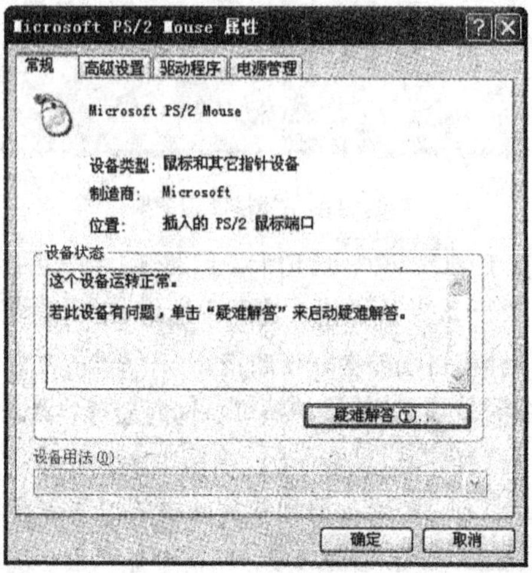

图 3.4.7　“Microsoft PS/2 Mouse 属性”对话框

（6）鼠标的所有参数设置完后，单击 应用(A) 和 确定 按钮即可。

2．设置键盘

设置键盘的具体操作步骤如下：

（1）在 控制面板 窗口中单击 打印机和其它硬件 超链接，然后在打开的 打印机和其它硬件 窗口中单击 键盘 图标，弹出 键盘 属性 对话框，并且打开 速度 选项卡，如图 3.4.8 所示。

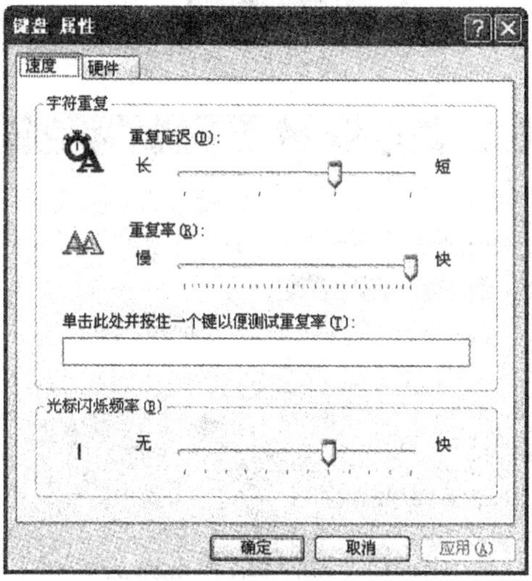

图 3.4.8　“速度”选项卡

（2）在该选项卡中的“字符重复”选区中拖动“重复延迟”滑块，可调整在键盘上按住一个键需要多长时间才开始重复输入该键，拖动“重复率”滑块，可调整输入重复字符的速率。在“光标闪烁频率”选区中拖动滑块可以调整光标的闪烁频率。

（3）在 键盘 属性 对话框中打开 硬件 选项卡，如图 3.4.9 所示。在该选项卡中显示了键盘名称、类型、制造商、位置及设备状态等硬件信息。

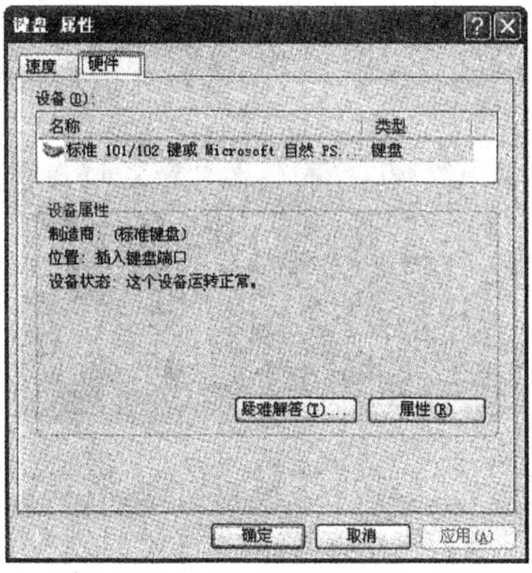

图 3.4.9　“硬件”选项卡

（4）键盘的所有参数设置完成后，单击 应用(A) 和 确定 按钮即可。

二、日期和时间

在计算机系统中，日期和时间往往需要经常调整。在 Windows XP 中调整日期和时间的具体操作步骤如下：

（1）在控制面板窗口中单击日期、时间、语言和区域设置超链接，在打开的日期、时间、语言和区域设置窗口中单击更改日期和时间超链接，弹出日期和时间 属性对话框，默认打开的为时间和日期选项卡，如图 3.4.10 所示。

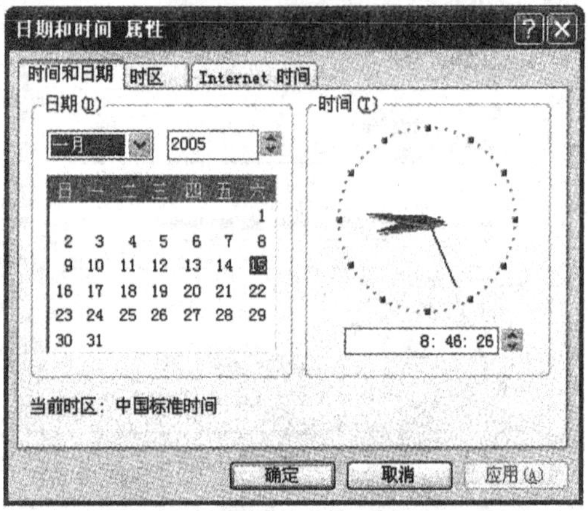

图 3.4.10　“时间和日期”选项卡

（2）在该选项卡中的“日期”选区中的“月份”下拉列表中选择月份，在“年份”微调框中调整准确的年份，在“日期”列表框中选择日期和星期；在“时间”选区中的“时间”文本框中输入或调整准确的时间。

（3）在日期和时间 属性对话框中打开时区选项卡，如图 3.4.11 所示。在该选项卡中的下拉列表中选择时区，例如中国就应该选择“北京”时区。

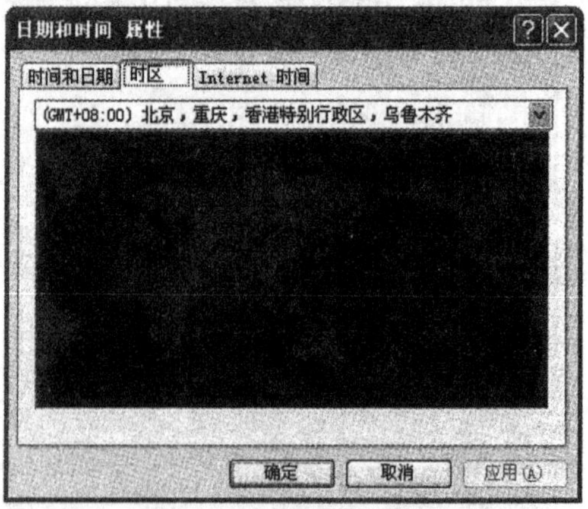

图 3.4.11　“时区”选项卡

（4）日期和时间的所有参数设置完成后，单击应用(A)和确定按钮，关闭日期和时间 属性对话框，所做的设置即可生效。

提示：有时可以更改实际的日期，以便避开病毒的发作时间或躲过一些软件的使用时间限制。在系统中设置的时区将永远影响计算机系统，直到重新设置为止。

三、显示属性

在 控制面板 窗口中单击 外观和主题 超链接，在打开的 外观和主题 窗口中单击 更改计算机的主题 超链接，弹出 显示 属性 对话框，如图 3.4.12 所示。在该对话框中可以对显示器的某些参数进行设置。

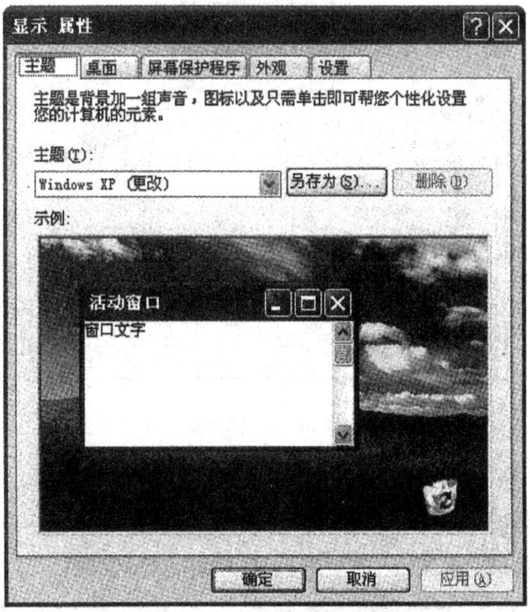

图 3.4.12　“显示属性”对话框

提示：在 Windows XP 桌面上单击鼠标右键，在弹出的快捷菜单中选择 属性(R) 命令，也可以弹出 显示 属性 对话框。

1. 设置主题

设置主题的具体操作步骤如下：

（1）在 显示 属性 对话框中打开 主题 选项卡（见图 3.4.12）。

（2）单击该选项卡中的“主题”下拉列表后的下三角按钮，在打开如图 3.4.13 所示的“主题”下拉列表中选择所需要的主题。

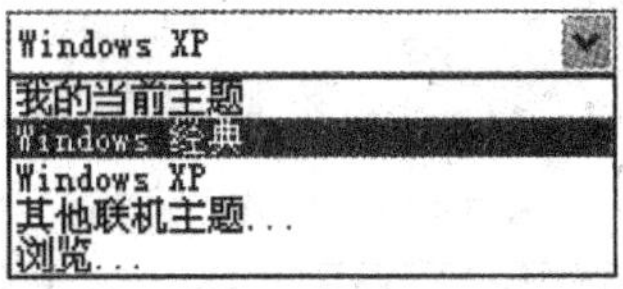

图 3.4.13　“主题”下拉列表

（3）单击应用(A)和确定按钮后，可将整个系统的主题恢复为选择的样式。

2．设置桌面

在 Windows XP 系统中，用户还可以根据自己的喜好设计桌面的背景图案和墙纸，其具体操作步骤如下：

（1）在显示 属性对话框中打开桌面选项卡，如图 3.4.14 所示。

图 3.4.14　“桌面”选项卡

（2）在“背景”下拉列表中选择一种背景。用户还可以单击浏览(B)...按钮，在弹出如图 3.4.15 所示的浏览对话框中选择用于桌面背景的图片。单击自定义桌面(D)...按钮，在弹出如图 3.4.16 所示的桌面项目对话框中可以根据个人的需要来设置桌面上显示的图标。

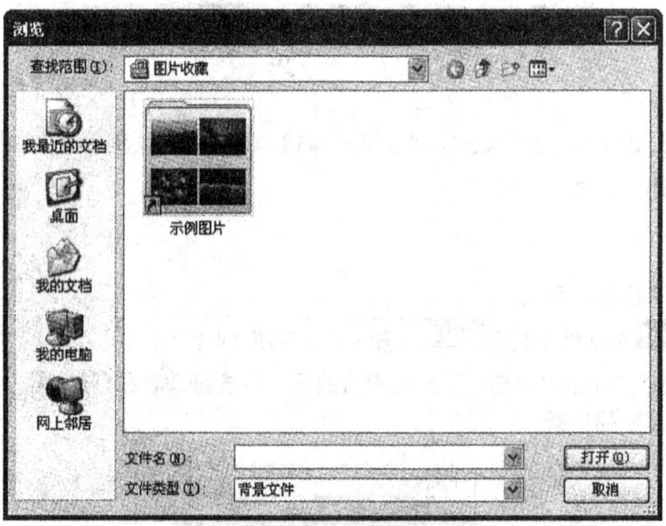

图 3.4.15　“浏览”对话框

（3）设置完成后，单击应用(A)和确定按钮确认设置。

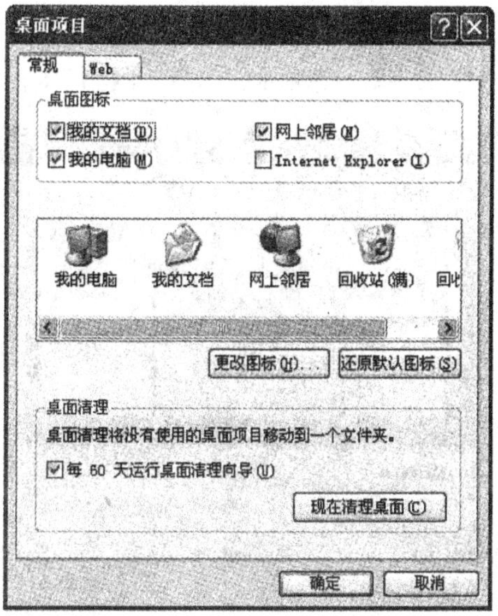

图 3.4.16　“桌面项目”对话框

3. 设置屏幕保护程序

设置屏幕保护程序的具体操作步骤如下：

（1）在显示 属性对话框中打开屏幕保护程序选项卡，如图 3.4.17 所示。

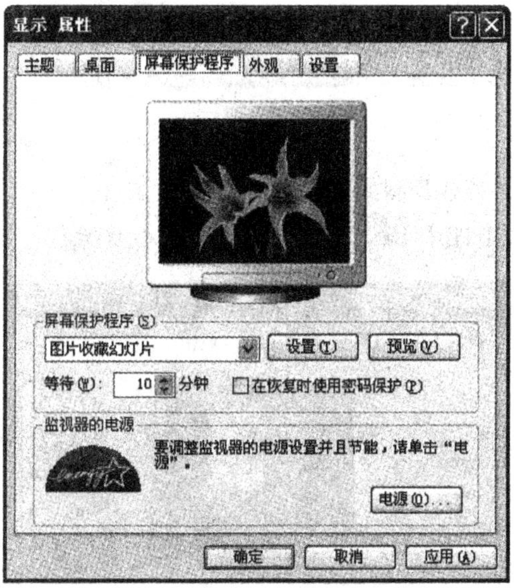

图 3.4.17　“屏幕保护程序”选项卡

（2）在该选项卡中的“屏幕保护程序”下拉列表中选择一种屏幕保护程序，在选项卡的显示器中即可看到该屏幕保护程序的显示效果。

（3）设置完成后，单击应用(A)和确定按钮确认设置。

4. 设置外观

设置外观就是设置桌面、消息框、活动窗口和非活动窗口等的颜色、大小等。在默认状态下，系统使用的是“Windows XP 样式”的颜色、大小、字体等。用户还可以根据自己的喜好来设计这些参数，具体操作步骤如下：

（1）在显示 属性对话框中打开外观选项卡，如图 3.4.18 所示。

图 3.4.18　“外观”选项卡

（2）在该选项卡中的“窗口和按钮”下拉列表中选择样式，在“色彩方案”下拉列表中选择喜欢的颜色，在“字体大小”下拉列表中选择所需的字体。

（3）设置完成后，单击应用(A)和确定按钮确认设置。

5．设置分辨率和颜色

设置分辨率和颜色的具体操作步骤如下：

（1）在显示 属性对话框中打开设置选项卡，如图 3.4.19 所示。

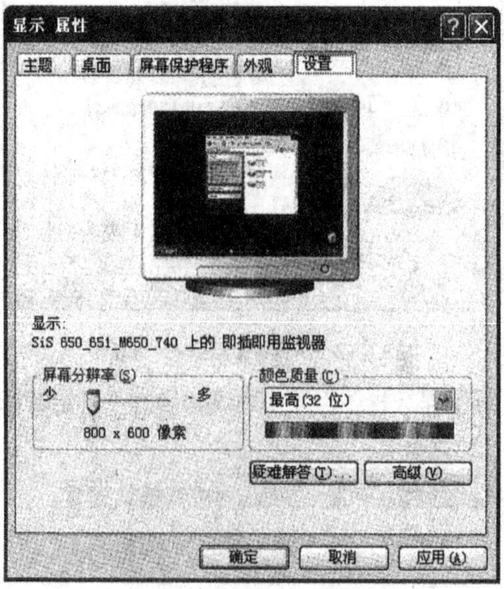

图 3.4.19　“设置”选项卡

（2）在该选项卡中的“屏幕分辨率”选区中拖动滑块可以调整显示器的分辨率，在“颜色质量”下拉列表中选择显示器调色板的颜色。

（3）设置完成后，单击应用(A)和确定按钮确认设置。

四、文件夹选项设置

Windows XP 中增加了许多文件类型，有时用户还可以隐藏一些特殊类型的文件。这些操作都可以在文件夹选项对话框中实现。设置文件夹选项的具体操作步骤如下：

（1）在控制面板窗口中单击外观和主题超链接，在打开的外观和主题窗口中单击文件夹选项超链接，弹出如图 3.4.20 所示的文件夹选项对话框。

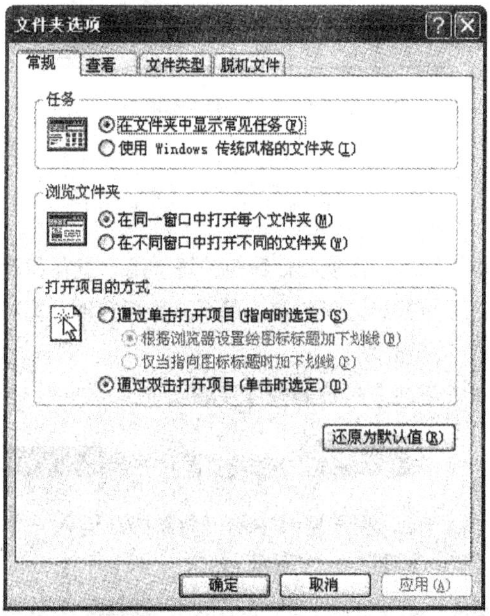

图 3.4.20　“文件夹选项”对话框

（2）在文件夹选项对话框中打开常规选项卡（见图 3.4.20），在该选项卡中的“任务”选区中设置文件夹显示的视图方式，在“浏览文件夹”选区中设置浏览文件夹的方式，在“打开项目的方式”选区中设置文件夹的打开方式。

（3）在文件夹选项对话框中打开查看选项卡，如图 3.4.21 所示。在该选项卡中可以改变文件夹的显示方式。例如在“高级设置”下拉列表中选中 ⊙ 显示所有文件和文件夹 单选按钮，单击应用(A)和确定按钮后，即可以查看所有文件夹，包括隐藏文件和系统文件。

（4）在文件夹选项对话框中还有文件类型和脱机文件两个选项卡。在文件类型选项卡中可以对注册文件类型进行设置。对于注册的文件类型，Windows XP 系统知道如何操作该类型的文件，例如查看、打开、打印等。

注意：一般来说，隐藏文件和系统文件都是一些重要的文件，如果删除这些文件，则可能出现错误，所以一般不要让这些文件显示出来，以免误删。

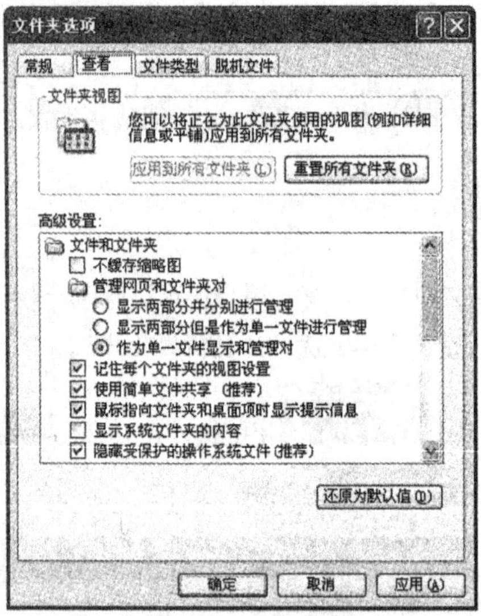

图 3.4.21　“查看”选项卡

五、创建新用户

Windows XP 可以设置多个用户，让使用计算机的每个用户设置和管理计算机账户成为很容易的事情。现在，多个用户可以在不同账户之间切换，而不必重新启动计算机。用户还可以在忘记密码时获得提示，可以存储多个用户名和密码。

在 Windows XP 中创建一个新用户的具体操作步骤如下：

（1）在 控制面板 窗口中单击 用户帐户 超链接，在打开的 用户帐户 窗口中单击 创建一个新帐户 超链接，打开 用户帐户 窗口（一），在该窗口中的“为新账户键入一个名称”文本框中输入新账户的名称，例如“镜中花水中月”，如图 3.4.22 所示。

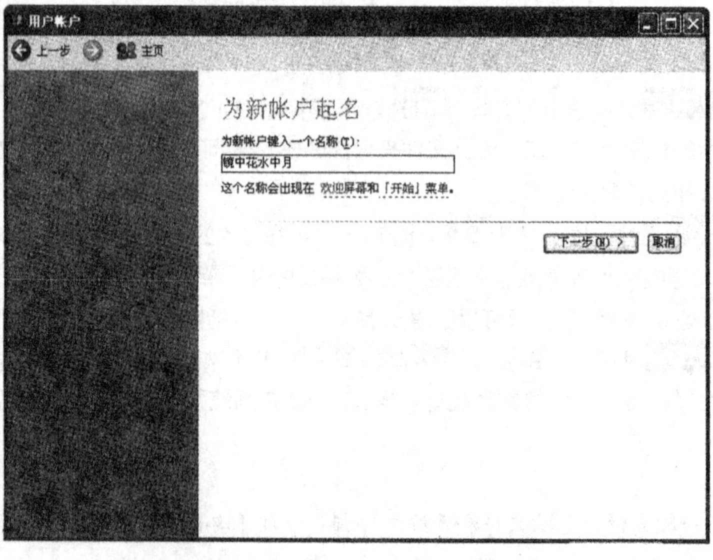

图 3.4.22　“用户账户”窗口（一）

（2）单击 下一步(N) > 按钮，打开 用户帐户 窗口（二），如图 3.4.23 所示。

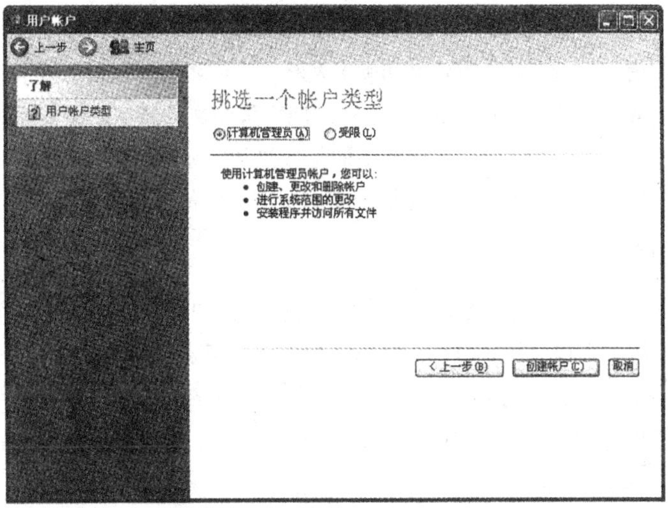

图 3.4.23　“用户账户”窗口（二）

（3）在该窗口中选择账户的类型，例如选中 计算机管理员(A) 单选按钮，将新用户设置为计算机管理员。

（4）设置完后，单击 创建帐户(C) 按钮，新设置的账户名称将出现在 用户帐户 窗口中，如图 3.4.24 所示。

图 3.4.24　“用户账户”窗口（三）

第五节　系统管理

Windows XP 中拥有许多功能强大的系统管理工具，使用这些工具用户可以更好地管理、维护自己的计算机系统，及时有效地解决系统运行中可能出现的问题。本节将重点介绍在 Windows XP 中如何使用这些工具，例如磁盘管理、安装与删除应用程序等操作。

一、磁盘管理

磁盘是用来存储信息的设备，分为软盘和硬盘两种，是计算机的重要组成部分。由于硬盘的容量大、速度快，所以 Windows XP 系统文件、大多数的应用程序文件和用户文件都保存在硬盘中。由于经常进行文件的添加与删除，会使文件在磁盘中的位置混乱。所以，为了保证系统和文件的安全，用户必须对磁盘进行定期的管理和维护，并能把一些重要的文件备份到软盘中。

1．查看磁盘空间

磁盘空间类似于私人空间，用户拥有的磁盘空间越大，用户计算机上能够保存的程序和文件就越多。但是磁盘上的无用数据也会越来越多。所以，要常常检查磁盘空间，其具体操作方法如下：

（1）打开 我的电脑 窗口，在该窗口上选中要查看的磁盘图标，如选中 工作盘（E:） 图标。

（2）在选中的图标上单击鼠标右键，在弹出的快捷菜单上选择 属性(R) 命令，弹出如图 3.5.1 所示的 工作盘（E:）属性 对话框。

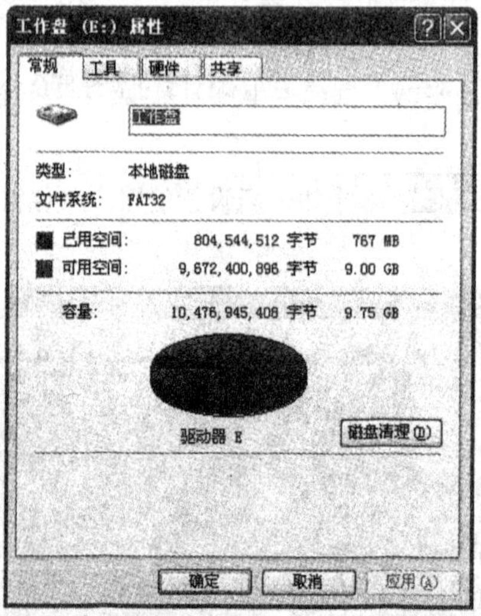

图 3.5.1 “工作盘（E:）属性”对话框

（3）在该对话框中可以查看磁盘的已用空间和空闲空间的比例，以及该磁盘上可用的总空间量。

（4）在对话框中的文本框中可以为磁盘设置一个用来描述磁盘信息的卷标，其卷标最多可以包含 11 个字符。

（5）单击 应用(A) 和 确定 按钮，确认设置并关闭该对话框。

提示：在 我的电脑 窗口中单击要查看空间的磁盘图标，在窗口的左下角的“详细信息”区域中也可以显示磁盘的空间数量，如图 3.5.2 所示。

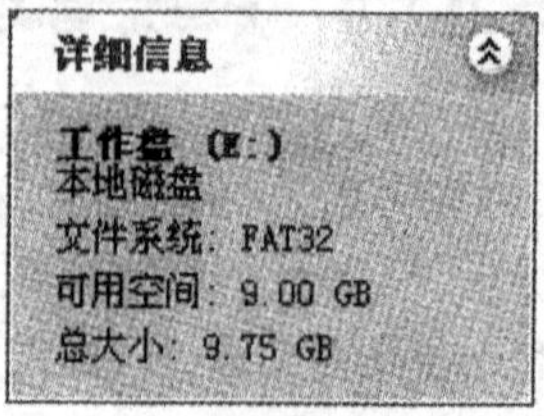

图 3.5.2 “详细信息”区域

2．格式化磁盘

一张新磁盘在使用前必须先将其格式化，以便计算机能够准确地读取和写入信息。格式化磁盘的具体操作步骤如下：

（1）在我的电脑窗口中选中要格式化的磁盘图标，如选中共享盘 (H:)图标。

（2）选择文件(F)→格式化(A)...命令，或者在选中的图标上单击鼠标右键，在弹出的快捷菜单上选择格式化(A)...命令，弹出格式化 共享盘 (H:)对话框，如图 3.5.3 所示。

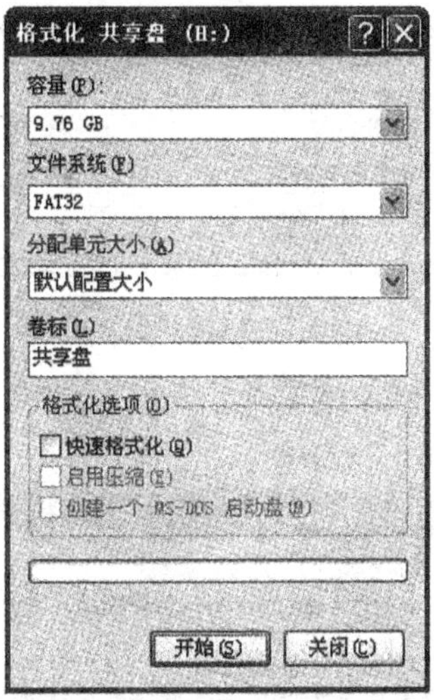

图 3.5.3　“格式化共享盘（H:）”对话框

（3）在该对话框中的“格式化选项”选区中选中快速格式化(Q)复选框，然后单击开始(S)按钮，系统将弹出一个提示对话框，如图 3.5.4 所示。

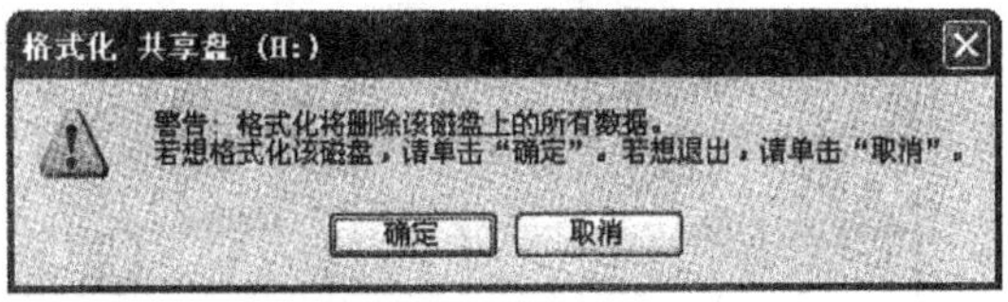

图 3.5.4　系统提示对话框

（4）单击确定按钮开始格式化磁盘。

（5）格式化工作完成后，系统弹出一个提示对话框，如图 3.5.5 所示。

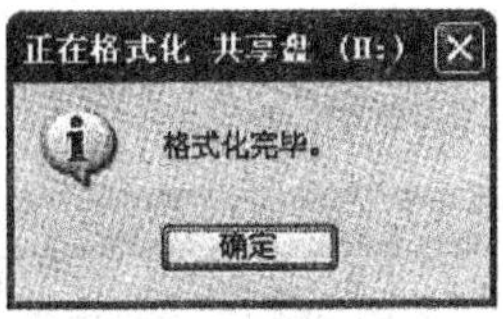

图 3.5.5　系统提示对话框

（6）单击确定按钮，返回到格式化对话框中，然后再单击关闭(C)按钮，完成磁盘格式化操作。

注意：格式化操作将删除磁盘上的所有信息。如果该磁盘上有打开的文件，则无法格式化；禁止对系统磁盘和网络盘进行格式化操作。

3. 磁盘清理

中文 Windows XP 为用户提供了一个新增程序工具——磁盘清理程序。该程序可用于清理用户的磁盘，删除不用的文件，以便释放更多的磁盘空间。磁盘清理的具体操作步骤如下：

（1）单击 开始 按钮，在打开的“开始”菜单中选择 所有程序(P) → 附件 → 系统工具 → 磁盘清理 命令，弹出 选择驱动器 对话框，如图 3.5.6 所示。

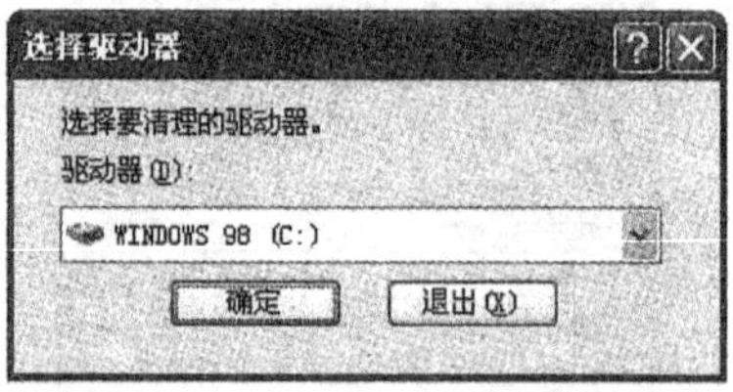

图 3.5.6　“选择驱动器”对话框

（2）选择一个磁盘驱动器，例如选择“共享盘（H:）”，然后单击 确定 按钮，弹出 共享盘(H:)的磁盘清理 对话框，如图 3.5.7 所示。

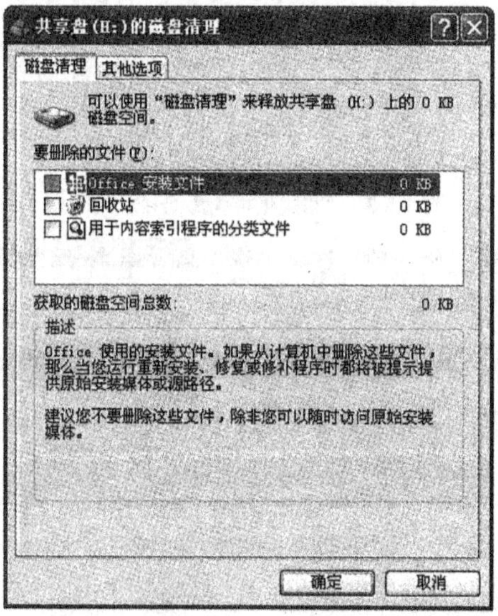

图 3.5.7　“共享盘（H:）的磁盘清理”对话框

（3）在该对话框中的“要删除的文件”下拉列表中选择要删除的文件类型，单击 确定 按钮，系统弹出一个提示对话框，如图 3.5.8 所示。

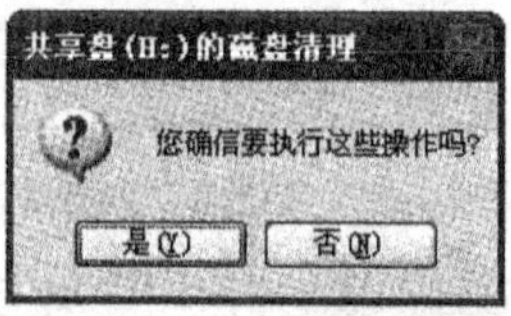

图 3.5.8　系统提示对话框

（4）单击 是(Y) 按钮，系统开始清理磁盘中不需要的文件。

（5）也可以在 共享盘(H:)的磁盘清理 对话框中打开 其他选项 选项卡，如图 3.5.9 所示。在该选项卡中可以删除 Windows 组件和其他的应用程序。

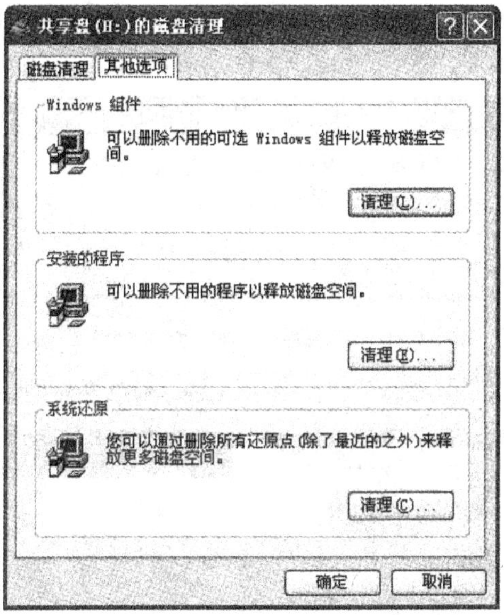

图 3.5.9　“其他选项”选项卡

4. 磁盘碎片整理

磁盘在使用过一段时间以后，由于经常进行读写操作，在磁盘中会产生一些“碎片”，这些“碎片”是程序和文件无法使用的，它们占据着磁盘的空间，影响磁盘的读写速度。Windows XP 为用户提供了一个用于磁盘碎片整理的程序，它可以重新安排文件在磁盘中的存储位置，将文件的存储位置整理到一起，同时合并可用空间，实现提高运行速度的目的。

磁盘碎片整理的具体操作步骤如下：

（1）单击 开始 按钮，在打开的“开始”菜单中选择 所有程序(P) → 附件 → 系统工具 → 磁盘碎片整理程序 命令，打开 磁盘碎片整理程序 窗口（一），如图 3.5.10 所示。

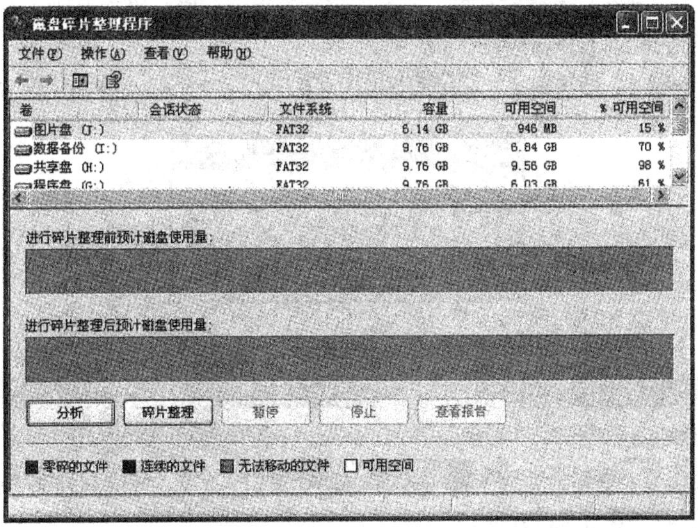

图 3.5.10　“磁盘碎片整理程序”窗口（一）

（2）在该窗口中显示了磁盘的一些状态和系统信息，选择需要整理的磁盘，单击分析按钮，系统弹出磁盘碎片整理程序对话框（一），如图 3.5.11 所示。

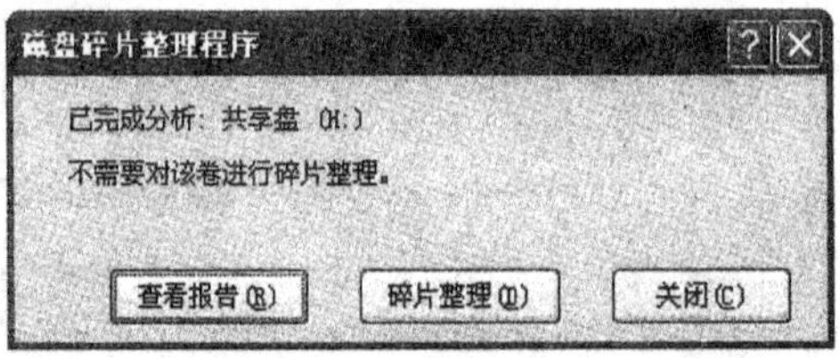

图 3.5.11　“磁盘碎片整理程序”对话框（一）

（3）在该对话框中单击查看报告(R)按钮，弹出如图 3.5.12 所示的分析报告对话框。

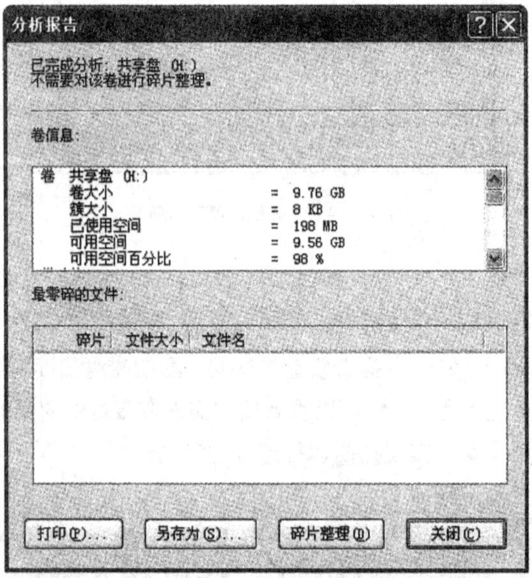

图 3.5.12　“分析报告”对话框

（4）如果在磁盘碎片整理程序对话框（一）中提示需要进行磁盘碎片整理，则单击碎片整理(D)按钮，系统开始对所选择的磁盘进行碎片整理。

（5）磁盘碎片整理完成后，弹出磁盘碎片整理程序对话框（二），如图 3.5.13 所示。

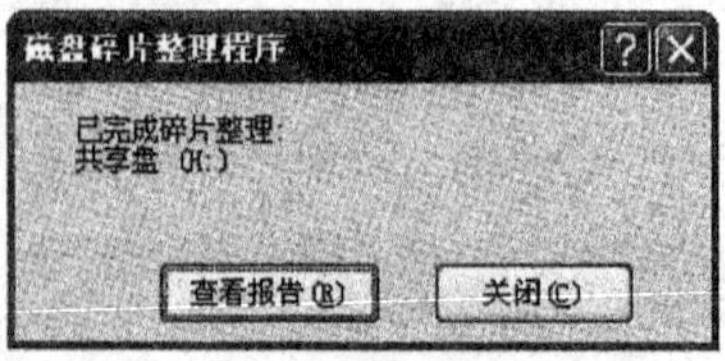

图 3.5.13　“磁盘碎片整理程序”对话框（二）

（6）在磁盘碎片整理程序对话框（二）中单击查看报告(R)按钮，在弹出的碎片整理报告对话框中可查看磁盘碎片整理信息，如图 3.5.14 所示。

（7）单击关闭(C)按钮，返回到磁盘碎片整理程序窗口（二），可以看到在“会话状态”栏中显示为“已整理碎片”，如图 3.5.15 所示。

（8）单击磁盘碎片整理程序窗口中的“关闭”按钮，关闭该程序。

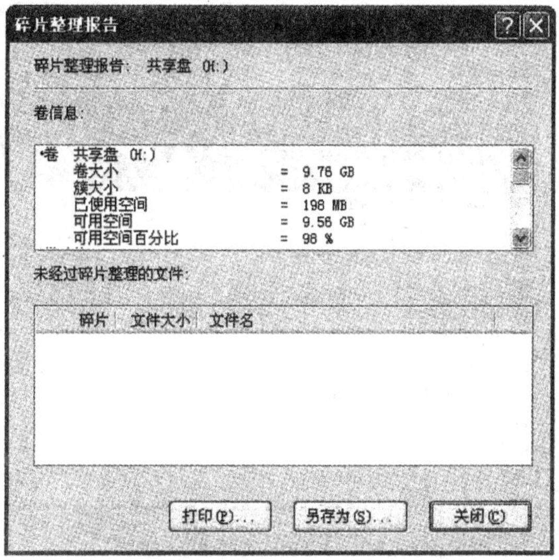

图 3.5.14 “碎片整理报告”对话框

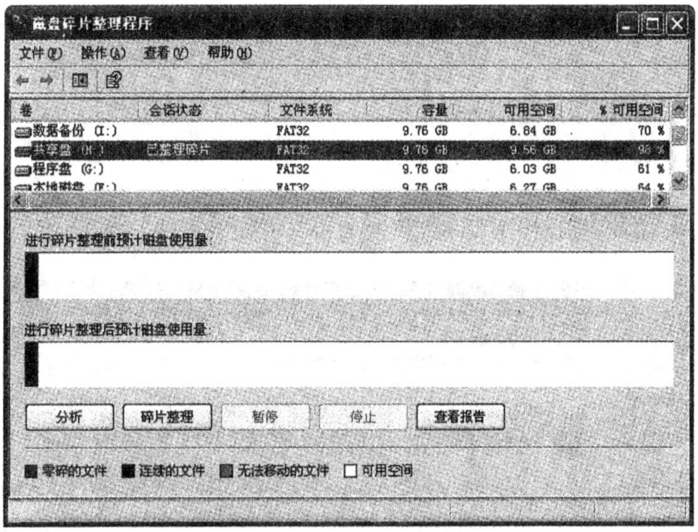

图 3.5.15 “磁盘碎片整理程序”窗口（二）

注意：如果用户装有虚拟光驱，经过磁盘碎片整理后将不能使用，需要重新安装以后才能使用。

二、添加或删除程序

添加程序是指在计算机中添加新的应用程序，删除程序是指将程序从计算机的硬盘中删除一个应用程序的全部程序和数据，包括注册数据。

在

窗口中单击

超链接，打开

窗口，如图 3.5.16 所示。在该窗口中可以为计算机添加或删除程序。

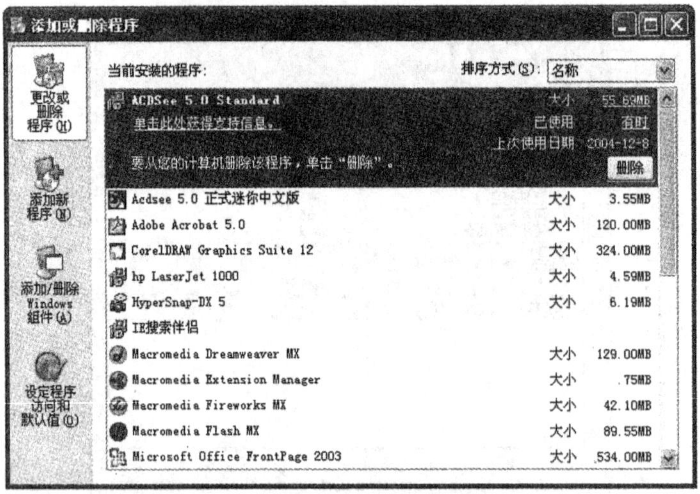

图 3.5.16 “添加或删除程序”窗口

1．添加或删除应用程序

在 Windows XP 中包含了很多的应用程序，但仅靠这些应用程序还不能满足用户的需求，所以用户还需要使用其他的应用程序来丰富自己计算机的功能。

添加应用程序的具体操作步骤如下：

（1）在 添加或删除程序 窗口中单击 添加新程序(N) 图标，打开如图 3.5.17 所示的窗口。

图 3.5.17 添加新程序

（2）在该窗口中单击 CD 或软盘(F) 按钮，弹出 从软盘或光盘安装程序 对话框，如图 3.5.18 所示。

（3）在该对话框中单击 下一步(N) > 按钮，弹出 运行安装程序 对话框，如图 3.5.19 所示。

（4）在该对话框中的“打开”文本框中输入安装程序的位置，或者单击 浏览(R)... 按钮，从弹出如图 3.5.20 所示的 浏览 对话框中找到应用程序的安装程序，双击该安装程序，返回 运行安装程序 对话框，然后单击 完成 按钮，安装新程序向导将启动该安装程序。

（5）按照安装程序的提示，即可完成应用程序的安装。

图 3.5.18　“从软盘或光盘安装程序”对话框

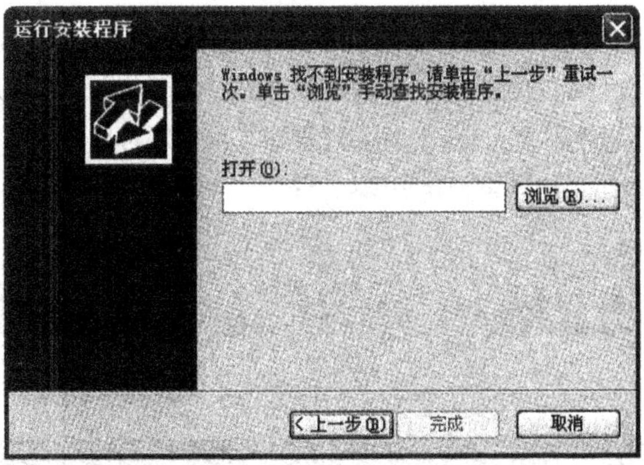

图 3.5.19　“运行安装程序”对话框

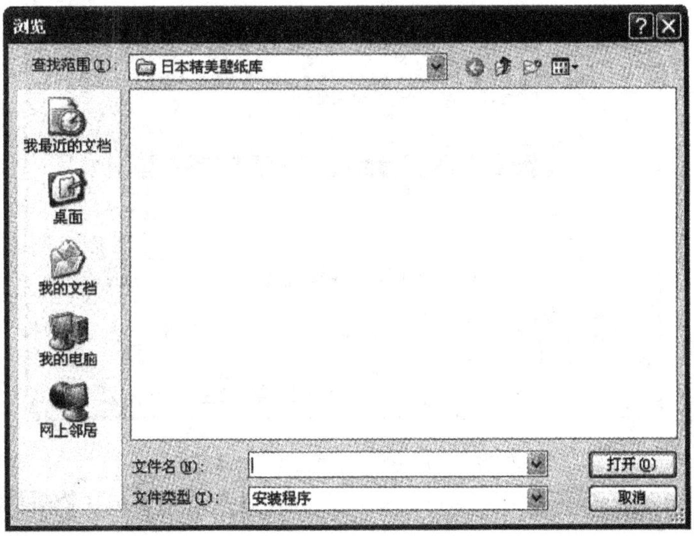

图 3.5.20　“浏览”对话框

删除应用程序的具体操作步骤如下：

（1）在添加或删除程序窗口中单击更改或删除程序图标，打开添加或删除程序窗口（见图 3.5.16）。

（2）在该窗口中选中将要删除的应用程序，然后单击删除按钮，弹出添加或删除程序对话框，如图 3.5.21 所示。

图 3.5.21 “添加或删除程序”对话框

（3）在该对话框中单击是(Y)按钮，系统将自动删除该应用程序。

2．添加或删除 Windows 组件

“Windows 组件”是 Windows XP 的组成部分。Windows XP 提供了丰富并且功能齐全的组件。但在安装 Windows XP 程序时，往往只安装一些最常用的组件，一些组件对具体的用户来说是没有用的，所以就不需要安装。在使用 Windows XP 的过程中，用户还可以根据需要添加或删除某些组件。

添加或删除 Windows 组件的具体操作步骤如下：

（1）在打开的添加或删除程序窗口中单击添加/删除Windows组件(A)图标，弹出Windows 组件向导对话框（一），如图 3.5.22 所示。

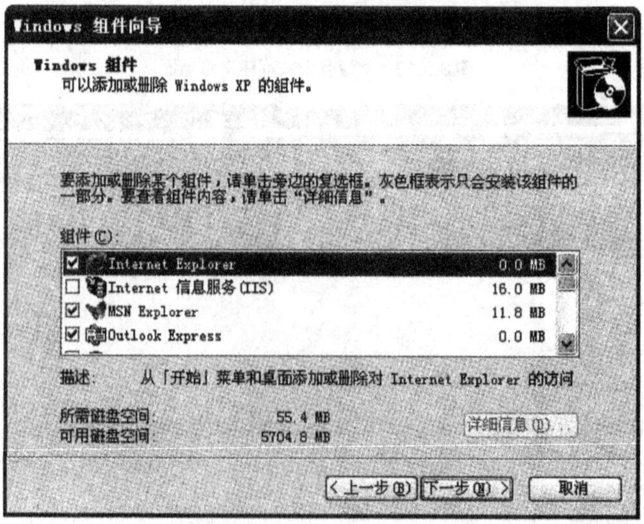

图 3.5.22 “Windows 组件向导”对话框（一）

（2）在该对话框中的“组件”下拉列表中选择需要安装的组件，单击详细信息(D)...按钮，在弹出的对话框中查看该组件的详细资料，并对其进行设置。

（3）设置完成后，单击下一步(N) >按钮，即可进行 Windows 组件的添加或删除操作。

（4）操作完成后，弹出如图 3.5.23 所示的Windows 组件向导对话框（二）。

图 3.5.23　“Windows 组件向导”对话框（二）

（5）单击该对话框中的 完成 按钮，关闭该向导。

（6）单击 添加或删除程序 窗口中的“关闭”按钮 ×。

三、打印机

打印机是计算机中重要的输出设备，编辑好的文档、图形等需要使用打印机才能打印出来。

1．添加打印机

在使用打印机前需要先安装打印机，其具体操作步骤如下：

（1）单击 开始 按钮，在打开的“开始”菜单中选择 打印机和传真 命令，打开 打印机和传真 窗口，如图 3.5.24 所示。

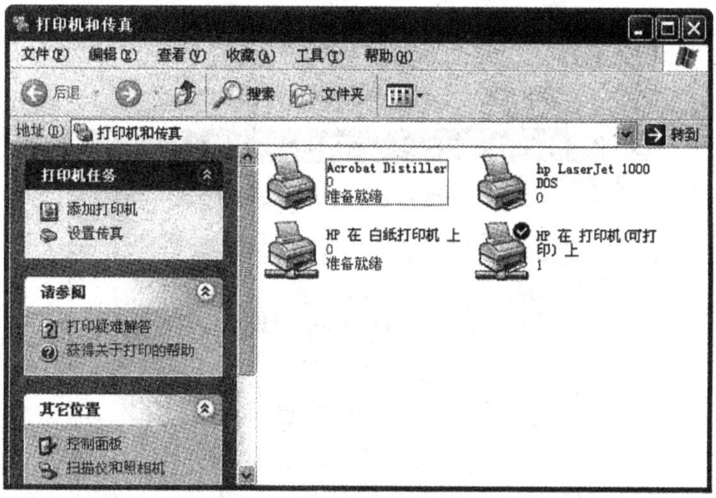

图 3.5.24　“打印机和传真”窗口

（2）在该窗口中单击 添加打印机 超链接，弹出 添加打印机向导 对话框（一），如图 3.5.25 所示。

（3）单击 下一步(N) > 按钮，弹出 添加打印机向导 对话框（二），如图 3.5.26 所示。

（4）在该对话框中选中 网络打印机，或连接到另一台计算机的打印机(R) 单选按钮，然后单击 下一步(N) > 按钮，弹出 添加打印机向导 对话框（三），如图 3.5.27 所示。

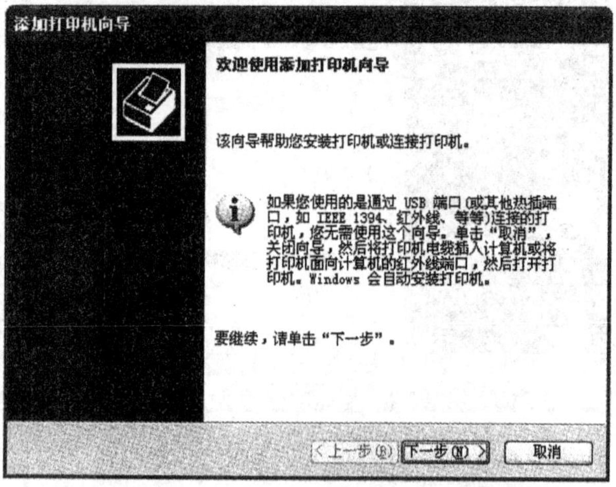

图 3.5.25　“添加打印机向导”对话框（一）

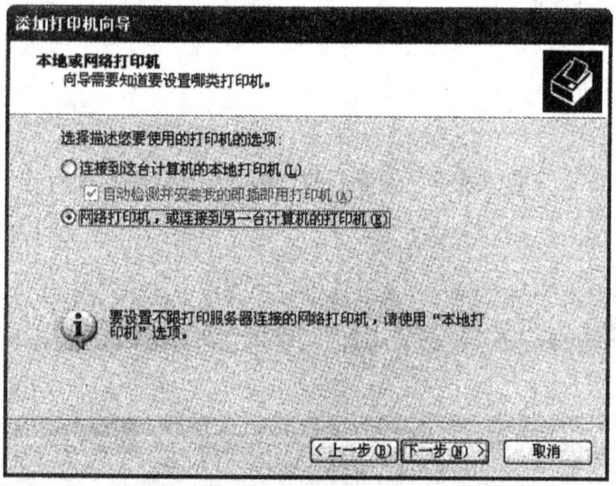

图 3.5.26　“添加打印机向导”对话框（二）

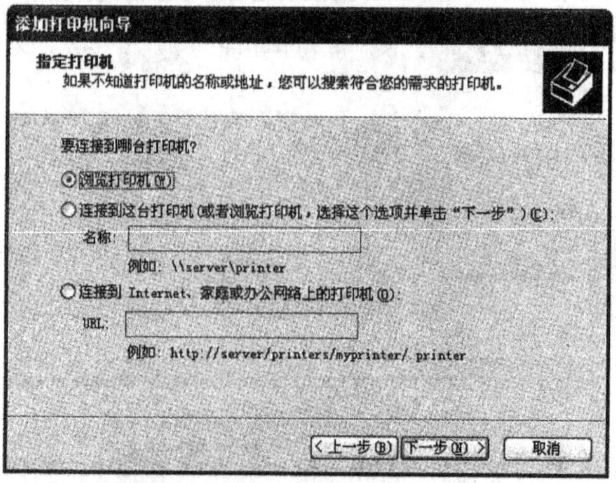

图 3.5.27　“添加打印机向导”对话框（三）

（5）在该对话框中选中 浏览打印机(W) 单选按钮，单击 下一步(N) > 按钮，弹出 添加打印机向导 对话框（四），如图 3.5.28 所示。

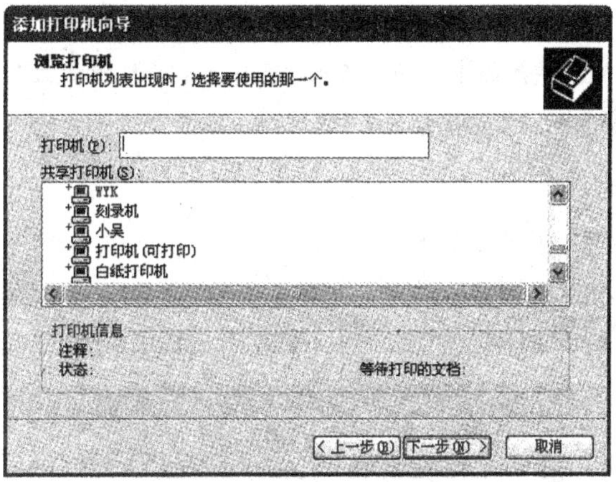

图 3.5.28　“添加打印机向导”对话框（四）

（6）在该对话框中的“共享打印机”列表框中选择需要添加的打印机名称，单击下一步(N) >按钮，弹出添加打印机向导对话框（五），如图 3.5.29 所示。

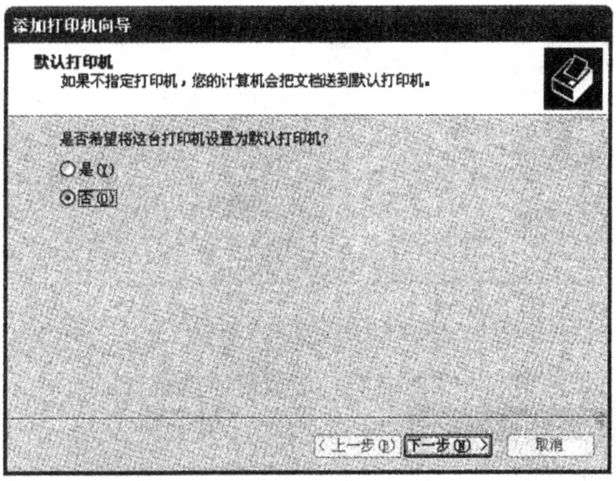

图 3.5.29　“添加打印机向导”对话框（五）

（7）在该对话框中设置该打印机是否为默认打印机，然后单击下一步(N) >按钮，弹出添加打印机向导对话框（六），如图 3.5.30 所示。

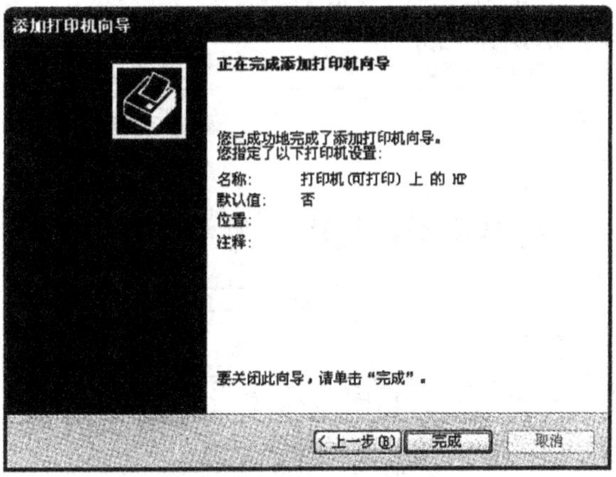

图 3.5.30　“添加打印机向导”对话框（六）

（8）在该对话框中单击 完成 按钮，即可完成网络打印机的添加。

提示：如果用户需要删除多余的打印机，可在选中的打印机上单击鼠标右键，在弹出的快捷菜单中选择 删除(D) 命令，即可删除该打印机。

2．设置打印机属性

设置打印机属性的具体操作步骤如下：

（1）在选中的打印机上单击鼠标右键，在弹出的快捷菜单中选择 属性(R) 命令，在弹出的 打印机(可打印) 上 的 HP 属性 对话框中打开 常规 选项卡，如图 3.5.31 所示。

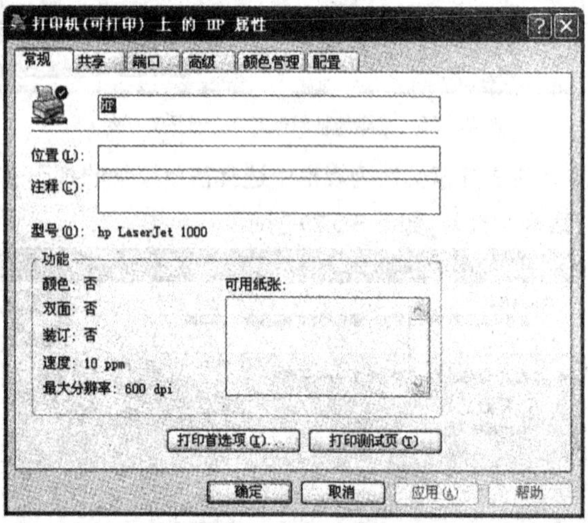

图 3.5.31　“常规”选项卡

（2）在该选项卡中可以设置打印机的名称，选择打印机所使用的纸张。

（3）在 打印机(可打印) 上 的 HP 属性 对话框中打开 共享 选项卡，如图 3.5.32 所示。在该选项卡中可以设置是否共享该打印机。

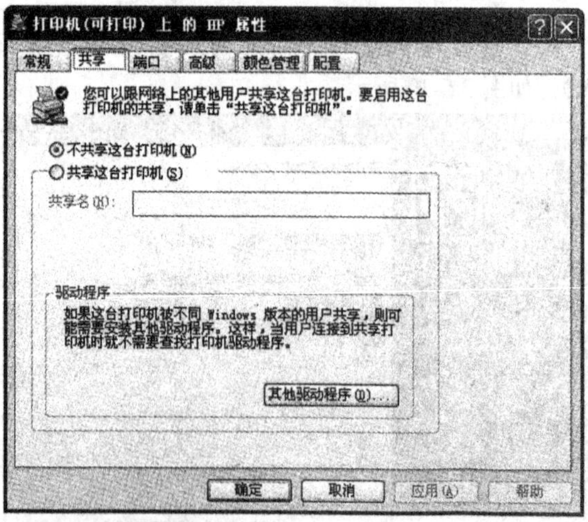

图 3.5.32　“共享”选项卡

（4）所有的参数设置完成后，单击 应用(A) 和 确定 按钮，完成打印机的属性设置。

习题三

一、填空题

1. 目前 Windows 操作系统几乎统治了整个电脑界，它集__________、__________、__________、__________、__________、__________和__________功能于一身。

2. __________是 Windows XP 中另一个常用来管理文件的工具，它显示了用户计算机上的文件、文件夹和驱动器的分层结构。

3. 磁盘是用来存储信息的设备，分为__________和__________两种，是计算机的重要组成部分。

4. 在中文 Windows XP 中，文件和文件夹的属性有（　）种。

（A）2　　（B）3

（C）4　　（D）5

5. 在 Windows XP 资源管理器中，文件和文件夹有（　）种显示方式。

（A）3　　（B）4

（C）5　　（D）6

二、上机操作题

1. 熟悉 Windows XP 的基本知识。
2. 练习搜索文件的方法。
3. 练习使用资源管理器来对文件和文件夹进行各种操作。
4. 利用控制面板设置具有个人特点的计算机属性。
5. 练习磁盘管理的各种操作。

第四章　中文 Word 2003

Microsoft Word 一直以来都是文字处理领域里的佼佼者，它凭借人性化的设计、方便快捷的操作、完善的功能以及丰富的效果被各行各业的办公人员广泛使用。使用 Word 2003 能够编排和打印出图文并茂的文档。通过对本章的学习，希望读者能够熟悉表格和各种图形对象的插入方法，了解并掌握格式和样式的使用技巧。

本章重点

（1）Word 2003 中文版简介。
（2）Word 2003 中文版的使用。
（3）打印文档。
（4）编辑文档。
（5）设置文字的格式。
（6）设置段落的格式。
（7）在文档中插入页码。
（8）使用样式进行格式设置。
（9）在文档中添加图形。
（10）在文档中插入表格。

第一节　Word 2003 中文版简介

在开始使用 Word 2003 编辑文档之前，先来了解一下 Word 2003 的新特性、运行的软硬件环境、启动方法以及 Word 2003 的窗口组成。

一、Word 2003 的新特性

作为 Word 的最新版本，Word 2003 提供了许多新功能，能够简化操作过程，提高图形和文字处理能力。它在完善 Word 2002 中的 8 个任务窗格的基础上，提供了“开始工作”、“帮助”、“剪贴画”、“信息检索”、“剪贴板”、“搜索结果”、“新建文档”、“附件选项”、“共享工作区”、“文档更新”、“保护文档”、“样式和格式”、“显示格式”、“邮件合并”和“XML 结构”共 15 种任务窗格。在任务窗格中包含了许多命令的超链接和按钮，单击这些超链接和按钮即可执行相应的命令，从而简化操作过程。除此之外，Word 2003 还增加了许多实用的功能，它们分别如下：

（1）支持 XML 功能：现在 Word 允许以 XML 格式保存文档，因此用户可将文档内容与其二进制（.doc）格式定义分开。文档内容可以用于自动数据采集和其他用途，可能通过 Word 以外的其他进程搜索或修改，例如基于服务器的数据处理。

（2）增强的可读性：Word 2003 将使计算机上的文档阅读工作变得前所未有的简便，可以根据计算机的屏幕尺寸和分辨率来优化显示，也可以通过新增的阅读版式视图来隐藏不必要的工具栏、突

出显示部分文档等方式阅读文档。

（3）支持手写设备：如果用户正在使用支持墨迹输入的设置，例如 Tablet PC，那么就可以使用 Tablet 笔在文档中手写批注和注释批注文档。

（4）改进的文档保护：在 Microsoft Office Word 2003 中，文档保护可进一步控制文档格式设置及内容。例如，用户可以指定使用特定的样式，并规定不得更改这些样式。当保护文档内容时，不再需要将相同的限制应用于每一名用户和整篇文档，可以有选择地允许某些用户编辑文档的特定部分。

（5）“信息检索”任务窗格：如果可以连接 Internet，新的“信息检索”任务窗格可为用户提供一系列参考信息和扩充资源。用户可使用百科全书、Web 搜索或通过访问第三方内容搜索特定主题的内容。

二、启动 Word 2003

启动 Word 2003 的主要方法有以下两种：

（1）双击桌面上的 Word 2003 快捷图标。

（2）选择 开始 → 所有程序(P) → Microsoft Office → Microsoft Office Word 2003 命令来启动 Word 2003，如图 4.1.1 所示。

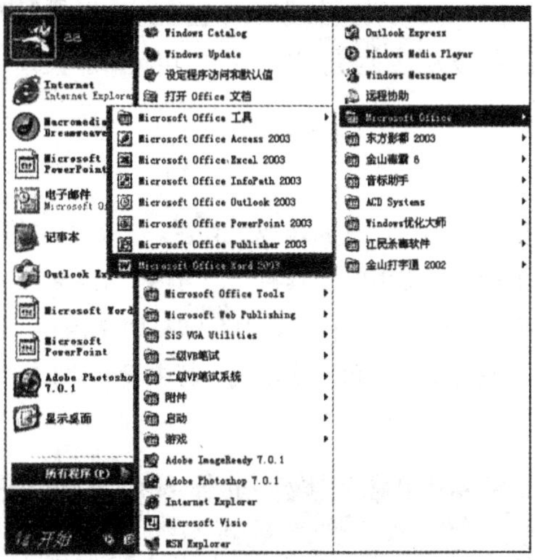

图 4.1.1 启动 Word 2003

三、Word 2003 窗口组成

启动 Word 2003 后，其工作窗口如图 4.1.2 所示。一个经典的 Word 窗口，包含窗口控制按钮（如最大化、最小化、关闭按钮）、标题栏、菜单栏、工具栏、状态栏、编辑区等几个部分。在编辑区的周围还有用于辅助编辑操作的标尺、滚动条及页面视图等组件。

1. 标题栏

标题栏位于窗口的顶部，用于显示当前所使用的程序名称和文档名。标题栏的最左端有一个 Word 窗口控制菜单图标，单击它可打开一个下拉菜单，其中提供了一些控制 Word 2003 窗口的命令。标题栏的右端提供了“最小化”按钮、“最大化”按钮/“还原”按钮和“关闭”按钮，用于改变 Word 窗口的大小或者退出 Word。

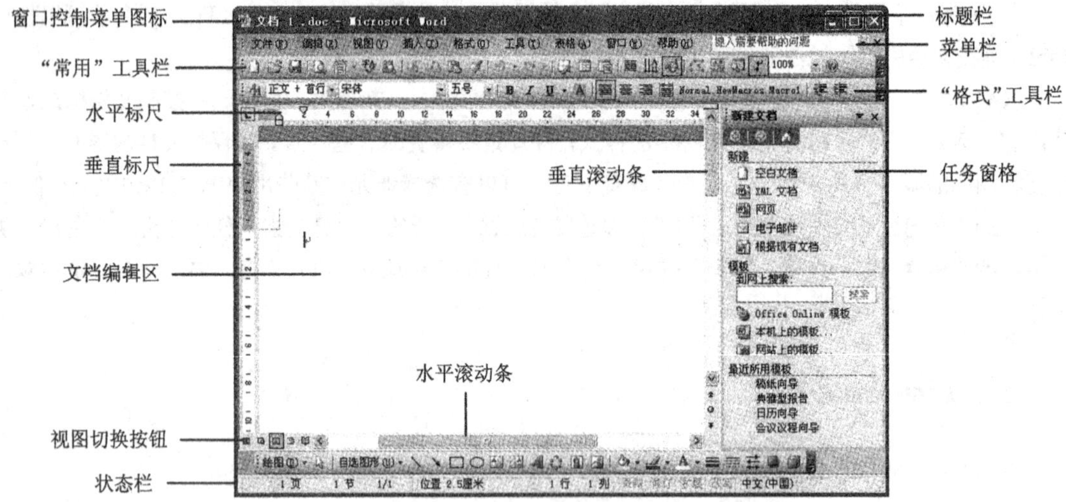

图 4.1.2 Word 2003 的工作窗口

2. 菜单栏

标题栏下方紧接着是菜单栏，包含文件(F)、编辑(E)、视图(V)、插入(I)、格式(O)、工具(T)、表格(A)、窗口(W)以及帮助(H)共 9 个常用菜单。菜单栏主要提供命令帮助用户完成相应的工作。

3. 工具栏

工具按不同的功能被分成不同的组，从而构成工具栏。工具栏中的工具按钮是用户操作的捷径，其中的每一个按钮都代表一个命令。常用的工具栏有"常用"工具栏和"格式"工具栏两个，"常用"工具栏中设有一些常用的工具，用于新建、打开、保存和打印文档等，如图 4.1.3 所示；"格式"工具栏用于设置字体、字号和字形等文本格式和段落格式，其中设有字体、字号、加粗、倾斜、对齐等工具，如图 4.1.4 所示。

图 4.1.3 "常用"工具栏

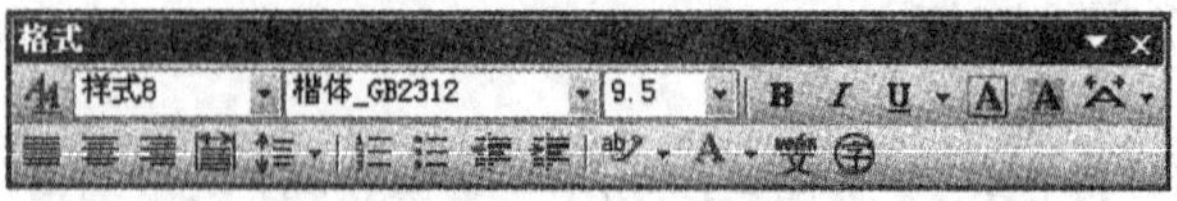

图 4.1.4 "格式"工具栏

提示：将鼠标指针指向工具栏上的按钮，该按钮会变为黄色，同时，指针下方会出现该按钮的命令名称。

4. 标尺

标尺分水平标尺和垂直标尺，它用于确定写作文档的段落和文字距离，以及显示页面大小，使用户可以在 Word 页面中精确地进行排版。如测量段落的对齐位置、度量插入图片的长和宽等。

5. 滚动条

滚动条分为水平滚动条和垂直滚动条。编辑区中能够显示的内容是有限的，为了查看文档的其他内容，可以通过滚动条来滚动文档，从而将那些未出现在编辑区中的内容显示出来。

6. 文档编辑区

文档编辑区是用来编辑和制作文档的，在运行各种命令后，在工作区中会显示出相应的变化。在普通视图中，编辑区中会有一个不停闪动的竖条，称为插入点，它指示的是下一个输入字符的位置。

7. 任务窗格

任务窗格是提供常用命令的一个独立窗口，一般出现在文档编辑区的右侧。在任务窗格中，包含了很多命令的链接，单击这些链接，即可执行相应的命令。要打开任务窗格，可选择 视图(V) → 任务窗格(K) Ctrl+F1 命令。单击任务窗格标题栏上的下拉按钮▼，即可打开任务窗格的下拉菜单，如图 4.1.5 所示。

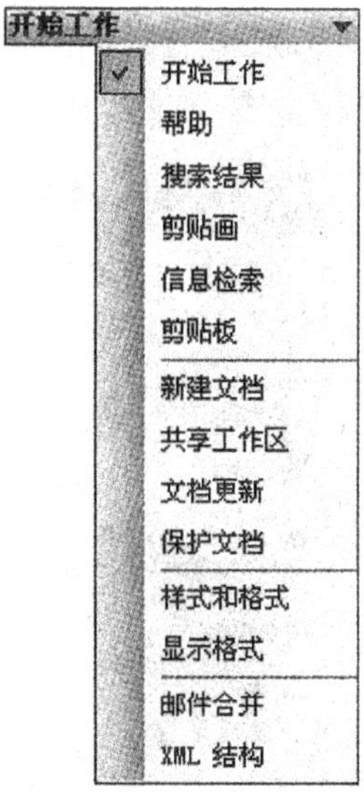

图 4.1.5 任务窗格下拉菜单

在这个下拉菜单中有很多命令选项，选择其中的任一命令，都能打开相应的任务窗格。在任务窗格中可以完成相应的工作。

8. 状态栏

状态栏位于文档窗口的最下方，它用于观察文档当前的工作状态，查看文档的总页码和当前页码、光标的位置信息、输入状态、切换录制宏、修订、扩展选择区域、改写等状态的开启或关闭。

9. 视图切换按钮

在窗口下方的水平滚动条左边，有 5 个视图切换按钮，用于选择文档的显示方式。

第二节　Word 2003 中文版的使用

Word 2003 中文版的使用包括创建文档、打开文档和保存文档等基本操作。要使用 Word 编辑文档，首先要能够按照指定的路径打开文档，根据要求保存文档，这样才可以避免因为意外错误而导致的前功尽弃。

一、创建新文档

在启动 Word 2003 后，系统会自动创建一个新的空白文档，除此之外，用户还可以根据需要创建新的空白文档、XML 文档或者根据模板新建文档。

1．新建空白文档

在启动 Word 2003 后新建空白文档，可以按照如下 3 种操作方法进行：

（1）启动 Word 2003 应用程序后，单击“常用”工具栏中的“新建空白文档”按钮。

（2）启动 Word 2003 应用程序后，选择 文件(F) → 新建(N)... 命令，在窗口的右侧将打开 新建文档 任务窗格，如图 4.2.1 所示，然后单击“空白文档”超链接。

图 4.2.1　“新建文档”任务窗格

（3）在 Word 2003 应用程序下按快捷键“Ctrl+N”。

提示：使用 新建文档 任务窗格中的选项可以新建 XML 文档、网页或者电子邮件。文档保存为 XML 格式可以用于自动数据采集和其他用途。用户可以从普通商业文档中识别和提取特定的商业数据片段。例如，一张包含客户姓名和地址的支票，或者一份包含上季度财务结果的报表等。

2．根据模板新建文档

模板是 Word 2003 提供的一些按照应用文规范建立的文档，在其中已经填充了这些文体内的固定内容，并且调整好格式。下面以创建日历为例介绍模板向导的具体操作步骤。

（1）选择 文件(F) → 新建(N)... 命令，打开 新建文档 任务窗格。

（2）单击任务窗格中的“本机上的模板”超链接，弹出模板对话框，单击其他文档标签，打开其他文档选项卡，如图 4.2.2 所示。

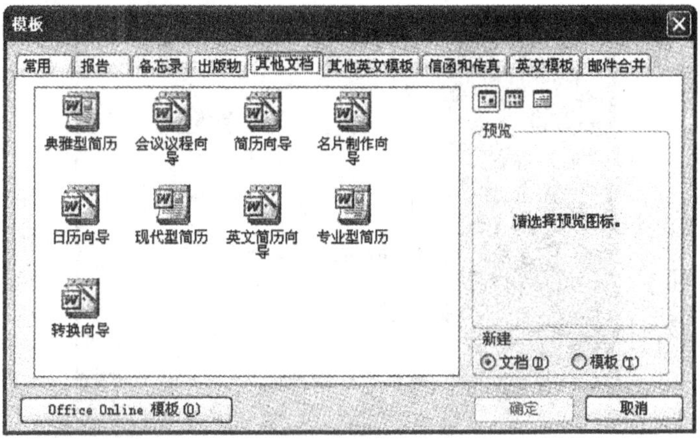

图 4.2.2　“其他文档”选项卡

（3）选中对话框中的“日历向导”图标，单击确定按钮即可弹出如图 4.2.3 所示的日历向导对话框（一）。

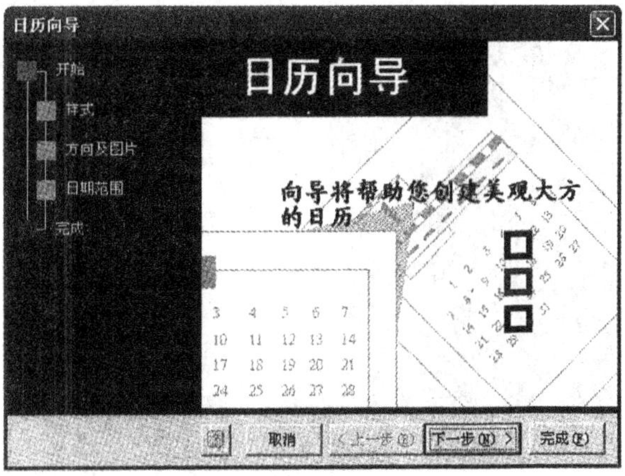

图 4.2.3　“日历向导”对话框（一）

（4）单击对话框中的下一步(N) >按钮，弹出如图 4.2.4 所示的日历向导对话框（二），在其中选择日历样式。

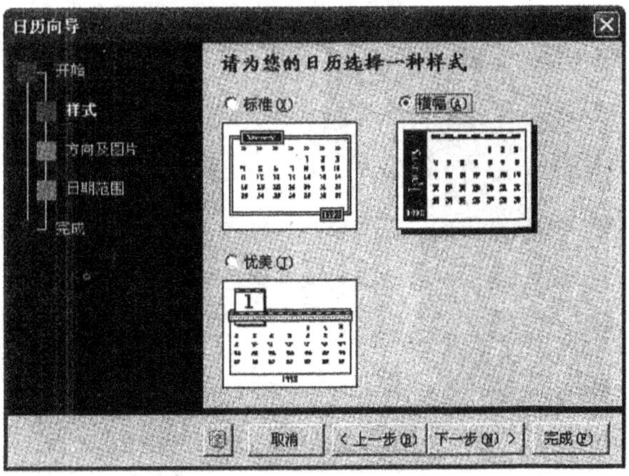

图 4.2.4　“日历向导”对话框（二）

（5）单击下一步(N) >按钮，弹出如图 4.2.5 所示的日历向导对话框（三），在其中指定日历的打印方向及确定是否为图片预留空间。

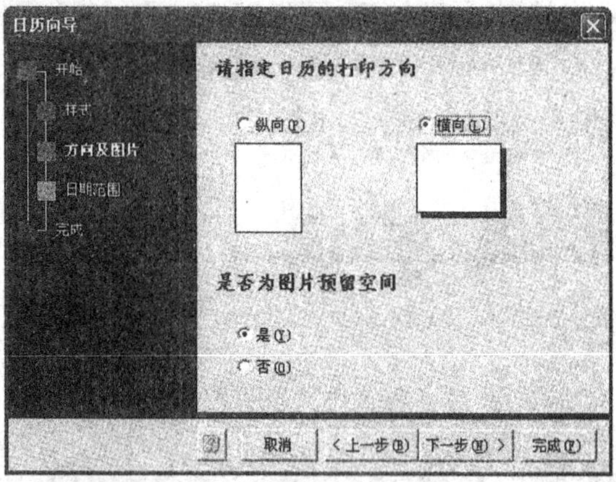

图 4.2.5　“日历向导”对话框（三）

（6）单击下一步(N) >按钮，弹出如图 4.2.6 所示的日历向导对话框（四），在其中设置日历的起始和终止年月及确定是否打印农历和节气。

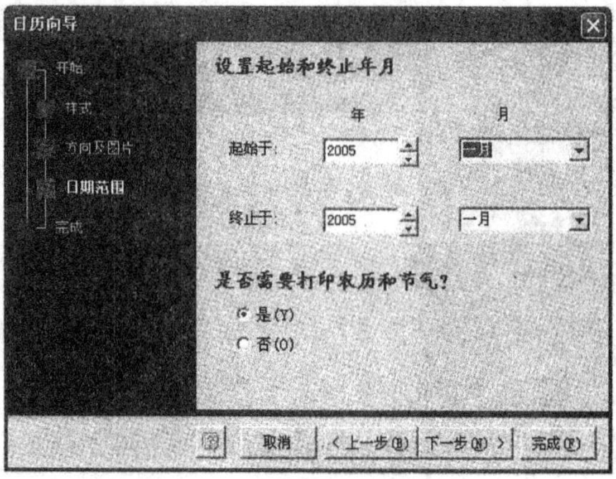

图 4.2.6　“日历向导”对话框（四）

（7）单击下一步(N) >按钮，弹出如图 4.2.7 所示的日历向导对话框（五），至此，日历制作步骤完成，如果需要修改某一选项的设置参数，可单击< 上一步(B)按钮返回到相应的对话框中。

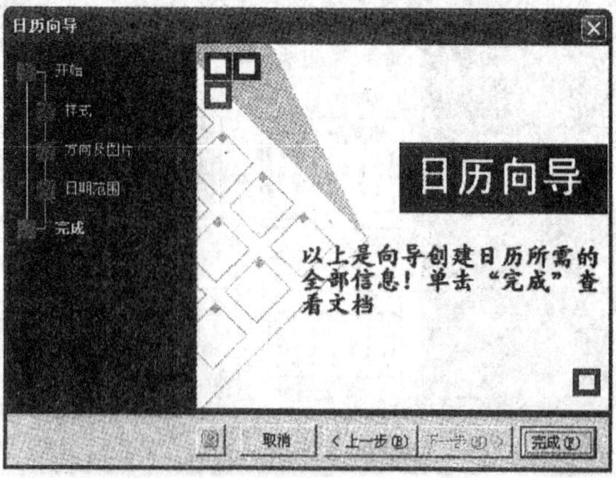

图 4.2.7　“日历向导”对话框（五）

（8）单击 完成(F) 按钮，即可完成日历的创建，如图 4.2.8 所示。用户可以根据个人的用途及喜好对文档进行编辑修改，这在以后的学习中将会讲到。

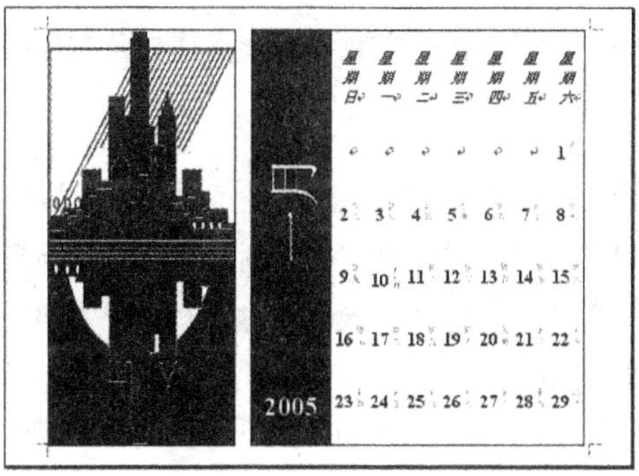

图 4.2.8　新建的日历文档

二、打开旧文件

对于已经保存在磁盘上的文档，要想对其进行编辑、排版和打印等操作，就需要将其打开。所谓打开文档就是将文档从磁盘读到内存中，并且将文档内容显示在窗口中。打开文档的具体操作步骤如下：

（1）单击“常用”工具栏中的“打开”按钮，或选择 文件(F) → 打开(O)... Ctrl+O 命令，弹出如图 4.2.9 所示的 打开 对话框。

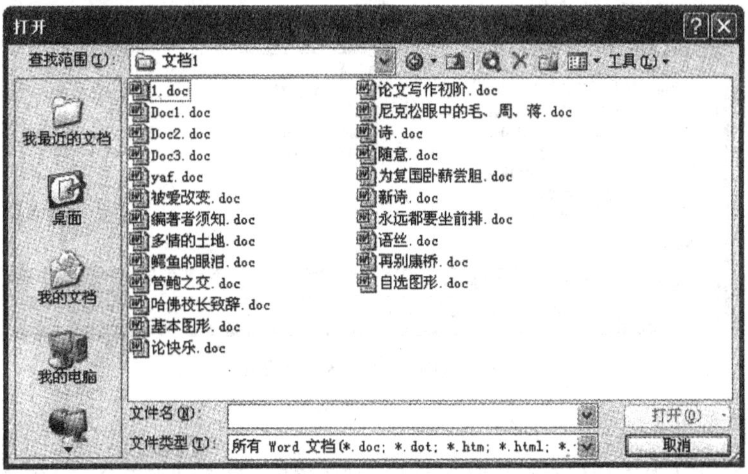

图 4.2.9　“打开”对话框

（2）单击“查找范围”下拉列表右侧的按钮，从弹出的下拉列表中选择包含要打开文档的驱动器或网络驱动器。

（3）单击“文件类型”下拉列表右侧的按钮，从弹出的下拉列表中指定要打开的文件类型，即指定文件扩展名。默认是“所有 Word 文档”类型。

（4）打开包含要打开的文档所在的文件夹。

（5）选中文件后单击 打开(O) 按钮。

三、保存正在编辑的文件

对文档做了编辑和修改后，为了防止断电或其他误操作导致文件的丢失，需要经常保存文档。

1．保存新文档

Word 2003 在新建文件时自动为新文件赋予类似于“文档 1”这样的名称，但并没有为其在磁盘上分配文件名，因此保存新建文档时，需要给文档重新命名。保存新建文档的具体操作步骤如下：

（1）选择 文件(F) → 保存(S) Ctrl+S 命令，或者单击“常用”工具栏中的“保存”按钮，弹出如图 4.2.10 所示的 另存为 对话框。

（2）在“文件名”文本框中给文档指定一个名称。若不设置，则 Word 会以文档的第一句话作为文件名进行保存。

（3）要将文档保存在当前驱动器和文件夹中，则单击 保存(S) 按钮；要将文档保存到其他的驱动器中，则单击“保存位置”下拉列表右侧的按钮，从弹出的下拉列表中选择需要的驱动器，该驱动器所包含的文件夹会显示在下方的文件列表框中；要将文档保存到不同的文件夹中，则双击要使用的文件夹图标。

（4）单击 保存(S) 按钮即可。

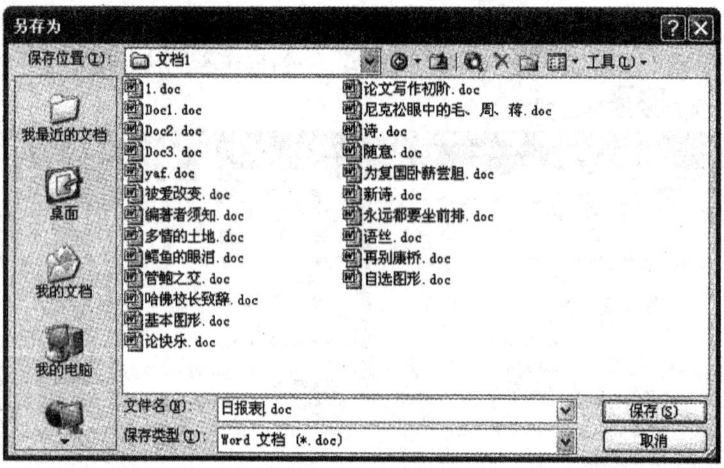

图 4.2.10　“另存为”对话框

2．保存文档的修改

如果保存的文档不是首次保存而是保存对原文档的修改，其方法很简单，只要单击“常用”工具栏中的“保存”按钮，或者选择 文件(F) → 保存(S) Ctrl+S 命令，即可按照原来的驱动器、文件夹和文件名存盘，而不再弹出 另存为 对话框。存盘后，文档仍然处于编辑状态，用户可继续对文档进行编辑。

3．另存文档

文档存盘时，可将正在使用的文档在指定的目录下做副本保存。

另存文档的具体操作步骤如下：

（1）选择 文件(F) → 另存为(A)... 命令，弹出如图 4.2.10 所示的 另存为 对话框。

（2）在对话框的“文件名”文本框中输入文档的名称，然后单击“保存类型”下拉列表右侧的按钮，选择文件所要另存为的文件格式。

（3）在文件列表中或保存位置列表中选择文档所要保存到的位置。

（4）单击 保存(S) 按钮，即可将当前文档以所选择的格式另存到指定的位置。

提示：在 另存为 对话框的“保存位置”下方有“我最近的文档”、“桌面”、“我的文档”、“我的电脑”和“网上邻居”5个图标，选中其中的某一个图标，然后单击 保存(S) 按钮，可以将所要保存的文档保存到相应的位置。

四、关闭文件和退出 Word 2003

关闭文件是指关闭当前编辑的文档，而不退出 Word 2003 应用程序。而退出 Word 2003 是指将所有打开的 Word 文档关闭，然后退出 Word 2003 应用程序。它们的操作方法分别有以下几种。

1．关闭文件

关闭 Word 文件可以按照下述两种常用操作方法进行：

（1）选择 文件(F) → 关闭(C) 命令。

（2）单击菜单栏最右端的“关闭窗口”按钮 ×，即可将文档关闭。

如果该文档修改后没有保存，则弹出如图 4.2.11 所示的提示框，提示用户是否保存对文档的修改。若单击 是(Y) 按钮，则保存修改并关闭该文档；若单击 否(N) 按钮，则不保存修改并关闭该文档；若单击 取消 按钮，则取消当前关闭文档的操作，返回到文档中。

图 4.2.11　提示框

技巧：如果要同时关闭所有打开的文档，可以先按住“Shift”键，然后选择 文件(F) 菜单中的 全部关闭(C) 命令。

2．退出 Word 2003

如果想退出 Word 应用程序，则有以下 3 种方法：

（1）单击标题栏最右端的“关闭”按钮 ×。

（2）选择 文件(F) → 退出(X) 命令。

（3）使用快捷键“Alt+F4”。

注意：在退出 Word 2003 之前注意保存文档。

五、打开最近编辑过的文档

如果要打开的文档是最近编辑或打开过的文档，则可以使用快捷方法快速打开该文档，有以下两种操作方法。

（1）选择 开始 → 我最近的文档(D) 命令，从弹出的级联菜单中选择需要打开的文档名，如图 4.2.12 所示，单击它即可直接打开该文档。

（2）启动 Word 2003 程序之后，单击其菜单栏中的 文件(F) 菜单选项，弹出其下拉菜单。在菜单的 退出(X) 选项上方排列了最近使用过的文档，如图 4.2.13 所示，单击所要打开的文档选项即可将文档打开。

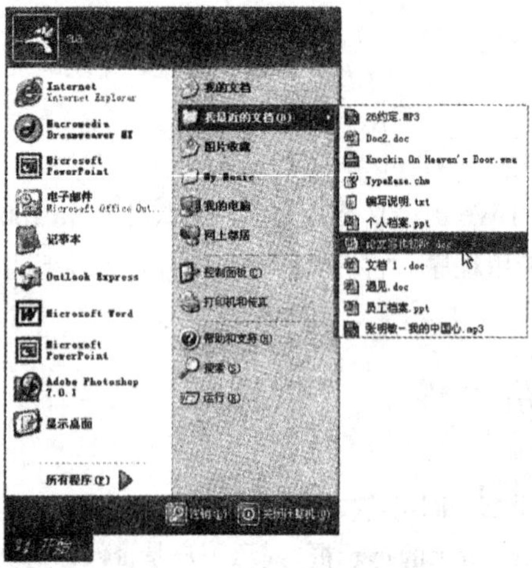

图 4.2.12　“我最近的文档”级联菜单

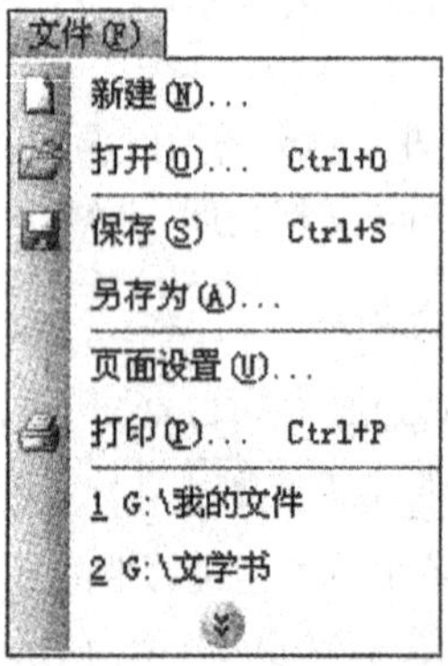

图 4.2.13　“文件”下拉菜单

提示：如果 文件(F) 菜单中列出最近使用或打开文件的个数不能满足使用，可以根据需要进行设置。选择 工具(T) → 选项(O)... 命令，弹出 选项 对话框，单击 常规 标签，打开 常规 选项卡，如图 4.2.14 所示。选中 ☑列出最近所用文件(R): 4 个(E) 复选框，并在其右侧的微调框中设置需要列出的文件个数。

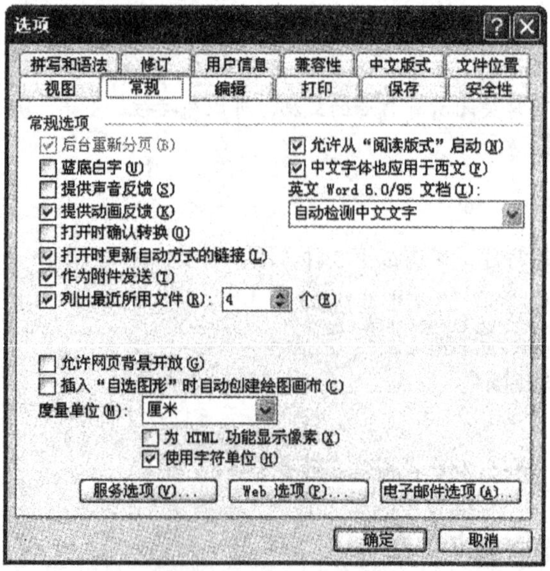

图 4.2.14　“常规”选项卡

六、改变视图画面

在屏幕上显示文档的方式称为视图方式。Word 2003 为用户提供了 5 种视图方式：普通视图、页面视图、大纲视图、Web 版式视图和阅读版式视图。选择视图(V)菜单中的普通(N)、Web 版式(W)、页面(P)、阅读版式(R)或大纲(O)命令，或者单击水平滚动条左边的视图方式切换按钮，都可以切换至相应的视图方式中。

在 Word 中，不同的视图方式有其不同的视图功能和特点。

1. 普通视图

用户经常用到的就是普通视图。在普通视图中，用户可以输入、编辑和设置文本及段落的格式。但是，只能将多栏显示成单栏格式，页眉和页脚、页码以及页边距等也不显示出来，从而可以提高显示速度。

在普通视图方式下，当输入的文本多于一页时，屏幕上会自动出现一条虚线，也就是 Word 自动加的分页线，使文档阅读起来比较连贯。普通视图效果如图 4.2.15 所示。

“普通视图”按钮

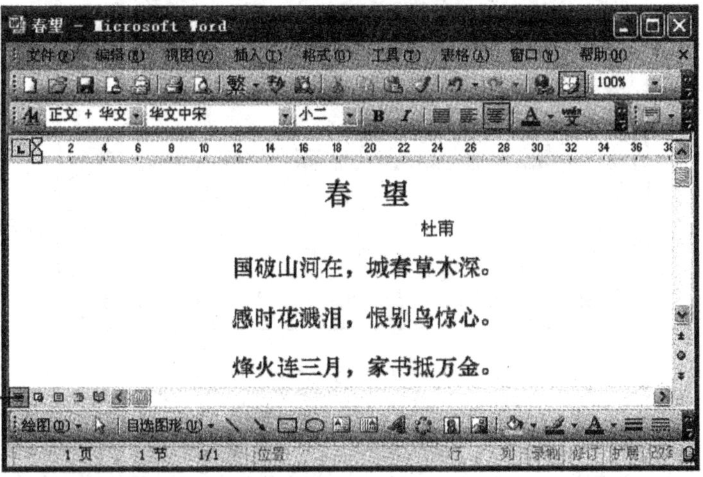

图 4.2.15 普通视图

2. Web 版式视图

Web 版式视图显示文档在 Web 浏览器中的外观。例如，文档将显示为一个不带分页符的长页，并且文本和表格将自动换行以适应窗口的大小。在 Web 版式视图中，可以创建能在屏幕上显示的网页或文档。在 Web 版式视图中，可以显示文档背景，图形位置与在 Web 浏览器中的位置一致。Web 版式视图效果如图 4.2.16 所示。

3. 页面视图

在此视图模式下显示的文档与打印效果一样。例如，页眉、页脚、分栏和文本框等项目会出现在它们的实际位置上。

在页面视图中可以查看打印页面中的文本、图片和其他元素的位置，可用于编辑页眉和页脚、调整页边距和处理分栏和图形对象。如果用户喜欢在该视图中输入和编辑文本，可以通过隐藏页面顶部和底部的空白空间来节省屏幕空间。页面视图效果如图 4.2.17 所示。

图 4.2.16　Web 版式视图

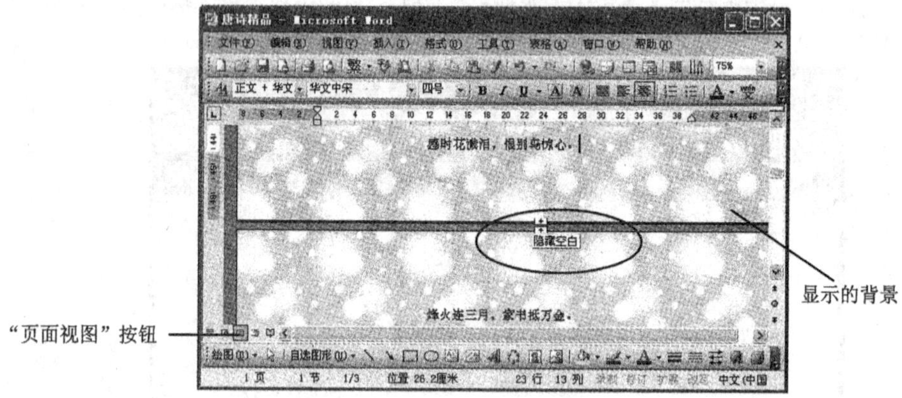

图 4.2.17　页面视图

4．大纲视图

Word 2003 提供了一种有用的功能来帮助显示文档组织方式，并使得查看文档的结构变得很容易，这就是大纲视图。在大纲视图中可以通过拖动标题来移动、复制或重新组织正文。也可以展开文档，查看整个文档的内容。在大纲视图中不显示段落格式、页边距、页眉、页脚和背景，并且在工具栏位置多出一个"大纲"工具栏。大纲视图效果如图 4.2.18 所示。

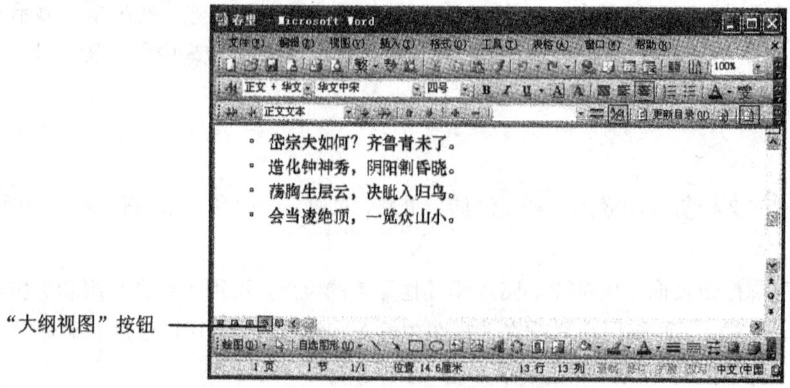

图 4.2.18　大纲视图

5．阅读版式视图

Word 2003 新增的阅读版式视图为用户提供了更方便的文档阅读方式。阅读版式视图的设计使在屏幕上阅读文档变得更加方便。在这种视图模式中，Word 删除了混乱的屏幕元素，例如多余的工具栏，可以使用文档结构图或缩略图跳到文档的其他部分，还可以使用任务窗格进行阅读相关的活动，例如查找或翻译单词。如果要编辑文档，可单击要做更改的位置，正常地编辑文档。

阅读版式视图显示文档的方式与文档打印时格式化的方式不同。显示的文本可能比期望的要大，分页符不必与打印页面之间的分页符一致。阅读版式视图效果如图 4.2.19 所示。

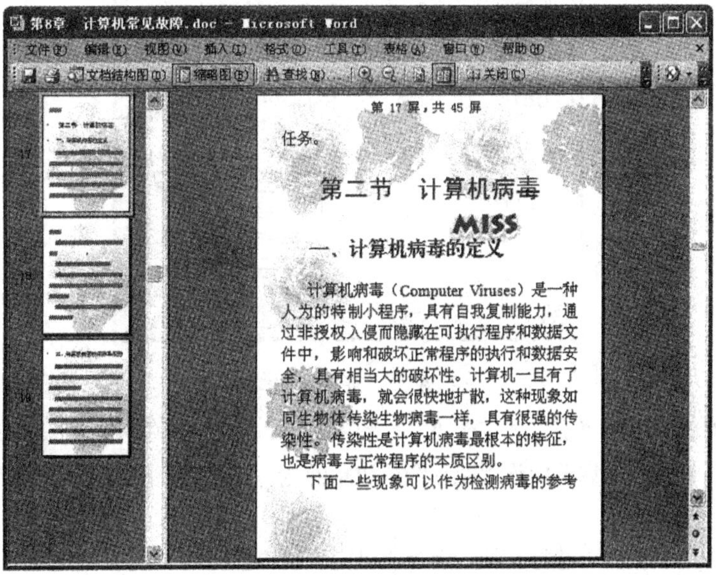

图 4.2.19　阅读版式视图

如果要关闭阅读版式视图，单击“阅读版式”工具栏上的

按钮即可。

第三节　打印文档

当文档编辑完成后，就可以将文档打印出来。下面就介绍打印文档的方法。

一、设定页边距

在打印文档之前可以通过调整页边距来美化页面整体效果。页边距是页面周围的空白区域。在默认情况下，创建的文档是纵向排列的，顶端和底端各有 2.54 cm 的页边距，左右两边各有 3.17 cm 的页边距。为了增强文档的可读性，用户可以增大左右页边距来缩短行的长度；对于过大的文档，缩小页边距可以增加页中文本的容量，从而减少页数。

设置页边距通常采用两种方法：使用对话框设置精确地页边距数值和使用标尺快速地设置页边距。

1．精确设置页边距

如果要精确地设置页边距，可以按下述操作步骤进行：

（1）选择 文件(F) → 页面设置(U)... 命令，弹出 页面设置 对话框，单击 页边距 标签，打开 页边距 选项卡，如图 4.3.1 所示。

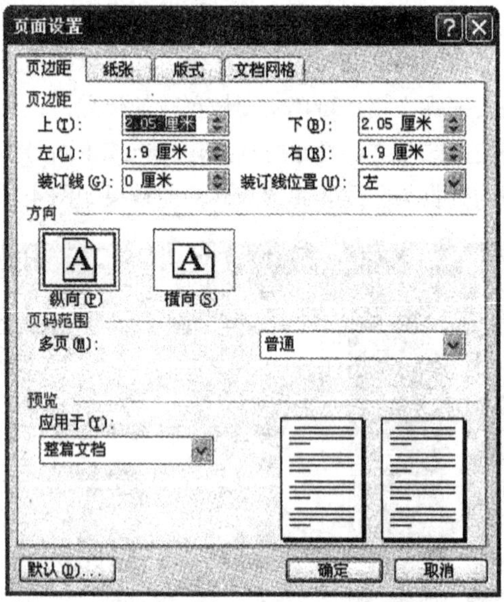

图 4.3.1　“页边距”选项卡

（2）在该对话框中的“上”、“下”、“左”和“右”4 个微调框中分别输入或调整合适的数值。

（3）在“装订线”微调框中设置装订线至边距的值，在“装订线位置”下拉列表中选择“左”或“上”选项。

（4）在“方向”选区中选择文档页面为“纵向”或“横向”。

（5）在“页码范围”选区的“多页”下拉列表中选择“对称页边距”、“拼页”或者“书籍折页”等，则上述各栏会稍有变化，请用户对照预览框的效果进行设置。

（6）如果要在同一篇文档中采用不同的页边距，则在设置前将插入点置于不同的页面，并在“应用于”下拉列表中选择“插入点后”选项，若选择了“整篇文档”选项，则整篇文档使用相同的页面设置。

（7）设置完毕，单击 确定 按钮即可。

2. 快速设置页边距

如果要使用标尺快速地设置页边距，可以按下述操作步骤进行：

（1）在页面视图中，将鼠标指针放在水平标尺或垂直标尺的页边距线上（标尺上深色与白色的交界处），待鼠标指针变为双向箭头↔。

（2）按住鼠标左键拖动页边距线，此时页边距线将随着鼠标的拖动而移动。

（3）拖到所需的位置，释放鼠标，即可完成页边距的设置。

二、打印预览

在打印输出之前，一般先要预览打印效果，以免造成打印浪费。单击“常用”工具栏中的“打印预览”按钮，或者选择 文件(F) → 打印预览(V) 命令，均可进入打印预览视图，如图 4.3.2 所示。这时看到的就是最终打印出来的效果，在此窗口下，Word 打开“打印预览”工具栏，其按钮功能如下：

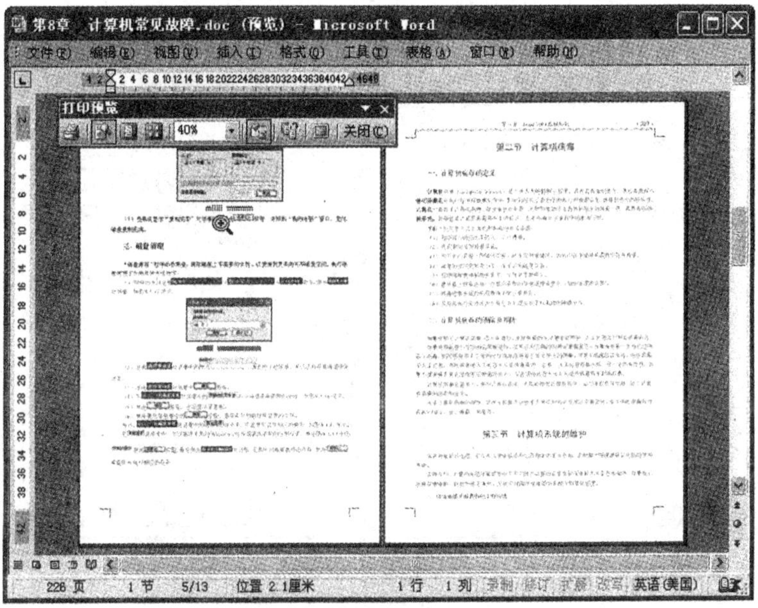

图 4.3.2　“打印预览”视图

“打印”按钮：单击此按钮，将以默认的打印设置打印当前文档。

“放大镜”按钮：单击此按钮可在放大镜方式和编辑方式间切换。在放大镜方式下，鼠标指针以包括一个括号或减号的放大镜形式出现。在编辑方式下，鼠标指针变为 I 形，此时可像平常一样编辑文本。

“单页”按钮：单击此按钮可缩放视图到一整页。

“多页”按钮：单击此按钮可在弹出的下拉菜单中选择需要显示的多页。

“显示比例”文本框 41%：单击此框右侧的下拉按钮，可从弹出的下拉列表中选择需要的显示比例。

“查看标尺”按钮：单击此按钮可显示或隐藏标尺。

“缩小字体填充”按钮：单击此按钮可减小文档页数，防止将文档的少部分单独排在一页上。

“全屏显示”按钮：单击此按钮可隐藏多数屏幕元素，以显示更多的文档内容。

关闭(C)按钮：单击此按钮可关闭打印预览，返回到打印预览前的状态。

要关闭打印预览，可单击“打印预览”工具栏中的关闭(C)按钮或者再次选择文件(F)→打印预览(V)命令，即可返回到打印预览前的状态。

三、打印文档

很多人认为：只要连着打印机，直接单击“常用”工具栏中的“打印”按钮，就可以打印输出文档了。其实不然，在打印输出之前进行打印设置是很重要的。

单击“常用”工具栏中的“打印”按钮，只可使用默认的打印机进行打印输出，而且还是以默认的打印方式进行打印。如果用户的计算机连接了多台打印机（如一台激光打印机，一台彩色打印机）或想通过网络打印机进行打印输出，那么就必须进行打印设置。

如果要进行打印设置，可以按下述操作步骤进行：

（1）选择 文件(F) → 打印(P)... Ctrl+P 命令，或者快捷键按“Ctrl+P”，弹出如图 4.3.3 所示的 打印 对话框。

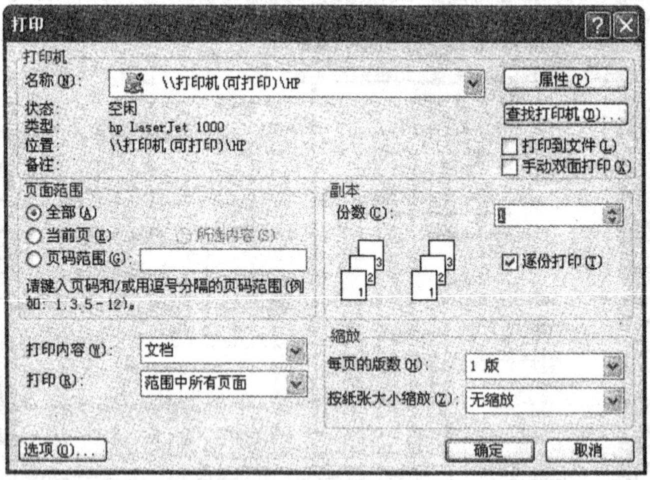

图 4.3.3　“打印”对话框

（2）在“打印机”选区的“名称”列表框中显示打印机的名称。如果打印机的名称与实际连接的打印机类型不符，则单击“名称”列表框右侧的按钮，从下拉列表中选择需要的打印机，单击 查找打印机(D)... 按钮，可以添加新的打印机进行打印输出。

（3）在“页码范围”选区中可以设置打印的范围。如果仅想打印部分内容，则选中 页码范围(G): 单选按钮，然后在文本框中输入页码范围（用逗号分隔不连续的页码，用连字符连接连续的页码）。例如，要打印 1，3，4，5，6，9，可以在文本框中输入“1，3—6，9”。

（4）在“份数”微调框中可以设置打印的份数。当打印多份，可以选中 逐份打印(T) 复选框，即打印完整个文档的第一份时，再打印文档的第二份。如果不选中该复选框，则先打印第一页的所有份数，再打印第二页的所有份数，全部打印完成后，需要人工校对页码。

（5）在“打印内容”右侧的列表框中可以选择需要打印的内容。默认情况下，在“打印内容”列表框中显示的是“文档”选项，即打印当前文档的内容，也可以选择打印“文档属性”和“显示标记的文档”等选项。

（6）如果想实现在纸张的正反双面打印，可在“打印”列表框中选择“奇数页”选项以打印奇数页内容，然后将打印后的纸张翻过来放置，再选择“偶数页”选项，将文档的所有偶数页内容打印在纸张的另一面。

（7）如果打印设置的纸张大小与实际的纸张大小不一致时，可在“按纸张大小缩放”列表框中选择文档在打印输出时应适应的纸张尺寸。例如，可通过减小字体和图片的大小将 B4 尺寸的文档打印到 A4 纸上。

（8）单击 确定 按钮，即可开始打印。

第四节　编辑文档

创建 Word 文档之后，需要输入文本，然后根据需要对输入的文本进行相关的编辑操作，如移动、复制、删除文本以及查找和替换等。

一、输入文本

在中文 Word 2003 中，既可以输入汉字，也可以输入英文字母，还可以插入符号和特殊符号。

1. 文本的输入

在 Word 中输入文本时，插入点会自动向右移动，到达文档的右边界时，不必按“Enter”键，它会自动转到下一行的开始处，因为 Word 具有自动换行的功能。当一段文本输入结束时，才需要按“Enter”键开始新的一段。

注意：按“Enter”键另起一段后，新段落将继承原段落的格式，如字体格式和段落格式等。并且将在按“Enter”键划分段落的地方显示段落标记“↵”，该标记提示在此处划分了段落，但在打印文档时该标记不会被打印出来。

在输入文本时，如果新输入的文本将覆盖光标后的文本，可能是“改写”模式被打开了，此时状态栏中的改写按钮呈黑色显示，用户只需双击该按钮让它重新变为灰色（改写），即可取消“改写”模式。或者通过按键盘上的“Insert”键来取消或打开“改写”模式。

2. 插入符号和特殊符号

在输入文本的过程中，除了输入英文字母、汉字及常用的标点符号外，有时还需要插入一些在键盘上没有的符号和特殊字符，例如常用的“√”、“→”、希腊符号“β”及商标符号“™”等。

插入符号和特殊符号，可以按下述操作步骤进行：

（1）将插入点定位在需要插入符号的位置。

（2）选择 插入(I) → 符号(S)... 命令，弹出如图 4.4.1 所示的 符号 对话框。

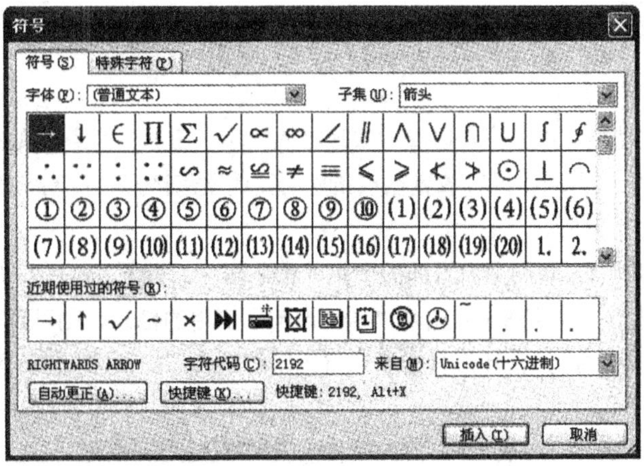

图 4.4.1　“符号”对话框

（3）在对话框中提供了许多符号供选择。如果没有看到所需的符号，则单击“字体”列表框右侧的 ˅ 按钮，从弹出的下拉列表中选择一种新字体（每一种字体提供各种不同的符号）。

提示：在 符号 对话框中的“字体”下拉列表中选择不同的字体，就可以插入不同的符号和字符。例如，一些字体可能包括带圈字符（⑤）和拉丁符号（Ö）等，而一些字体可能包括示意符号（♫，✆，✈）和国际通用货币符号（¥，£）等。

（4）选择所需的符号，然后单击 插入(I) 按钮，即可将该符号插入到文档中。

（5）单击 取消 按钮，返回到文档中。

另外，Word 还提供了插入特殊字符的方法，如长划线“—”、版权符号“©”和注册符号“®”等，具体操作步骤如下：

（1）将插入点定位在需要插入特殊字符的位置。

（2）选择 插入(I) → 符号(S)... 命令，弹出 符号 对话框，单击 特殊字符(P) 标签，打开 特殊字符(P) 选项卡，如图 4.4.2 所示。

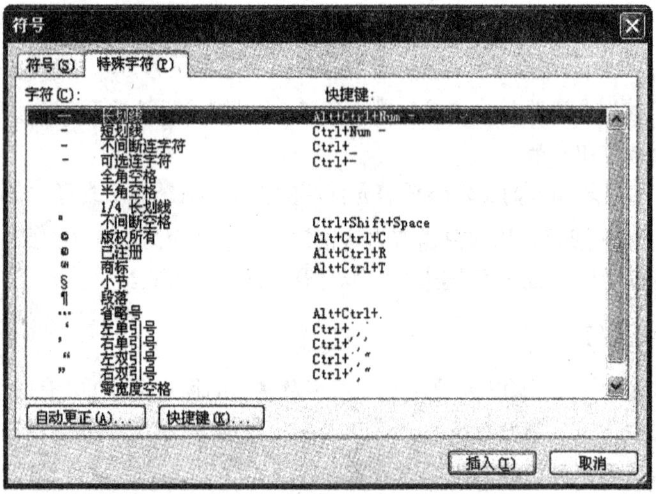

图 4.4.2 “特殊字符”选项卡

（3）在“字符”列表框中选择所需的特殊字符后，单击 插入(I) 按钮即可插入所需符号。

（4）单击 取消 按钮，返回到文档中。

3. 即点即输

使用“即点即输”功能可以在空白区域中快速插入文字、图形、表格或其他项目。只需要在空白区域中双击，“即点即输”自动将内容放置在双击处所需的段落格式（控制段落外观的格式设置，如缩进、对齐、行距和分页等）。

例如，若要创建标题页，双击空白页面的中央并键入居中的标题。然后双击页面右下角的空白处并键入右对齐的作者姓名。若要确定双击时“即点即输”应用的格式，则可观察“即点即输”指针。在移动指针至某个特定区域时，指针形状会显示将应用的格式，表 4.1 即列出了各种指针样式将应用的格式。

表 4.1 “即点即输”指针形状及应用格式

指针形状	应用的格式	指针形状	应用的格式
	左对齐		居中对齐
	右对齐		左缩进
	左文字环绕		右文字环绕

提示：在普通视图下，无法使用即点即输功能，如果要使用此功能，则切换至页面视图或

Web 版式视图下。另外，在多栏、项目符号和编号列表、浮动对象附近、具有上下型文字环绕效果的图片的左侧或右侧，或者缩进的左侧或右侧无法使用“即点即输”功能。

二、选择文本

编辑文本时，经常需要把一段文字移动或者复制到另一个位置，也可能要把一大段文字删除，在进行这些操作之前，首先需要选择要操作的文本。

根据选择对象的不同，选择文本的方式也不同，可以使用鼠标，也可以使用键盘。具体操作方法有以下几种：

（1）一个单词：双击该单词。

（2）一行文本：将鼠标指针移动到该行的左侧，待指针变为指向右边的箭头↗，然后单击。

（3）一个句子：按住“Ctrl”键，然后单击该句中的任何位置。

（4）连续的文本：在要选择的文本的起始位置按住鼠标左键，拖动鼠标到待选择文本的末尾，鼠标指针所经过区域的文本以反白形式显示，然后释放鼠标。

（5）一个段落：将鼠标指针移到该段落的左侧，待指针变为指向右边的箭头↗，然后双击。或者在该段落中的任意位置三击鼠标左键（连续 3 次单击）也可选择该段落。

（6）不连续的文本：在选择一块文本之后，按住“Ctrl”键，再接着选取下一块文本，选择后的效果如图 4.4.3 所示。

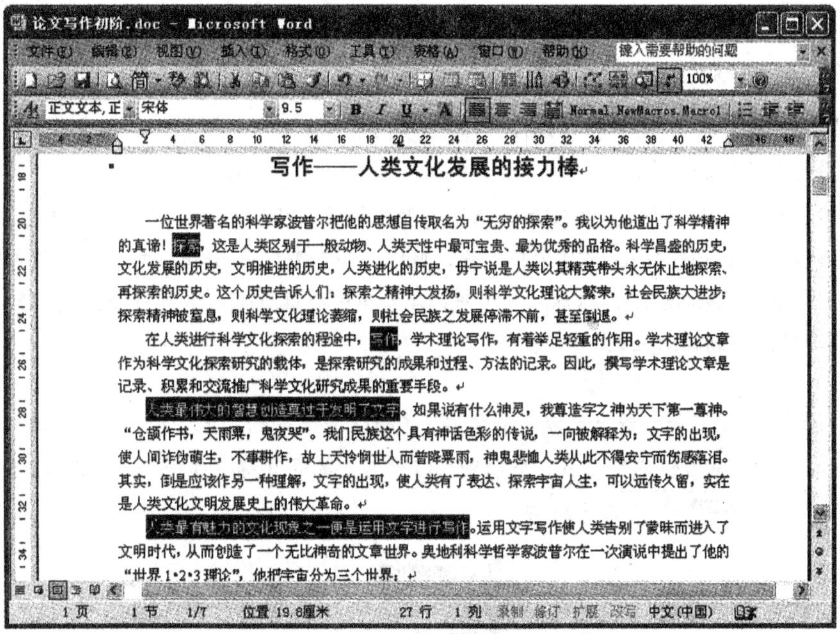

图 4.4.3　选择不连续的文本

（7）整个文档：将鼠标指针移动到文档的左侧，待指针变为指向右边的箭头↗，然后三击鼠标左键，或者使用“Ctrl+A”快捷键。

（8）一块垂直文本：按住“Alt”键，然后将鼠标拖过要选定的文本，选择后的效果如图 4.4.4 所示。

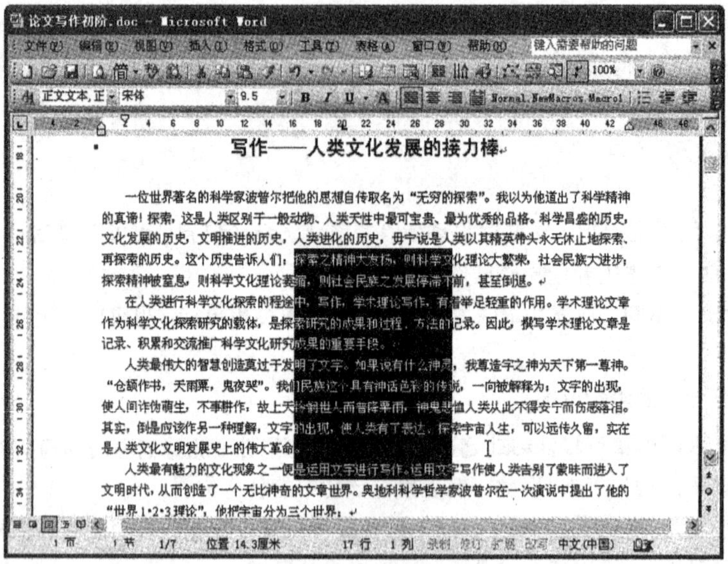

图 4.4.4　选择一块垂直文本

三、复制文本

有些文字在一篇文档中出现了多次，如果通过 Word 提供的复制与粘贴功能，则可以节省重复输入文本的时间。

1．使用鼠标复制文本

要使用鼠标复制文本，可以按下述操作步骤进行：

（1）选择要复制的文本。

（2）将鼠标指针指向被选定的文本，指针将变成箭头形状。

（3）按住“Ctrl”键的同时按住鼠标左键，此时，指针变为形状，并出现一条虚线插入点。

（4）拖动鼠标，此时虚线插入点所在位置，即表示可放置复制文本的目标位置，松开鼠标左键，选定的文本即被复制到新的位置。

提示：使用鼠标右键也可以复制文本。在选定要复制的文本之后，把鼠标指针指向被选定的文本，然后按住鼠标右键不放，将其拖动到目标位置，松开鼠标将弹出一个如图 4.4.5 所示的快捷菜单，选择 复制到此位置(C) 命令即可。

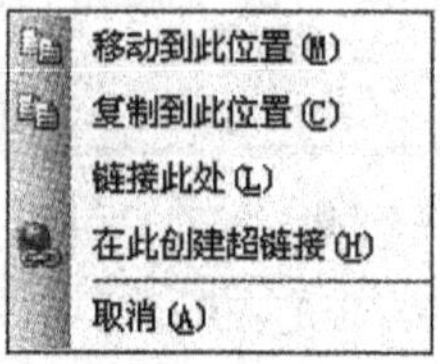

图 4.4.5　快捷菜单

2．使用剪贴板复制文本

对于远距离的文本复制，可以使用剪贴板来完成，具体操作步骤如下：

（1）选定要复制的文本。

（2）选择 编辑(E) → 复制(C) Ctrl+C 命令（或者使用快捷键“Ctrl+C”），或者单击“常用”工具栏中的“复制”按钮。

（3）将插入点定位于要粘贴文本的位置。

（4）选择 编辑(E) → 粘贴(P) Ctrl+V 命令（或者使用快捷键“Ctrl+V”），或者单击“常用”工具栏中的“粘贴”按钮。

提示：在 Word 2003 中，在执行 粘贴(P) 命令后，在其下方会出现一个“粘贴”图标，单击其右侧的下三角按钮，在弹出的下拉菜单中可以根据需要选择相应粘贴方式，如图 4.4.6 所示。

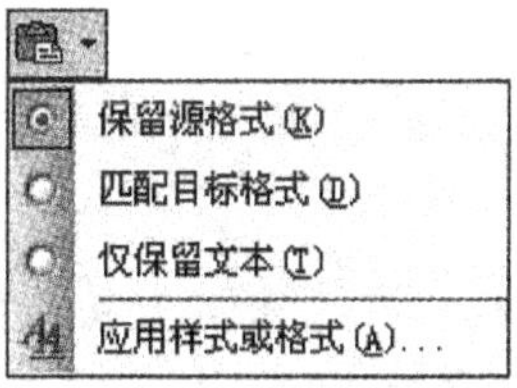

图 4.4.6　“粘贴”下拉菜单

3. Office 剪贴板

Microsoft Office 剪贴板使用户可以从任意数目的 Office 文档或其他程序中收集文字和图形项目，再将其粘贴到任意 Office 文档中。例如，从一篇 Microsoft Word 文档中复制一些文字，从 Microsoft Excel 中复制一些数据，从 Microsoft PowerPoint 中复制一个带项目符号的列表，从 Microsoft FrontPage 或 Microsoft Internet Explorer 中复制一些文字并从 Microsoft Access 中复制一个数据表，再切换到 Word 并在 Word 文档中安排所收集到的任意或全部项目。

在 Word 2003 中的剪贴板可以保存多达 24 项的复制内容，因此进行粘贴时非常方便。选择 编辑(E) → Office 剪贴板(B)... 命令，就可以打开 4/24 - 剪贴板 任务窗格，如图 4.4.7 所示。

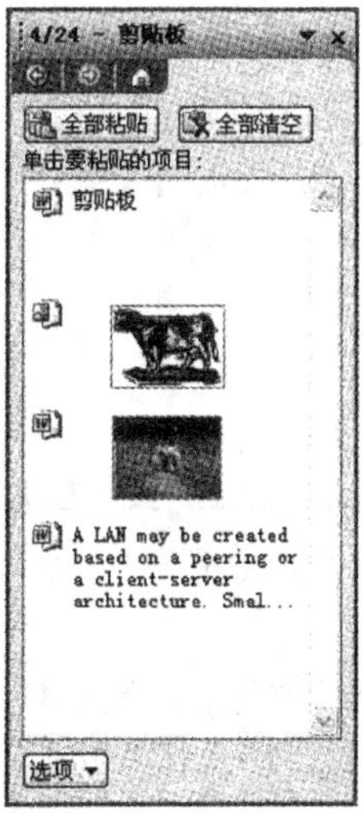

图 4.4.7　“剪贴板”任务窗格

在剪贴板中找到需要粘贴的内容，单击这个内容就会将其粘贴到指定位置。

注意：Office 2003 的剪贴板仅限在 Office 2003 的工作环境中使用，不能在其他非 Office 应用程序中使用。

四、移动文本

在编辑文档的过程中，有时发现某段已经输入的文本放置的位置不太合适，这时就需要移动文本。移动文本是指把文本移到文档的其他位置，其方法有两种：一是使用鼠标拖放进行移动；另一个是使用工具栏中的按钮进行移动。

1．使用鼠标移动文本

如果是短距离地移动文本，可以直接利用鼠标拖动的方法进行移动文本，具体操作步骤如下：

（1）选定要移动的文本。

（2）将鼠标指针指向被选定的文本，此时，指针变成箭头形状。

（3）按住鼠标左键进行拖动，此时鼠标指针变为形状，并会看到一个虚线光标随指针的移动而移动，其所在位置就是可以放置移动文本的位置。

（4）拖动到合适的位置后，释放鼠标，选定的文本便从原来的位置移到新的位置。

注意：在使用鼠标拖放法移动或复制文本之前，最好选择 工具(T) → 选项(O)... 命令，弹出 选项 对话框，单击 编辑 标签，打开 编辑 选项卡，查看是否选中 ☑ 拖放式文字编辑(D) 复选框。

2．使用菜单命令移动文本

如果要长距离移动文本，可以使用选择菜单命令的方法进行操作，具体操作步骤如下：

（1）选定要移动的文本。

（2）选择 编辑(E) → 剪切(T)　Ctrl+X 命令（或者使用快捷键“Ctrl+X”），或者单击“常用”工具栏中的“剪切”按钮。

（3）将插入点移到需要粘贴文本的目标位置。

（4）选择 编辑(E) → 粘贴(P)　Ctrl+V 命令（或者使用快捷键“Ctrl+V”），或者单击“常用”工具栏中的“粘贴”按钮。

五、删除文本

删除文本最简单的方法就是使用“BackSpace”或“Delete”键。按“BackSpace”键就可以删除光标前的文本，按一次删除一个字，如果要删除不只一个字，反复使用该键即可。同样，如果要删除光标后的文本，按“Delete”键即可。

如果需要删除的文本很多，可以先选择想要删除的文本，然后按“BackSpace”或“Delete”键即可，或者选择 编辑(E) → 清除(A) → 内容(C)　Del 命令。

提示：如果是误删了一段文本，可以单击“常用”工具栏中的“撤消键入”按钮进行恢复。

六、文本的查找和替换

在输入完一段非常长的文本后，忽然发现某个地方的文本有错误，但是却不知道具体位置，这时可使用查找工具来查找想要的文本位置。Word 2003 提供的查找和替换功能，不仅可以方便地查找字、词、句，还可以方便地把查找到的内容替换成其他内容。

1. 查找文本

如果要查找文本可以按下述操作步骤进行：

（1）选择 编辑(E) → 查找(F)... Ctrl+F 命令，或者按快捷键“Ctrl+F”，弹出如图 4.4.8 所示的 查找和替换 对话框。

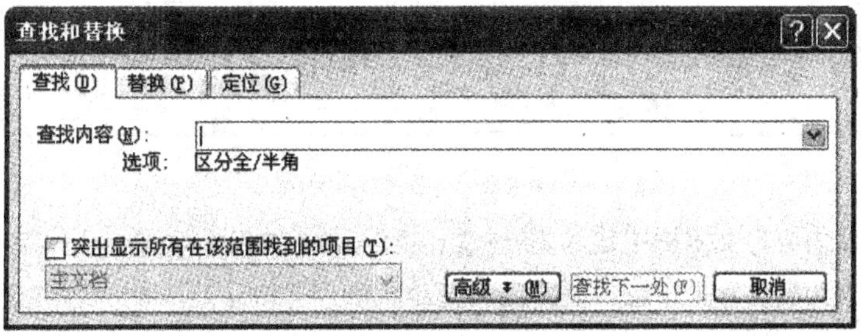

图 4.4.8　“查找和替换”对话框

（2）在该对话框中的“查找内容”文本框中输入要查找的内容，然后单击 查找下一处(F) 按钮，Word 将会逐个搜索并突出显示要查找的文本。这时单击文档窗口，就可以对查找到的文本进行修改。如果在文档中有多处相同的查找内容，则可以再次单击 查找下一处(F) 按钮并一直进行下去。

（3）单击 高级 ▾ (M) 按钮，则在对话框的下方出现一个“搜索选项”和“查找”选项组（高级 ▾ (M) 按钮变为 常规 ▴ (L) 按钮），如图 4.4.9 所示。此时，可以对查找的内容进行设置，如查找文档中特定的格式、区分大小写、使用通配符、全字匹配等。

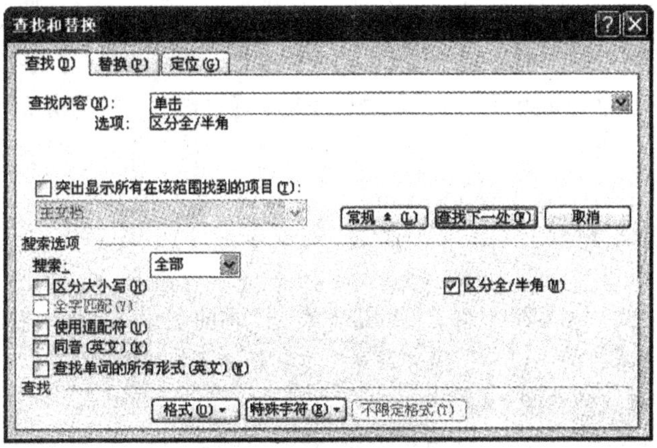

图 4.4.9　查找的高级选项

提示：如果希望一次选定所有的指定内容，则选中 查找和替换 对话框中的

☑突出显示所有在该范围找到的项目(T): 复选框，此时查找下一处(F)按钮变为查找全部(F)按钮，单击该按钮 Word 会选定整个文档中所有指定的内容。

2. 替换文本

利用“查找”功能，可以迅速地找到特定文本或格式的位置。若要在找到目标后进行替换操作，可以按下述操作步骤进行：

（1）选择编辑(E)→查找(F)... Ctrl+F命令，或者按快捷键“Ctrl+F”，将弹出查找和替换对话框，单击替换(P)标签，打开替换(P)选项卡，如图 4.4.10 所示。

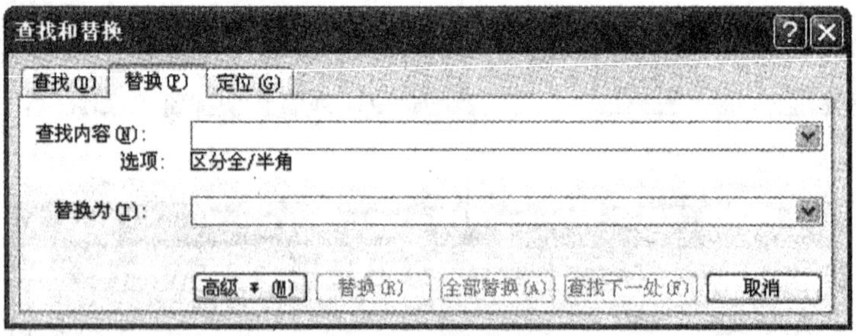

图 4.4.10　“替换”选项卡

（2）在“查找内容”文本框中输入要查找的内容，如“单击”。

（3）在“替换为”文本框中输入要替换的内容，如“双击”。

（4）单击查找下一处(F)按钮，开始进行查找。当找到匹配的文本后，将在文档中反白显示该文本。此时，如果不想替换当前查找到的内容，则单击查找下一处(F)按钮，继续进行查找；如果想替换当前查找到的内容，则单击替换(R)按钮，替换后，继续进行查找；如果想替换整篇文档中的该文本，则单击全部替换(A)按钮，将弹出一个对话框，提示总共替换了多少处。

（5）完成文本的查找和替换操作后，单击取消按钮即可关闭该对话框。

第五节　设置文字的格式

在 Word 中，字符可以是一个汉字，也可以是一个字母、数字或符号。字符的格式包括字符的字体、大小、颜色、字形、字符间距以及各种修饰效果等。通过修改字符的格式，可以达到美化文档外观的效果。

一、设置字体及字号

用户可以使用“格式”工具栏中的工具按钮来改变文本的字体及字号。例如，把如图 4.5.1 所示的示例文档中的标题文本改为“二号”的“黑体”字，具体操作步骤如下：

（1）选中要设置格式的标题文本。

（2）单击“格式”工具栏中的“字号”文本框9.5右侧的下拉按钮▾，弹出“字号”下拉列表，在“字号”下拉列表中选择“二号”选项。

（3）单击“格式”工具栏中的“字体”文本框宋体右侧的下拉按钮▾，弹出“字体”下拉列表，在“字体”下拉列表中选择“黑体”选项，效果如图 4.5.2 所示。

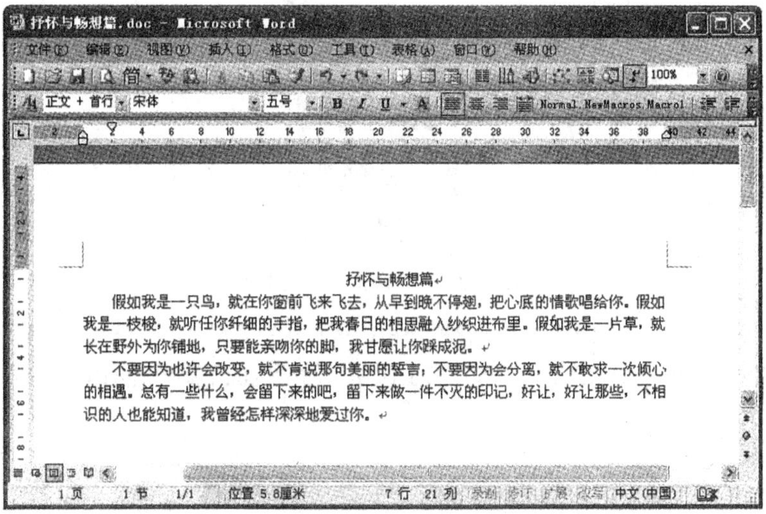

图 4.5.1 示例文档

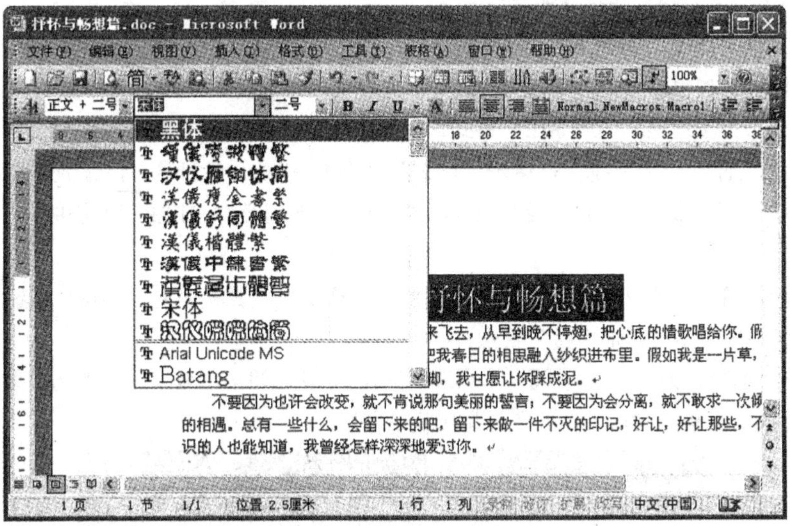

图 4.5.2 设置后的文本效果

技巧：在“字号”下拉列表中，可以选择的最大字号是“72”号，但是通常所需要的字号远比“72”号大，例如，在打印条幅时，需要使用“400”号的文字，则可以先选中文本，直接在“字号”文本框9.5 中输入需要的字号“400”，然后按“Enter”键确认即可。

二、设置字体颜色

为了区别其他字符，用户可以改变其中部分字符的颜色，具体操作步骤如下：

（1）选定要设置字体颜色的文本。

（2）单击“格式”工具栏中的“字体颜色”按钮A右侧的向下箭头，弹出如图 4.5.3 所示的“字体颜色”下拉列表。

（3）在“字体颜色”下拉列表中选择一种颜色，即可为选中的文本设置选择的颜色。

图 4.5.3 “字体颜色”下拉列表

“字体颜色”按钮将保留最近一次所使用的字体颜色，在下一次使用时只需先选定文字，然后直接单击“字体颜色”按钮，就可以将上次使用的颜色应用到所选的文字上了。

三、设置字形

字符的字形包括常规、加粗、倾斜和下划线等，它们可以独立或综合地应用于文档中的任何文本。设置文本字形的具体操作步骤如下：

（1）选定要设置字形的文本。

（2）要使字符加粗显示，可单击“格式”工具栏中的“加粗”按钮（或按快捷键“Ctrl+B”）。

（3）要使字符倾斜显示，可单击“格式”工具栏中的“倾斜”按钮（或按快捷键“Ctrl+I”）。

（4）要给字符添加下划线，可单击“格式”工具栏中的“下划线”按钮（或者按快捷键“Ctrl+U”）。要给字符添加不同类型的下划线，则单击“下划线”按钮右侧的向下箭头，从弹出的下拉列表中进行选择。

（5）要使字符既加粗又倾斜显示，可分别单击“格式”工具栏中的“加粗”按钮和“倾斜”按钮，使两个按钮同时显示为按下状态。

设置字形后的效果如图 4.5.4 所示，如果要取消已经设置的字形效果，则在选中要取消字形效果的文本后，再次单击相应的按钮，使之呈弹起状态即可。

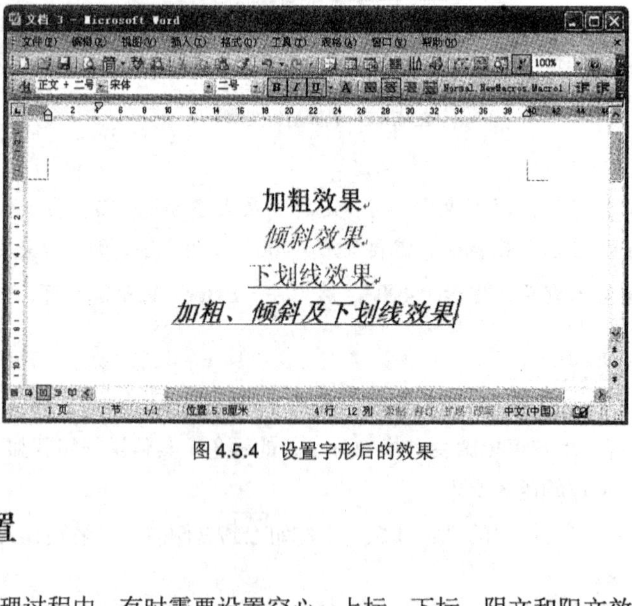

图 4.5.4 设置字形后的效果

四、综合设置

在实际的文档处理过程中，有时需要设置空心、上标、下标、阴文和阳文效果，调整文本字符之间的间距、文本在一行中的位置或字符的宽度等，由于“格式”工具栏上的工具按钮个数有限，只能为用户提供几个比较常用的工具按钮，因此，用户需要使用菜单命令中的对话框进行设置。

1. 使用菜单命令设置字符格式

要使用菜单命令设置字符格式，可以按下述操作步骤进行：

（1）选定要设置格式的字符。

（2）选择格式(O)→A 字体(F)...命令，或者单击鼠标右键，从弹出的快捷菜单中选择A 字体(F)...命令，弹出字体对话框，如图 4.5.5 所示。

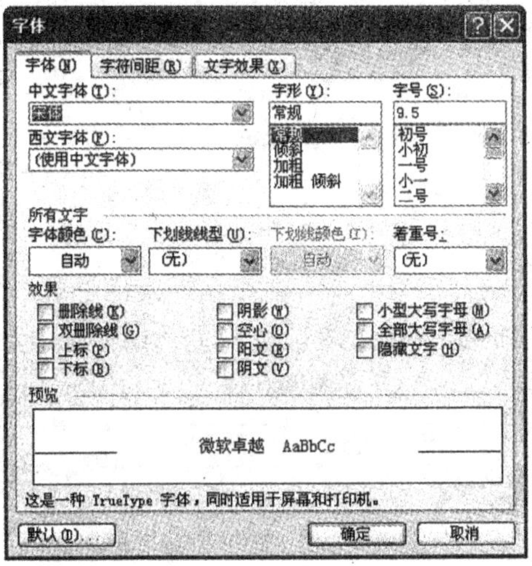

图 4.5.5　“字体”对话框

（3）在“中文字体”下拉列表中选择要设置的中文字体，如“黑体”。

（4）在“西文字体”下拉列表中选择要设置的西文字体，如“Times New Roman”。

（5）在“字形”和“字号”列表框中分别选择要设置的字形样式和字号。

（6）在“效果”选区中单击相应的复选框将其选中，就可以为字符设置相应的效果。如☑删除线(K)、☑上标(P)、☑下标(B)、☑阴文(V)和☑阳文(E)等。

（7）在“预览”选区中可以看到设置后的效果。

（8）单击确定按钮，结果如图 4.5.6 所示。

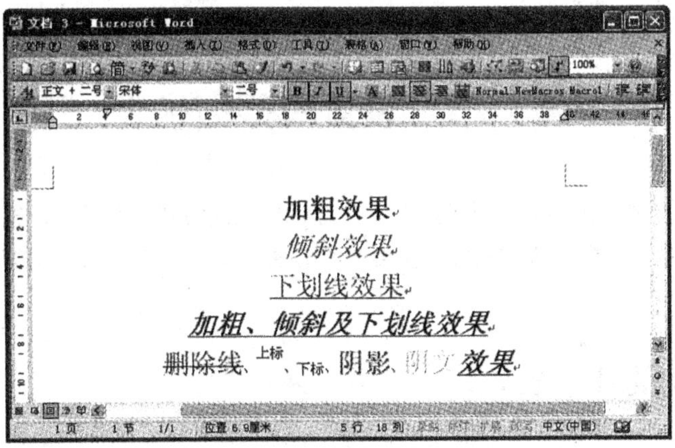

图 4.5.6　使用菜单命令设置字体效果

2. 设置字符间距

字符间距是指字符之间的距离，通过调整字符间距，可以调整所选中的文本，具体操作步骤如下：

（1）选中要设置字符间距的文本。

（2）选择 格式(O) → A 字体(F)... 命令，或者单击鼠标右键，从弹出的快捷菜单中选择 A 字体(F)... 命令，弹出 字体 对话框，单击 字符间距(R) 标签，打开 字符间距(R) 选项卡，如图 4.5.7 所示。

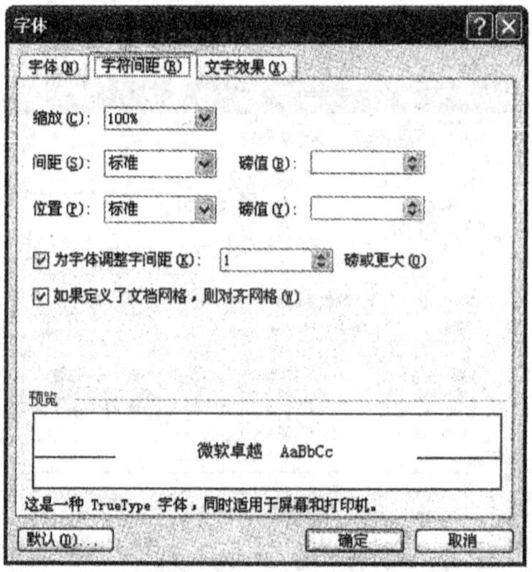

图 4.5.7　“字符间距”选项卡

（3）在“缩放”下拉列表中选择字符缩放比例，也可以直接在该文本框中输入要设置的缩放比例值。

（4）在“间距”下拉列表中有“标准”、“加宽”和“紧缩”3 个选项。默认情况下，选择的是“标准”选项。当选择“加宽”或者“紧缩”选项后，可以在其右侧的“磅值”微调框中输入“加宽”或者“紧缩”值。

（5）在“位置”下拉列表中有“标准”、“提升”和“降低”3 个选项，用于控制所选文本相对于基准线的位置。当选择“提升”或者“降低”选项后，可以在其右侧的“磅值”微调框中输入“提升”或者“降低”值。

（6）单击 确定 按钮即可。

第六节　设置段落的格式

要将一篇文档设置的更加美观，不仅要对文字进行格式的设置，而且要使整体结构层次分明、错落有致，这就是段落格式。段落格式的编排主要包括设置段落的对齐方式、段落的缩进、制表位以及设置段落边框和底纹等。

一、设置段落的对齐方式

Word 2003 提供了左对齐、居中对齐、右对齐、两端对齐和分散对齐 5 种段落对齐方式，其中两端对齐是系统默认的排列方式。

利用“格式”工具栏中的 4 个按钮可以设置段落的对齐方式，如果 4 个按钮都呈弹起状态，Word 就默认为左对齐方式。在设置段落的对齐方式时，先将插入点置于某个段落中或者选定多个段落，然后进行设置即可。段落对齐方式的按钮及作用如表 4.2 所示。

表 4.2　段落的对齐方式

对齐方式	对应的按钮	作　用	快捷键
两端对齐		段落中除最后一行文本外，每行文字均首尾两端对齐（在段落最后一行的字数不满一行时，则是左对齐方式）。它是 Word 默认的对齐方式，也是文档中常用的对齐方式	Ctrl+J
居中对齐		段落从中间开始向两边排版，常用于文档标题的排版	Ctrl+E
右对齐		将选定的段落向页面的右边界对齐，而左边界是不规则的。在文档中，通常将时间和作者姓名设置为右对齐方式	Ctrl+R
分散对齐		段落左右都不留空，系统自动调整字符间距，使段落的两边对齐。如果最后一行文字不满一行的话，则将字符间距调到比较大来对齐段落的左右两边	

二、设置段落的缩进

段落的缩进是指文本与页面边界的距离。通常在输入中文段落时，在段前空两格，在输入英文段落时，在段前不空格。而且在中文文档中，通常都习惯在每一段落的首行缩进两个字符。在 Word 2003 中有首行缩进、悬挂缩进、左缩进和右缩进 4 种缩进方式。表 4.3 分别列出了各种缩进方式及其功能。

表 4.3　段落的缩进方式

缩进方式	功　能
左缩进	控制段落中所有行的左边界的位置，使之向右缩进
右缩进	控制段落中所有行的右边界的位置，使之向左缩进
首行缩进	控制段落的第一行的起始位置，其他行位置不动，使之与其他行区别开来
悬挂缩进	控制段落中除第一行以外的其他行的起始位置，首行位置不变

在 Word 2003 中，可以利用标尺和菜单命令来设置段落缩进。

1. 使用标尺设置缩进

在水平标尺上有 4 个缩进标记，通过移动这些缩进标记可以改变段落的缩进方式。如图 4.6.1 所示标出了水平标尺缩进标记的名称。

图 4.6.1　水平标尺中各缩进标记的名称

下面以使用水平标尺设置段落的悬挂缩进为例，介绍设置段落缩进的方法：

（1）将插入点置于要进行缩进操作的段落中，或者选定多个段落。

（2）将鼠标指针指向水平标尺上的悬挂缩进标记，按住鼠标左键向右拖动。在拖动的过程中将出现一条垂直的虚线来表明缩进的位置，如图 4.6.2 所示。

（3）拖到所需的位置后，松开鼠标左键。

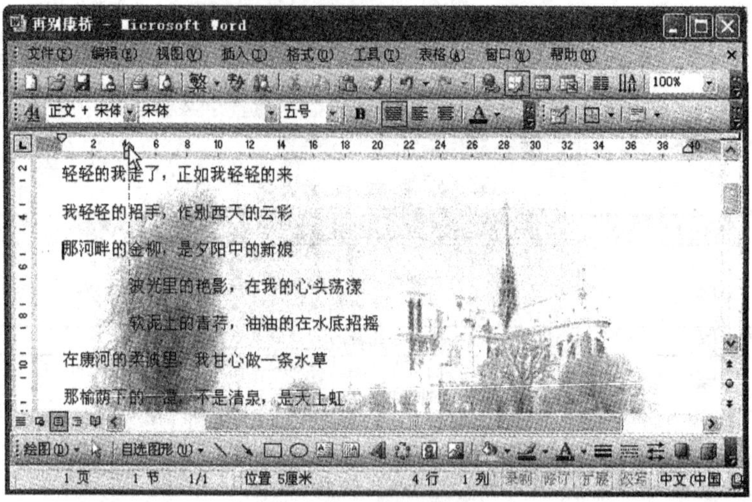

图 4.6.2　设置悬挂缩进

2．使用菜单命令设置缩进

如果要精确设置段落的缩进位置，则可以通过菜单栏里的对话框来实现。例如，将正文首行缩进两个字符，左缩进一个字符，右缩进两个字符，可以按下述操作步骤进行：

（1）选择要设置段落缩进的段落。本例选择示例文章中的第一段。

（2）选择 格式(O) → 段落(P)... 命令，弹出如图 4.6.3 所示的 段落 对话框。

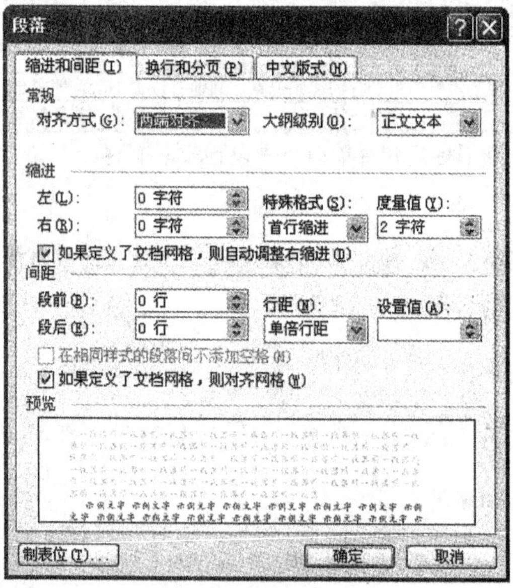

图 4.6.3　“段落”对话框

（3）在“缩进”选区中的“左”微调框中输入“1”，单位为“字符”；在“右”微调框中输入“2”，单位为“字符”；在“特殊格式”下拉列表中选择“首行缩进”选项，然后在“度量值”微调框中输入“2”，单位为“字符”。

（4）单击 确定 按钮，效果如图 4.6.4 所示（注意观察水平标尺上的缩进标记）。

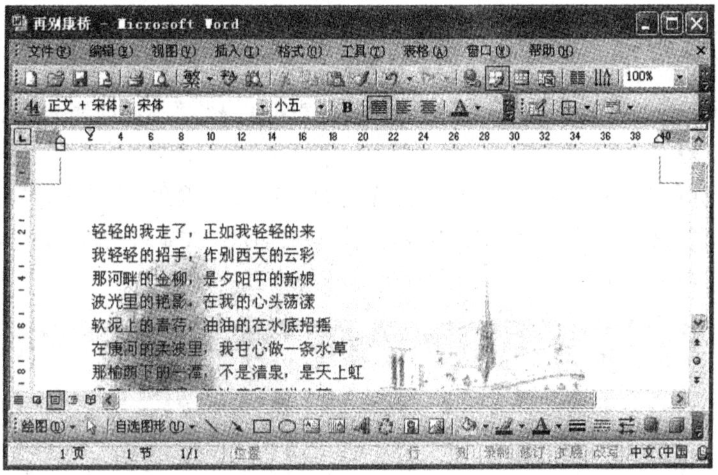

图 4.6.4　精确设置段落的缩进

提示：如果段落对话框中的缩进单位不是“字符”，则可以选择工具(T)→选项(O)...命令，在弹出的选项对话框中单击常规标签，打开常规选项卡，选中☑使用字符单位(H)复选框进行设置，如图 4.6.5 所示。

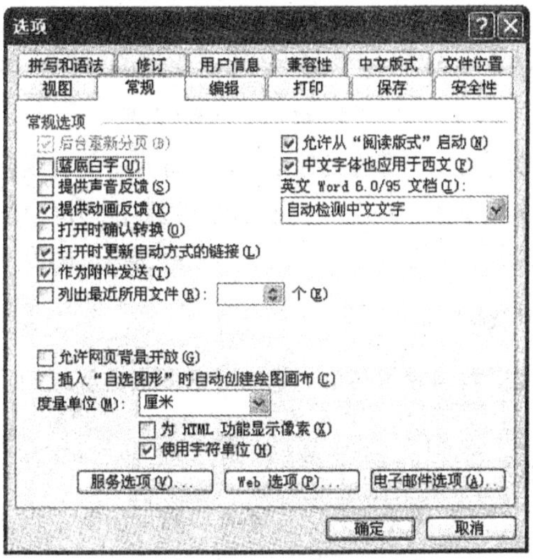

图 4.6.5　“常规”选项卡

三、设置制表位

所谓制表位是指水平标尺上的位置，指定文字缩进的距离或一栏文字开始之处。使用制表位，用户可以预先设定一些固定位置，然后按键盘上的“Tab”键后，插入点会向右移动到下一个制表位的位置，从而使用户能够向左、向右或居中对齐文本行；或者将文本与小数字符或竖线字符对齐。也可在制表符前自动插入特定字符，如句号或划线。

默认的制表位自水平标尺左端起，间距为 0.75 cm。

1．使用水平标尺设置制表位

用户可以使用水平标尺快速设置制表位，具体操作步骤如下：

（1）选定要在其中设置制表位的段落。

（2）依次单击水平标尺最左端的“制表符”按钮，直到它更改为需要的制表符类型：“左对齐式制表符”、“右对齐式制表符”、“居中式制表符”、“小数点对齐式制表符”或“竖线对齐式制表符”。

（3）在水平标尺上单击要插入制表位的位置，每单击一次，就会在相应的位置出现一个制表符。

（4）按“Tab”键，将插入点移到该制表位处，这时输入的文本将在此对齐。如图 4.6.6 所示即为利用制表位对齐文本的示例。

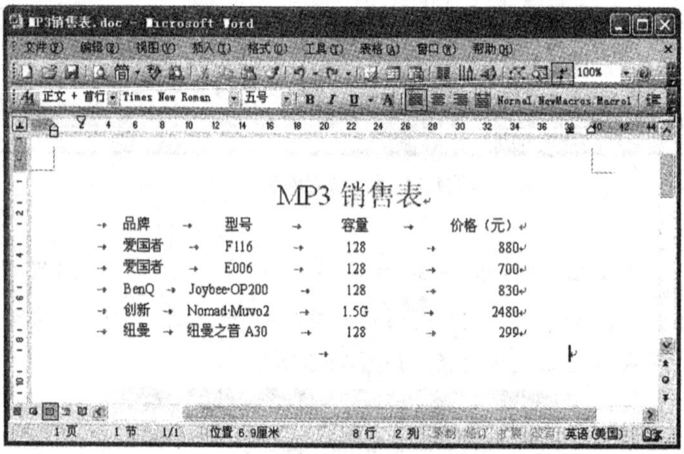

图 4.6.6 使用制表位对齐文本

如果要更改制表符的位置，可以将鼠标指针指向水平标尺上的制表符，然后按住鼠标左键在水平标尺上左右拖动制表符；若要删除某个制表位，则将鼠标指针指向水平标尺上的制表符，然后按住鼠标左键向下拖出标尺即可。

2. 使用菜单命令设置制表位

要精确地设置制表位位置，可以使用菜单栏里的对话框来实现。下面以制作目录为例介绍菜单命令的使用方法。

（1）将插入点置于要制作目录的空行中。

（2）选择 格式(O) → 制表位(T)... 命令，弹出如图 4.6.7 所示的 制表位 对话框。

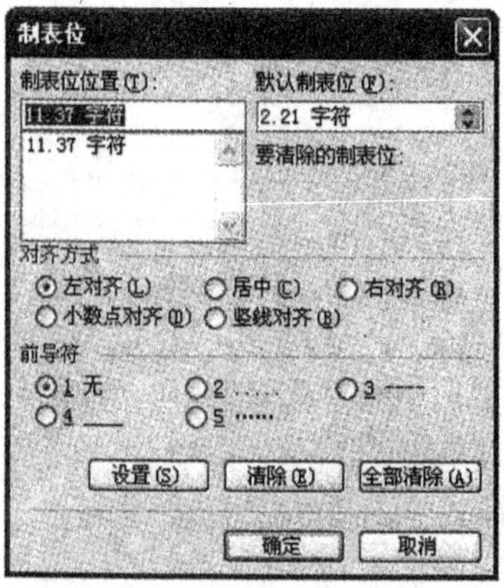

图 4.6.7 “制表位”对话框

（3）在“制表位位置”文本框中输入页码右对齐的位置，如“38 字符”。

（4）在“对齐方式”选区中选中 ⊙右对齐(R) 单选按钮；在“前导符”选区中选中 ⊙5 …… 单选按钮。

（5）单击 设置(S) 按钮，然后单击 确定 按钮。

（6）在一行的开始处输入章节的标题，按“Tab”键，将插入点移到 38 字符处的右对齐制表位，然后输入章节所在的页码。

（7）按“Enter”后，重复输入其他章节的目录，效果如图 4.6.8 所示。

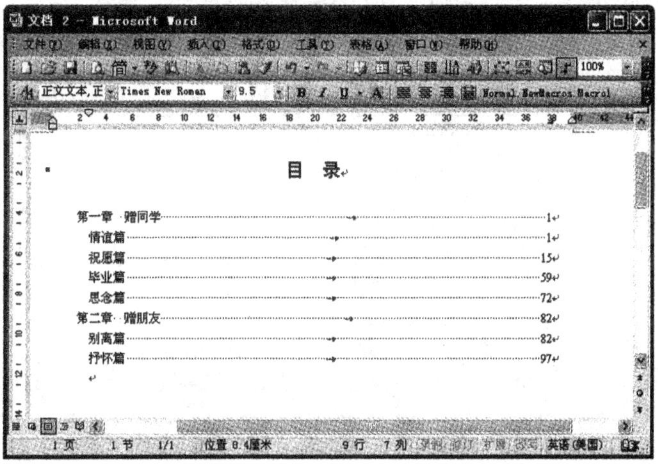

图 4.6.8　使用制表位制作目录

四、设置段落边框和底纹

为了使文档醒目且美观，可以给段落添加边框和底纹。

1．给段落添加边框

如果要给段落添加边框，可以按下述操作步骤进行：

（1）选定要添加边框的一个或多个段落，若仅给一个段落添加边框，则将插入点置于该段中。

（2）选择 格式(O) → 边框和底纹(B)... 命令，弹出如图 4.6.9 所示的 边框和底纹 对话框。

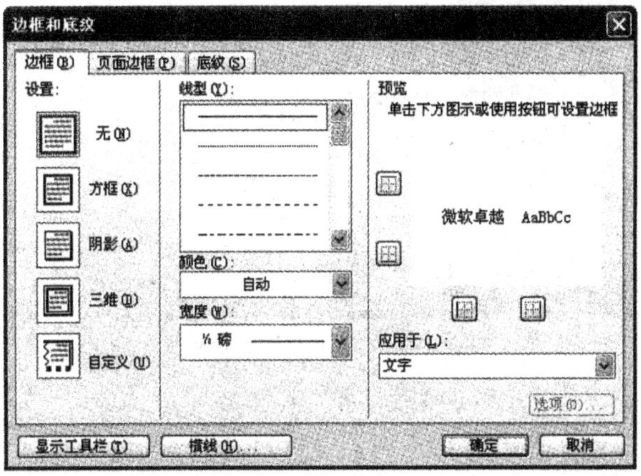

图 4.6.9　“边框和底纹”对话框

（3）在“设置”选区中选择要应用边框的类型，如“方框”。

（4）在“线型”列表框中选择边框的线型，如“双线”。

（5）在“颜色”和“宽度”下拉列表中分别选择边框的颜色和宽度。

（6）在“应用于”下拉列表中选择“段落”选项，若选择“段落”选项，则给所选定的文字添加边框。

（7）设置完毕，单击 确定 按钮，效果如图 4.6.10 所示。

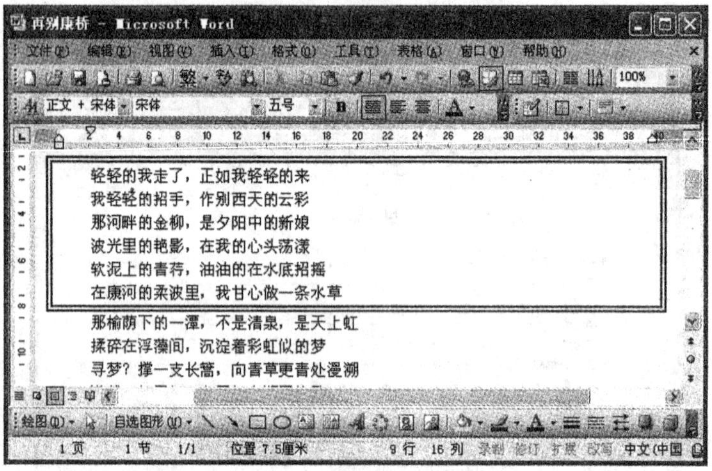

图 4.6.10　给段落设置边框

2. 给段落添加底纹

如果要给段落添加底纹，可以按下述操作步骤进行：

（1）选定要添加底纹的一个或多个段落，若要给一个段落添加底纹，则将插入点置于该段中。

（2）选择 格式(O) → 边框和底纹(B)... 命令，弹出 边框和底纹 对话框，单击 底纹(S) 标签，打开 底纹(S) 选项卡，如图 4.6.11 所示。

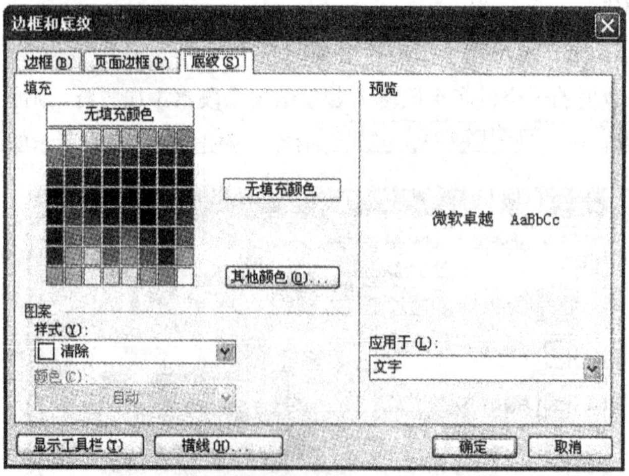

图 4.6.11　“底纹”选项卡

（3）在“填充”选区中选择底纹的颜色，如“灰色-25”；在“应用于”下拉列表中选择“段落”选项。

（4）单击 确定 按钮，如图 4.6.12 所示即为添加底纹后的效果。

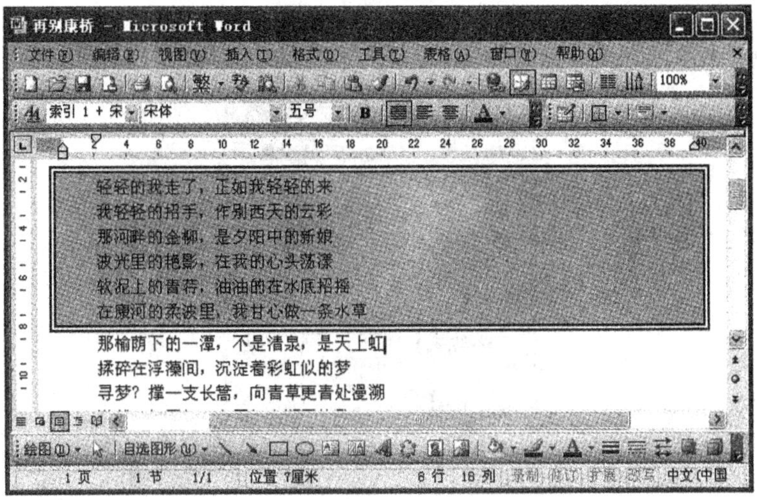

图 4.6.12 给段落添加底纹

第七节 在文档中插入页码

如果编辑的文章较长，特别是需要将文章打印输出时，在文档中插入页码是非常重要的。Microsoft Word 提供了两种添加页码的方法。使用其中任何一种方法，均可使页码出现在页面顶部和底部的页眉和页脚区。

一、使用菜单命令插入页码

使用菜单命令，可以为页眉和页脚添加基本的页码，具体操作步骤如下：

（1）将插入点置于要添加页码的页面中。

（2）选择 插入(I) → 页码(U)... 命令，弹出如图 4.7.1 所示的 页码 对话框。

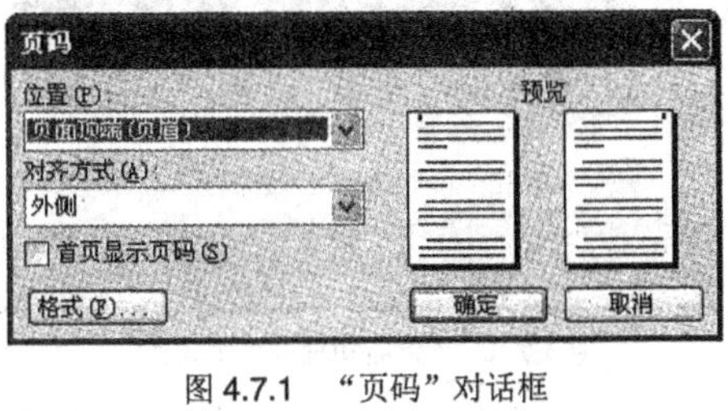

图 4.7.1 “页码”对话框

（3）在“位置”下拉列表中选择页码将要出现的位置，如“页面底端（页脚）”。

（4）在“对齐方式”下拉列表中，列出了页码的水平对齐选项，如“左侧”、“右侧”或者“居中”等，如果要双面打印文档，则选择“内侧”或者“外侧”选项。

（5）如果不希望页码出现在首页，则取消选中 首页显示页码(S) 复选框。

（6）单击 格式(F)... 按钮，可弹出如图 4.7.2 所示的 页码格式 对话框，在“数字格式”下拉列表中选择页码的数字格式，如“i，ii，iii，…”或“A，B，C，…”等；如果需要在页码中包含章节号，则选中 包含章节号(N) 复选框，然后在“章节起始样式”下拉列表中选择包含章节号的级别，并在“使用分隔符”下拉列表中选择分隔符；如果要设置该文档的起始页码，则在“起始页码”微调框中设置页码的起始值。

（7）单击 确定 按钮，即可将页码插入到文档的相应位置。

图 4.7.2 “页码格式”对话框

二、插入页码和其他信息

使用“页眉和页脚”工具栏可以方便地为文档添加页码和其他一些常用信息，如日期和时间等，具体操作步骤如下：

（1）将插入点置于要插入页码的页面中。

（2）选择 视图(V) → 页眉和页脚(H) 命令，进入页眉和页脚编辑状态，并打开“页眉和页脚”工具栏，如图 4.7.3 所示。

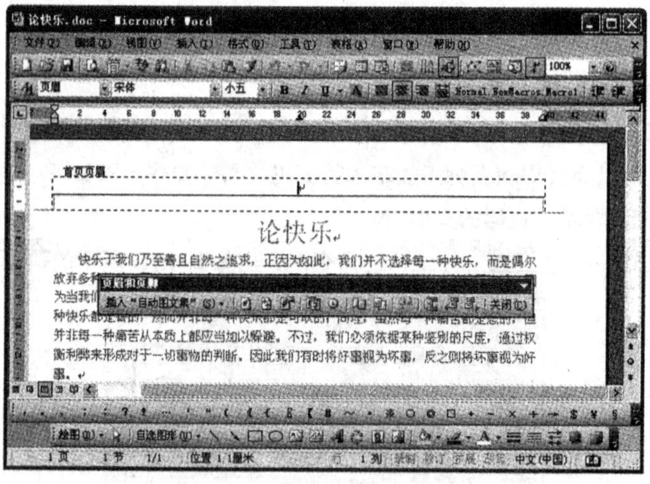

图 4.7.3 “页眉和页脚”工具栏

（3）如果要将页码置于页面底部，则单击“页眉和页脚”工具栏上的“在页眉和页脚间切换”按钮，切换至页脚编辑状态。

（4）在页脚编辑状态下，单击“页眉和页脚”工具栏中的“插入页码”按钮，就可以以默认的左对齐方式插入当前页面的页码。

（5）如果要插入其他所需选项，如日期和时间，则可以直接单击“页眉和页脚”工具栏中的“插入日期”按钮和“插入时间”按钮。

注意：页码会自动插入到页眉或页脚的左边距上。若要将页码移动到中间或右边，在“页眉和页脚”编辑状态下，在页码前单击，然后按“Tab”键即可。

第八节　使用样式进行格式设定

在编排一篇长的报告时，往往需要对正文和每一级标题设置不同的字体、字号、对齐和缩进等格式。如果用手工逐个设置不仅工作效率低，而且还不易于格式的统一。

Word 2003 提供了样式的功能。样式就是应用于文档中的文本、表格和列表的一套格式特征，它能迅速改变文档的外观。当应用样式时，可以在一个简单的任务中应用一组格式。

一、样式的使用

应用样式的方法很多，可以使用“格式”工具栏、“样式”对话框，也可以使用快捷键。

1. 使用“格式”工具栏应用样式

如果要使用“格式”工具栏应用样式，可以按下述步骤进行操作：

（1）将插入点置于要应用样式的段落中，如果要应用字符样式，必须先选定这些文本。

（2）单击“格式”工具栏中的“样式”列表框 正文文本, 正 ▾ 右侧的向下箭头 ▾，从弹出的下拉菜单中选择需要的样式，如自定义样式“第一章 样式 1”，效果如图 4.8.1 所示。

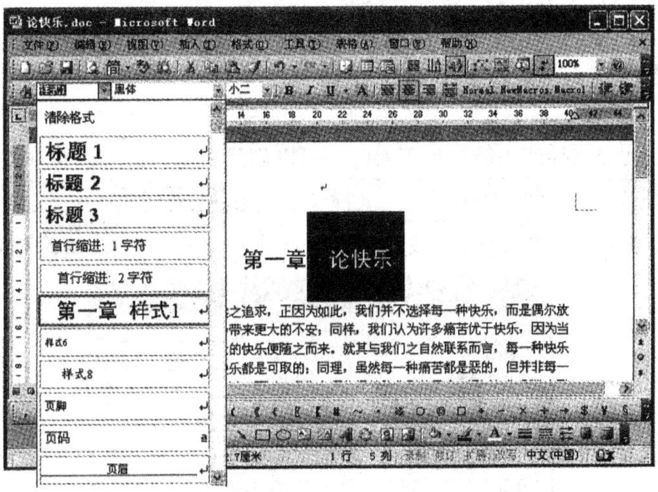

图 4.8.1　“样式”下拉菜单

2. 使用菜单命令应用样式

使用菜单栏中的菜单命令也可以应用样式，具体操作步骤如下：

（1）将插入点置于要应用样式的段落中，如果要应用字符样式，必须先选定这些文本。

（2）选择 格式(O) → 样式和格式(S)... 命令，打开如图 4.8.2 所示的 样式和格式 ▾ 任务窗格。

（3）从任务窗格中选择所需的样式选项，单击它即可应用到所选定的文本中，若要改变“请选择要应用的格式”选区中的显示内容，则从“显示”下拉列表中选择所需的选项，如“所有样式”选项，列表中将显示所有内置和自定义的样式。

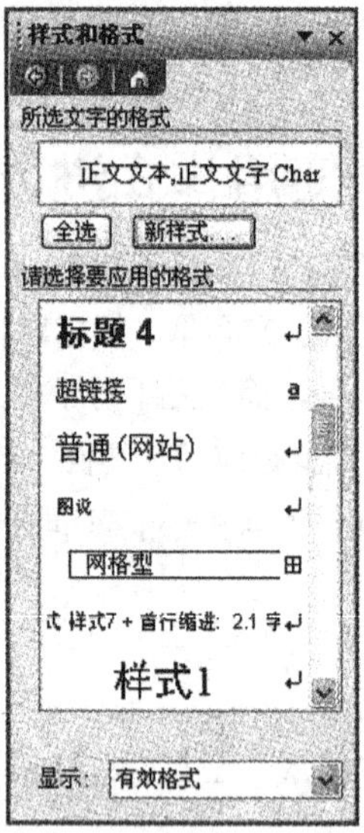

图 4.8.2　“样式和格式”任务窗格

3．使用快捷键应用样式

在 Word 2003 中，对于一些常用的样式系统指定了快捷键，例如，按“Ctrl+Alt+1”键，可以应用“标题 1”样式；按“Ctrl+Alt+2”键，可以应用“标题 2”样式；按“Ctrl+Alt+3”键，可以应用“标题 3”样式；按“Ctrl+Shfit+N”键，可以应用“正文”样式等。

二、样式的建立

Word 2003 提供的内置样式不能满足需要时，可以创建自己的样式。其具体操作步骤如下：

（1）选择 格式(O) → 样式和格式(S)... 命令，弹出 样式和格式 任务窗格。

（2）在任务窗格中单击 新样式... 按钮，弹出如图 4.8.3 所示的 新建样式 对话框。

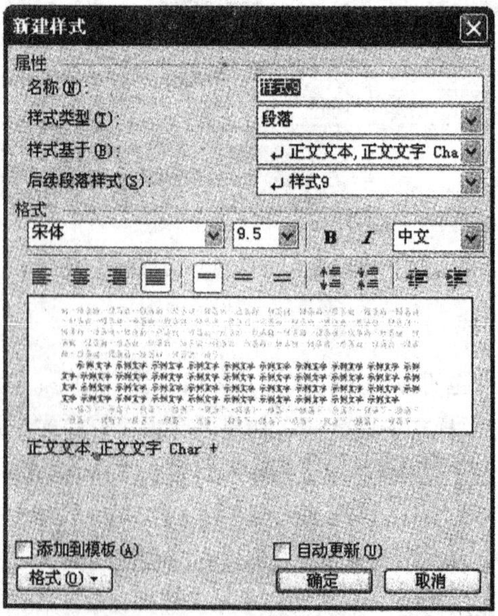

图 4.8.3　“新建样式”对话框

（3）在“名称”文本框中输入新建的样式的名称，在“样式类型”下拉列表中选择“段落”选项，在“样式基于”下拉列表中选择该样式的基准样式，在“后续段落样式”下拉列表中选择该段落样式的后续段落样式（即按“Enter”键后的文本所应用的样式）。

（4）单击 格式(O) 按钮，弹出其下拉菜单，用户可以根据需要选择其中的格式选项来进行设置，如“段落”和“字体”等。

（5）完成各项设置后，单击 确定 按钮即可。

三、重新定义样式格式

如果内置样式的格式无法满足用户的需求，还可以修改内置样式，具体操作步骤如下：

（1）选择 格式(O) → 样式和格式(S)... 命令，打开 样式和格式 任务窗格。

（2）从任务窗格中选择需要修改格式的样式，并将鼠标指针指向该样式，然后单击出现的向下箭头，或者将鼠标指针指向要修改的样式，单击鼠标右键，从弹出的菜单中选择 修改(M)... 命令，弹出如图 4.8.4 所示的 修改样式 对话框。

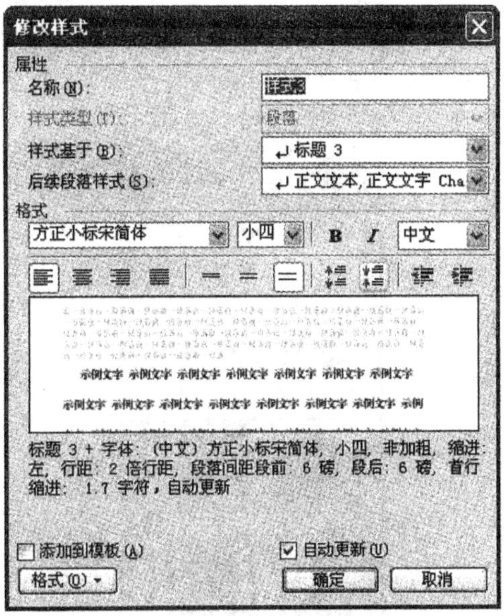

图 4.8.4　“修改样式”对话框

（3）在该对话框中参照前面设置段落格式的方法对该样式进行修改。

（4）选中 添加到模板(A) 复选框，这样修改后的样式就被添加到该文档使用的模板中。

（5）单击 确定 按钮，样式即被成功地修改。

第九节　在文档中添加图形

前面介绍了文本的修饰技巧及其格式设置，但整个文档如果都是文字，即使版式编排得很漂亮，也未免显得枯燥。为增强页面的美感，也可以在编辑文本的同时，适当插入一些精美的图片，并将这些图片和文字以一定的方式排在同一个文档中，使版面更加生动。

一、在文档中插入图形文件

在 Word 2003 文档中可以插入多种图形对象，而所插入的图形对象来源主要有两个：剪贴画和来自文件的图片。由于 Office 自带剪辑库，因此只要安装了剪辑库，就可以随意调用里面的各种类型的剪贴画。但是，系统自带的图片还是有限的，用户还可以插入一些来自外部的图形文件。

1．插入剪贴画

用户可以根据不同的需要方便地插入剪辑库中各种类型的剪贴画，具体操作步骤如下：

（1）将插入点置于需要插入剪贴画的位置。

（2）选择 插入(I) → 图片(P) → 剪贴画(C)... 命令，在文档窗口的右侧打开 剪贴画 任务窗格。

（3）在任务窗格的“搜索文本”文本框中输入描述要搜索剪贴画类型的单词或短语，或输入剪贴画的完整或部分文件名。例如，要搜索和建筑有关的图片，可输入“建筑”。

（4）在“搜索范围”下拉列表中选择要搜索的范围，如“Office 收藏集”。

（5）在“结果类型”下拉列表中选择要查找的剪辑类型，如“剪贴画”。

（6）单击 搜索 按钮开始搜索。在任务窗格下方的列表框中，将显示出搜索到的与搜索关键字“建筑”有关的图片，如图 4.9.1 所示。

图 4.9.1　“剪贴画”任务窗格

（7）单击要插入的图片，就可将剪贴画插入到光标所在的位置。

提示：如果要查看剪辑库中所有的剪贴画类型，则可以单击 剪贴画 任务窗格中的 管理剪辑... 超链接，在弹出的如图 4.9.2 所示的 我的收藏集 - Microsoft 剪辑管理器 窗口中的 收藏集列表 任务窗格中，单击 Office 收藏集 左侧的“+”号以展开其下拉列表，从中可以看到更多的剪贴画类型。

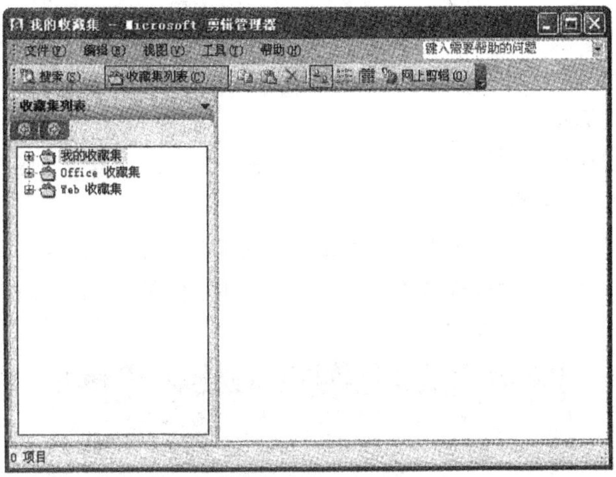

图 4.9.2　“我的收藏集－Microsoft 剪辑管理器”窗口

2. 插入图片

如果要将由其他图形软件绘制的图片或者来自计算机外部的图片插入到文档中，则可以按下述操作步骤进行：

（1）将插入点置于要插入图片的位置。

（2）选择 插入(I) → 图片(P) → 来自文件(F)... 命令，弹出如图 4.9.3 所示的 插入图片 对话框。

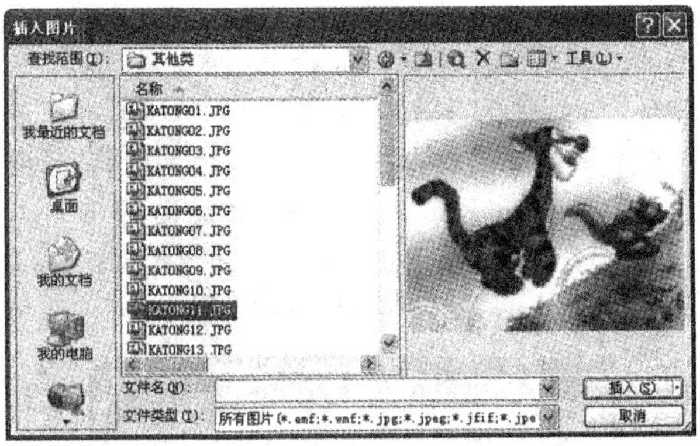

图 4.9.3　“插入图片”对话框

（3）在“查找范围”下拉列表中选择所需的图片类型的路径，然后选定所需的图片。

（4）单击 插入(S) 按钮，即可将选定的图片插入到文档中。

提示：在默认情况下，图片将以嵌入形式插入到 Microsoft Word 文档中。用户也可以在 插入图片 对话框中单击 插入(S) 按钮右侧的向下箭头，在弹出的菜单中选择 链接文件(L) 命令，图片将以超链接的形式插入到文档中，这样插入的图片可以减少文件的大小。

二、使用绘图工具绘制图形

在 Word 中除了可以在文档中插入现有的图形文件外，还可以利用 Word 提供的绘图工具直接在文档中绘制一些简单的图形，如直线、矩形、一些基本形状、各种箭头、流程图、星和旗帜等。

1. 绘制基本图形

基本图形是指一些线条比较简单的图形，如直线、箭头、矩形和椭圆等。下面以绘制椭圆为例介绍绘制基本图形的操作方法。

（1）选择 视图(V) → 工具栏(T) → 绘图 命令，使“绘图”选项的左侧显示“√”符号，以打开该工具栏。

（2）单击“绘图”工具栏中的“椭圆”按钮，此时在窗口工作区中将出现一个“绘图画布”。

（3）在“绘图画布”中需要绘制图形的开始位置按住鼠标左键并拖动到结束位置，释放鼠标，即可绘制出基本图形，如图 4.9.4 所示。

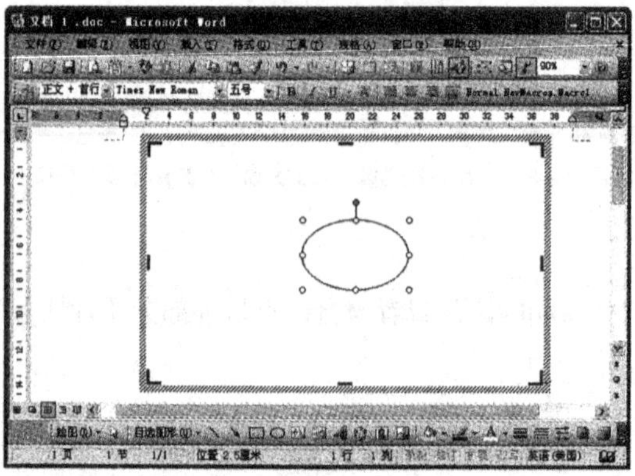

图 4.9.4　绘制椭圆

如果想绘制正方圆，只需单击“椭圆”按钮后，按住“Shift”键并拖动鼠标即可；如果想绘制正方形，只需单击“矩形”按钮后，按住“Shift”键并拖动鼠标即可。

在 Word 2003 中绘制图形时，图形对象的周围会出现一个“绘图画布”，“绘图画布”是一个区域，可以在该区域中绘制多个图形对象。包含在“绘图画布”内的所有图形，将作为一个单元进行移动和调整大小。如果想取消在绘制图形时自动创建绘图画布，可以选择 工具(T) → 选项(O)... 命令，在弹出的 选项 对话框中单击 常规 标签，打开 常规 选项卡，取消选中该选项卡中的 □ 插入“自选图形”时自动创建绘图画布(C) 复选框，如图 4.9.5 所示。

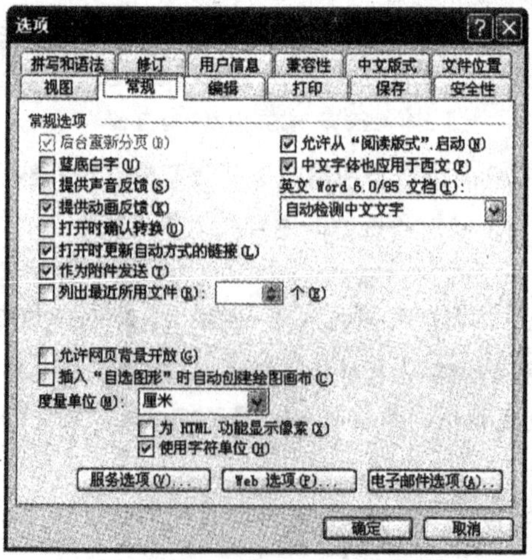

图 4.9.5　“常规”选项卡

2. 绘制自选图形

Word 提供了大量的自选图形，如标注、旗帜及流程图等，让用户直接插入到文档中。绘制自选图形可按下述操作步骤进行：

（1）选择 视图(V) → 工具栏(T) ▸ → 绘图 命令，使“绘图”选项的左侧显示“√”符号，以打开该工具栏。

（2）单击“绘图”工具栏中的 自选图形(U)▾ 按钮，从弹出的下拉菜单中选择需要绘制图形的类型，如“基本形状”，然后从弹出的级联菜单中选择要绘制的图形，如“立方体”，如图 4.9.6 所示。

（3）绘制自选图形的方法与绘制基本图形相同。

（4）绘制完毕后，按“Esc”键退出绘图状态，关闭画布，效果如图 4.9.7 所示。

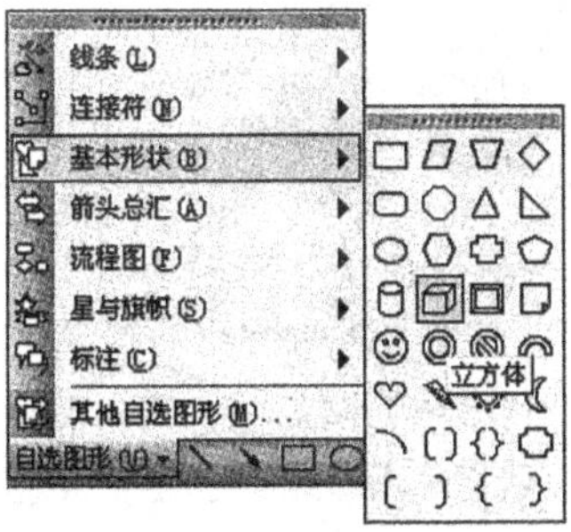

图 4.9.6　选择要绘制的图形

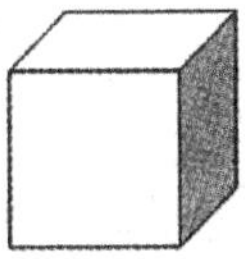

图 4.9.7　立方体效果

三、设定线条的样式和颜色

图形被创建好后，还可以重新设置图形的填充效果、线条样式和颜色等参数，使之更加美丽。如果要重新设置图形，可以按下述操作步骤进行：

（1）选中已经创建的图形，如“立方体”。

（2）单击鼠标右键，从弹出的快捷菜单中选择 设置自选图形格式(O)... 命令，弹出 设置自选图形格式 对话框，单击 颜色与线条 标签，打开 颜色与线条 选项卡，如图 4.9.8 所示。

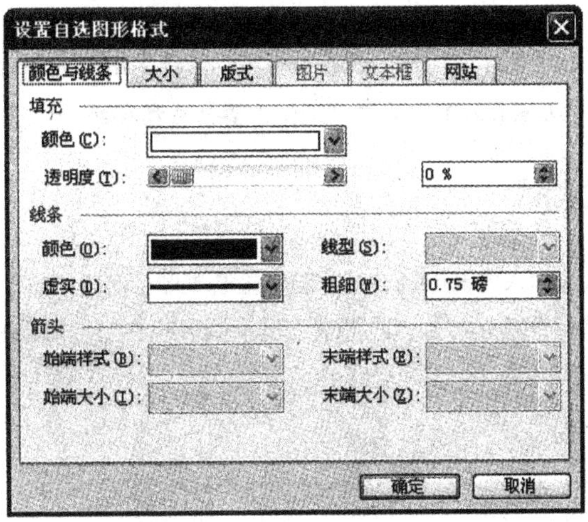

图 4.9.8　“颜色与线条”选项卡

（3）在“填充”选区中的“颜色”下拉列表中选择 填充效果(F)... 选项，弹出 填充效果 对话框，如图 4.9.9 所示。

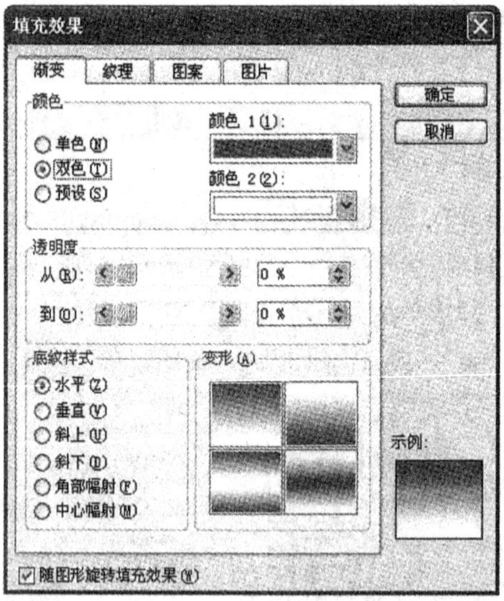

图 4.9.9 “填充效果”对话框

（4）在填充效果对话框中选择一种图形填充效果，然后单击确定按钮返回到设置自选图形格式对话框。

（5）在设置自选图形格式对话框中的“线条”选区中的“颜色”下拉列表中选择一种图形线条颜色；在“虚实”下拉列表中选择一种线条样式。

（6）单击确定按钮，效果如图 4.9.10 所示。

图 4.9.10 设定图形效果

提示：要设置已经创建的图形的线条，也可以在选中图形对象后，直接单击“绘图”工具栏中的“线型”按钮，从弹出的下拉菜单中选择需要的线型样式。

四、设定图形的版式

在 Word 2003 中，默认插入的剪贴画、图片和手工绘制图形时的“绘图画布”都是以嵌入的方式排列在文档中的，既不能随意移动位置，也不能在其周围环绕文字。如果想使图片的周围环绕文字，可以使用 Word 的图文混排功能。

1. 设置图片的图文混排

如果要设置图片的图文混排，可以按下述操作步骤进行：

（1）选中已经插入的图形对象，此时将自动打开“图片”工具栏（如果没显示，则在选中图形对象后单击鼠标右键，从弹出的快捷菜单中选择显示“图片”工具栏(L)命令），如图 4.9.11 所示。

图 4.9.11　“图片”工具栏

（2）单击“图片”工具栏中的“文字环绕”按钮，弹出其下拉列表，如图 4.9.12 所示，从中选择需要的排列方式即可。

图 4.9.12　“文字环绕”下拉列表

2. 设置“绘图画布”的图文混排

设置“绘图画布”的图文混排与设置图片有些不同，具体操作步骤如下：

（1）将鼠标指针指向“绘图画布”的边框。

（2）单击鼠标右键，从弹出的快捷菜单中选择 设置绘图画布格式(F)... 命令，弹出 设置绘图画布格式 对话框，单击 版式 标签，打开 版式 选项卡，如图 4.9.13 所示。

图 4.9.13　“版式”选项卡

（3）在该对话框中选择需要的环绕方式，单击 确定 按钮即可。

五、插入艺术字

有时，需要将一些文章的标题等内容设计成各种艺术样式，以达到突出重点、美化文档的效果。Word 提供的艺术字制作功能可以满足这一要求。

插入艺术字可以按下述操作方法进行：

（1）将插入点置于要插入艺术字的位置。

（2）选择 插入(I) → 图片(P) → 艺术字(W)... 命令，或者单击“绘图”工具栏中的“插入艺术字”按钮，均可弹出如图 4.9.14 所示的 艺术字库 对话框。

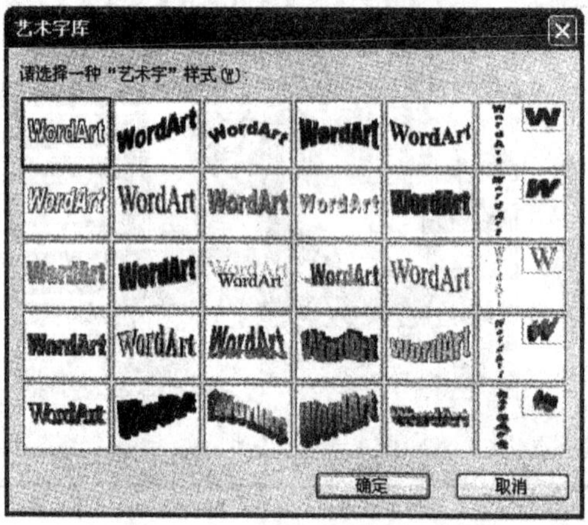

图 4.9.14　“艺术字库”对话框

（3）双击想应用的艺术字样式，弹出如图 4.9.15 所示的 编辑“艺术字”文字 对话框。

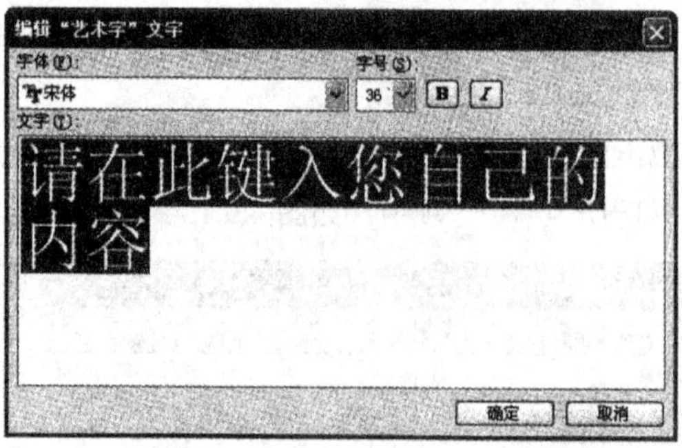

图 4.9.15　“编辑‘艺术字’文字”对话框

（4）在“文字”文本框中输入要应用“艺术字”效果的文字，如“Word 2003”。

（5）根据需要单击 编辑“艺术字”文字 对话框中的“加粗”按钮 B 和“倾斜”按钮 I，并分别在“字体”和“字号”下拉列表中选择需要的字体和字号。

（6）单击 确定 按钮，则在光标所在位置插入艺术字，效果如图 4.9.16 所示。

图 4.9.16　艺术字效果

单击所插入的艺术字，这时将打开“艺术字”工具栏，运用该工具栏中的按钮，可以对艺术字进行全面的编辑。

第十节　在文档中插入表格

在日常工作中，经常使用表格来管理数据，表格在文字处理中占有相当大的比重。处理列表、摘要或者其他数据时，使用表格常常是最简洁和最有效的表现信息的方法。

Word 2003 的制表功能非常强大，而且操作也很简单。

一、创建表格

用户可以在 Word 文档的任意位置创建表格，创建表格可以利用工具按钮，也可以使用菜单命令。

1. 利用工具按钮创建表格

要利用工具按钮创建表格，可以按下述操作步骤进行：

（1）将插入点置于要插入表格的位置。

（2）单击“常用”工具栏中的“插入表格”按钮，弹出一个示意表格。

（3）用鼠标在示意表格中拖动，以选择表格的行数和列数，同时在示意表格的下方显示出相应的行数和列数，如图 4.10.1 所示。

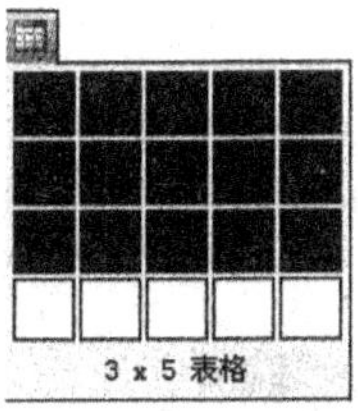

图 4.10.1　示意表格

（4）选择所需的行数和列数后，释放鼠标，即可得到如图 4.10.2 所示的效果。

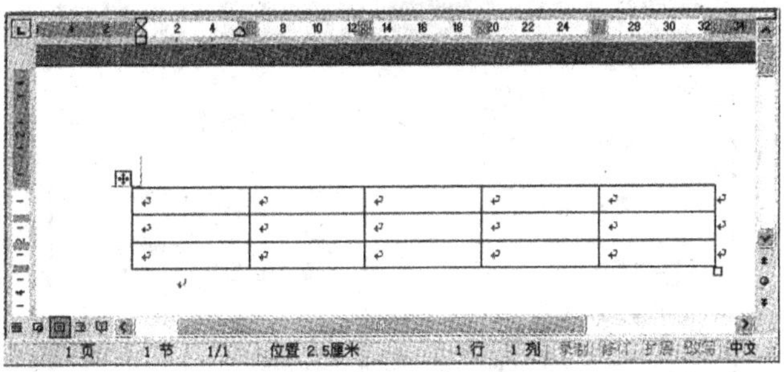

图 4.10.2　新建的空白表格

2. 利用菜单命令创建表格

利用菜单命令创建表格，可以在创建表格的同时指定表格的列宽，具体操作步骤如下：

（1）将插入点置于要插入表格的位置。

（2）选择 表格(A) → 插入(I) → 表格(T)... 命令，弹出如图 4.10.3 所示的 插入表格对话框。

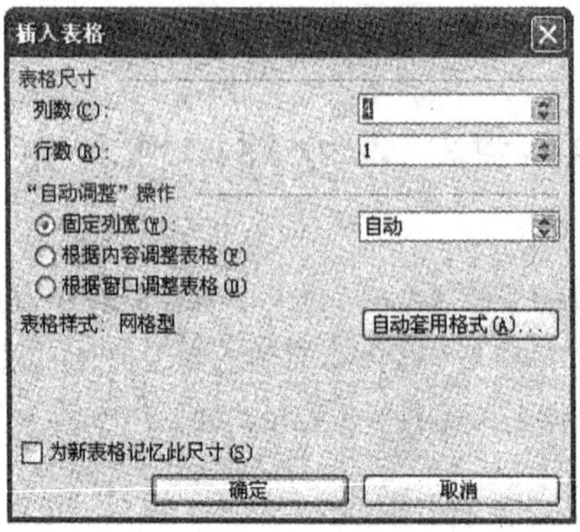

图 4.10.3　“插入表格”对话框

（3）在“列数”和“行数”微调框中分别设置表格的行数和列数。

（4）在“‘自动调整’操作”选区中，若选中 固定列宽(W): 单选按钮，则可以在其右侧的微调框中输入表格的固定宽度；若选中 根据内容调整表格(F) 单选按钮，则可以得到总宽度与页面宽度相等的表格；若选中 根据窗口调整表格(D) 单选按钮，则表格的列宽将根据输入的内容而变化。

（5）单击 自动套用格式(A)... 按钮，则弹出 表格自动套用格式 对话框，用户可以从中选择一种具有固定格式的表格。

（6）单击 确定 按钮即可。

二、设定表格线

在默认情况下，Word 2003 给创建的表格添加单表格线。为了使表格更加美观，可以给表格添加不同的边框线。

设置表格的边框线，可以按下述操作步骤进行：

（1）选定要设置边框线的表格。

（2）选择 格式(O) → 边框和底纹(B)... 命令，弹出如图 4.10.4 所示的 边框和底纹 对话框。

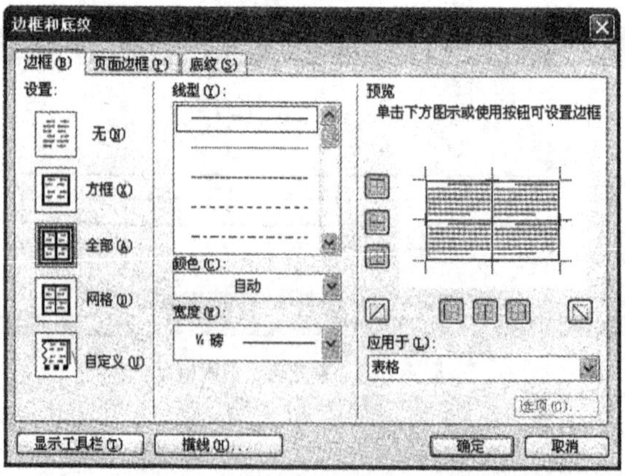

图 4.10.4　“边框和底纹”对话框

（3）在“应用于”下拉列表中选择“表格”选项。

（4）在“设置”选区中选择“方框”选项；要清除某个边框线，只需在“预览”选区中单击相应的边框或者四周的按钮即可。

（5）在“线型”列表框中选择一种线型，如“双线”选项。

（6）分别在“颜色”和“宽度”下拉列表中选择表格线的“颜色”和“宽度”样式。

（7）单击 确定 按钮，效果如图 4.10.5 所示。

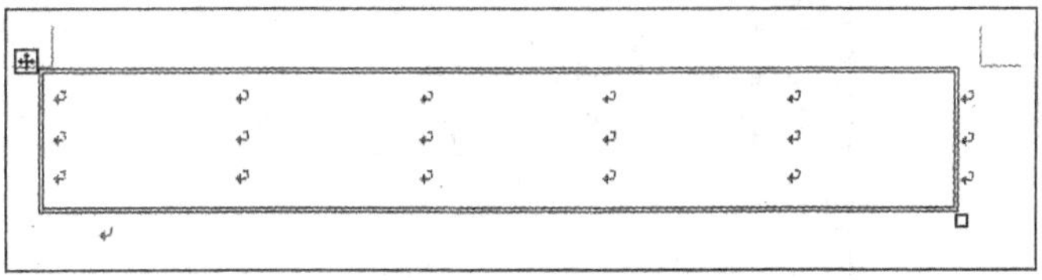

图 4.10.5　设置表格线

提示：单击“常用”工具栏中的“表格和边框”按钮，将打开“表格和边框”工具栏，如图 4.10.6 所示。在该工具栏中可选择表格的线型、粗细和颜色等，也可单击“绘制表格”按钮，重新绘制表格的行和列。

图 4.10.6　“表格和边框”工具栏

三、调整表格的行高和列宽

新创建的表格的行高和列宽是相等的，也可以根据需要调整表格的行高和列宽。调整表格的行高和列宽有两种操作方法：一种是鼠标拖动法，另一种是菜单命令法。

1. 调整表格的行高

如果要用鼠标拖动法更改表格的行高，只要将鼠标指针移到要更改其行高的边框上，待鼠标指针变成 ÷ 形状，按住鼠标左键并拖动边框即可。

如果要用菜单命令法精确地调整表格的行高，则可按下述操作步骤进行：

（1）选择要调整行高的一行或多行表格。

（2）选择 表格(A) → 表格属性(R)... 命令，或者单击鼠标右键，从弹出的快捷菜单中选择 表格属性(R)... 命令，将弹出如图 4.10.7 所示的 表格属性 对话框。

（3）选中 ☑指定高度(S): 复选框，然后在其右侧的微调框中输入表格行高的具体数值。在“行高值是”下拉列表中有“最小值”和“固定值”两个选项。选择“最小值”选项，表示当单元格中的内容超过最小行高时，Word 会自动增加行高；选择“固定值”选项，则表示行的高度是一个固定的数值，当单元格中的内容超过设置的行高时，Word 将不能完整地显示或打印超出的部分。

（4）如果要改变选定行的上一行或下一行的行高，则单击 ▲ 上一行(P) 或 下一行 ▼ (N) 按钮切换至上一行或下一行的表格并对其进行设置。

（5）单击 确定 按钮即可。

提示：要使表格中的行能根据内容自动调整表格，也可选择 表格(A) → 自动调整(A) ▶ 命令，从弹出的级联菜单中选择 根据内容调整表格(F) 命令。

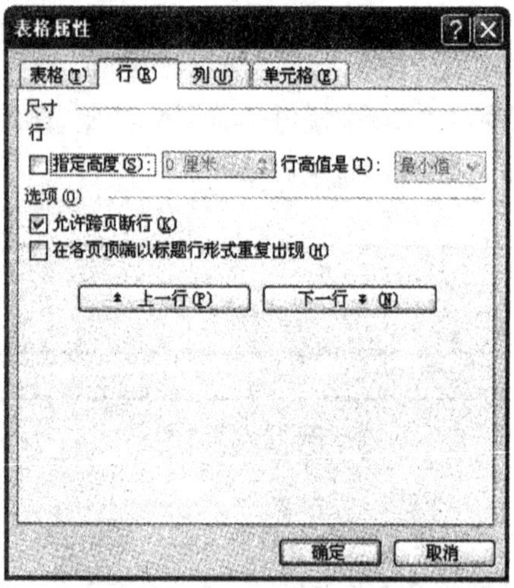

图 4.10.7　“表格属性”对话框

2. 调整表格的列宽

如果要用鼠标拖动法调整表格的列宽，只要将鼠标指针移到要更改列宽的边框上，待鼠标指针变成 ⟛ 形状，按住鼠标左键拖动边框即可。

如果要使用菜单命令法精确地调整表格的列宽，则可用以下操作步骤进行：

（1）选择要调整宽度的一行或多行表格。

（2）选择 表格(A) → 表格属性(R)... 命令，或者单击鼠标右键，从弹出的快捷菜单中选择 表格属性(R)... 命令，弹出 表格属性 对话框，单击 列(U) 标签，打开 列(U) 选项卡，如图 4.10.8 所示。

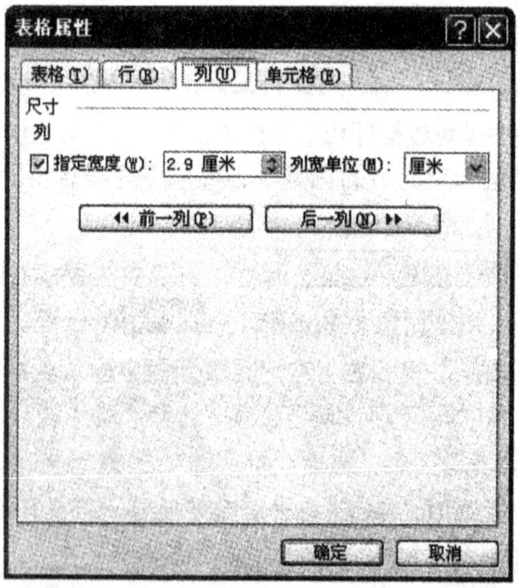

图 4.10.8　“列”选项卡

（3）选中 ☑ 指定宽度(W): 复选框后，在其右侧的微调框中输入列宽的具体数值。如果要改变列宽的单位，可在“列宽单位”下拉菜单中的“厘米”和“百分比”两个选项中进行选择，其中“百分比”表示选定列的宽度占表格宽度的比例。

（4）如果要改变其他列的宽度，可以单击 ◂◂ 前一列(P) 或 后一列(N) ▸▸ 按钮。

（5）设置完成后，单击确定按钮即可。

四、编辑表格

在使用表格的过程中，免不了要对表格进行更改，例如，插入或删除行和列、插入或删除单元格、合并单元格、拆分单元格以及移动表格等。

1. 插入行、列和单元格

（1）插入行。如果要在表格的中间插入行，可以按下述操作步骤进行：

1）如果是插入一行，则将插入点置于要在其上方或下方插入行的单元格中；如果要插入多行，则选择与插入行相同的行数。

2）选择表格(A)→插入(I)命令，从弹出的级联菜单中选择行(在上方)(A)或行(在下方)(B)命令。

提示：如果要在表格的底部插入一行，则将插入点置于该表格的最后一个单元格中，按“Tab”键，将在该表格的底部插入一新行。

（2）插入列。如果要在表格中插入列，可以按下述操作步骤进行：

1）在要插入新列的位置选定一列或多列，所选的列数与要插入的列数一致。

2）选择表格(A)→插入(I)命令，从其弹出的级联菜单中选择列(在左侧)(L)或列(在右侧)(R)命令。

（3）插入单元格。除了在表格中插入整行或整列之外，还可以插入部分单元格，具体操作步骤如下：

1）在要插入新单元格的位置选定与插入单元格的数目相同的单元格。

2）选择表格(A)→插入(I)命令，从其弹出的级联菜单中选择单元格(E)...命令，弹出如图 4.10.9 所示的插入单元格对话框。

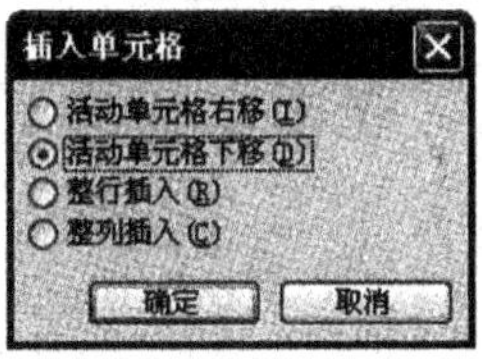

图 4.10.9 “插入单元格”对话框

3）若要在选定单元格的左边插入新单元格，则选中活动单元格右移(I)单选按钮；若要在选定单元格的上方插入新单元格，则选中活动单元格下移(D)单选按钮；若要插入一行或数行，则选中整行插入(R)单选按钮；若要插入一列或数列，则选中整列插入(C)单选按钮。

4）单击确定按钮即可。

2. 删除行、列和单元格

（1）删除行。如果要删除表格中的某些行，则只需在选定这些行后，选择表格(A)→删除(D)命令，从弹出的级联菜单中选择行(R)命令即可。也可以在选定行后，直接按键盘中的“BackSpace”键。

（2）删除列。如果要删除表格中的某些列，则只需在选定这些列后，选择表格(A)→删除(D)命令，从弹出的级联菜单中选择列(C)命令即可。也可以在选定列后，直接按键盘中的“BackSpace”键。

（3）删除单元格。如果要在表格中删除单元格，可以按下述操作步骤进行：

1）选择要删除的单元格。

2）选择表格(A)→删除(D)→单元格(E)...命令，弹出如图 4.10.10 所示的删除单元格对话框。

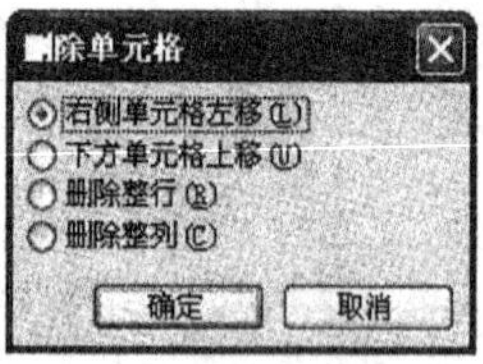

图 4.10.10　“删除单元格”对话框

3）若选中右侧单元格左移(L)单选按钮，则在删除选定单元格后，其余单元格将向左移动；若选中下方单元格上移(U)单选按钮，则在删除选定单元格后，下方的单元格将向上移动；若选中删除整行(R)单选按钮，则在删除包含所选单元格的整行并上移其余的行；若选中删除整列(C)单选按钮，则删除包含所选单元格的整列并左移其余的列。

4）单击确定按钮即可。

3. 合并单元格

Word 允许将多个单元格合并成为一个大单元格，具体操作步骤如下：

（1）选定要合并的多个单元格。

（2）选择表格(A)→合并单元格(M)命令，或者直接单击“表格和边框”工具栏中的“合并单元格”按钮，效果如图 4.10.11 所示。

合并列				
合并行				

图 4.10.11　合并单元格效果

4. 拆分单元格

拆分单元格是指将选定的单元格拆分成需要的多个单元格，具体操作步骤如下：

（1）选定要拆分的一个或多个单元格。

（2）选择表格(A)→拆分单元格(P)...命令，弹出如图 4.10.12 所示的拆分单元格对话框。

（3）在“列数”和“行数”微调框中，分别输入一个或每个单元格要拆分成的列数和行数。

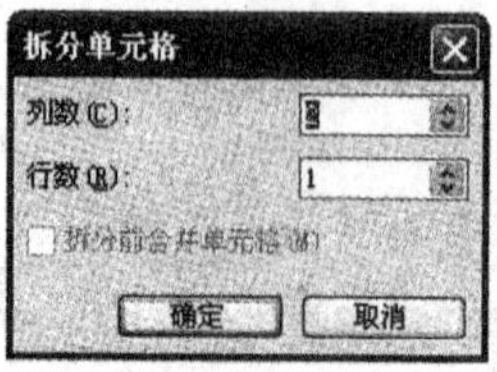

图 4.10.12　“拆分单元格”对话框

（4）如果选中☑拆分前合并单元格(M)复选框，则在拆分前先合并所选多个单元格，然后将“列数”和“行数”微调框中的数值应用于整个所选内容。

（5）单击 确定 按钮即可。

提示：要将一个表格拆分成两个表格，则将插入点置于要作为新表格的第一行中，选择 表格(A) → 拆分表格(T) 命令即可。

5. 移动表格

要改变整个表格的位置，在页面视图上，将鼠标指针置于表格的左上角，直到表格移动控点 ⊞ 出现，将表格拖动到新的位置即可，如图 4.10.13 所示。

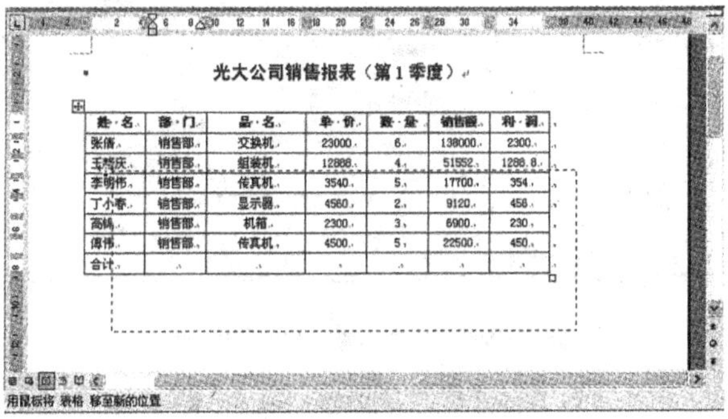

图 4.10.13　使用鼠标移动表格

如果要在页面上对齐表格，则可以按下述操作步骤进行：

（1）将插入点置于表格的任意位置。

（2）选择 表格(A) → 表格属性(R)... 命令，或者单击鼠标右键，从弹出的快捷菜单中选择 表格属性(R)... 命令，将弹出 表格属性 对话框，单击 表格(T) 标签，打开 表格(T) 选项卡，如图 4.10.14 所示。

（3）在“对齐方式”选区中选择“左对齐”、“居中”或“右对齐”选项。

（4）在“文字环绕”选区中选择“无”或“环绕”选项，可设置文字是否环绕表格。

（5）设置完成后，单击 确定 按钮即可。

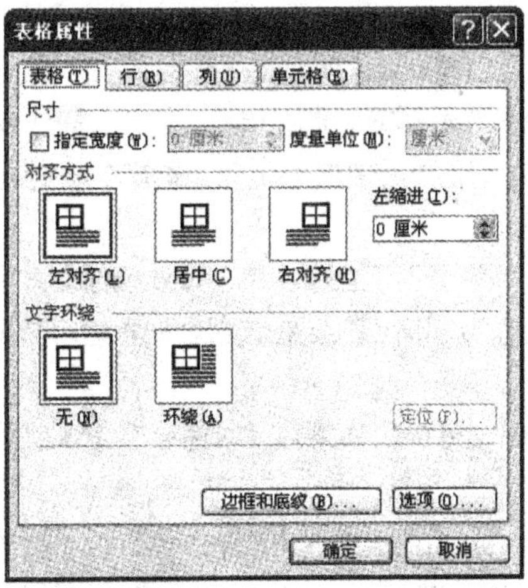

图 4.10.14　“表格”选项卡

五、绘制斜线表头

表头总是位于所选表格第一行、第一列的第一个单元格中。斜线表头可以使表格中各部分所展示的内容更加清晰。绘制斜线表头时，可以根据用户的需要选择不同的表头样式，具体操作步骤如下：

（1）将插入点置于要绘制斜线表头的单元格中。

（2）选择 表格(A) → 绘制斜线表头(U)... 命令，弹出如图 4.10.15 所示 插入斜线表头 对话框。

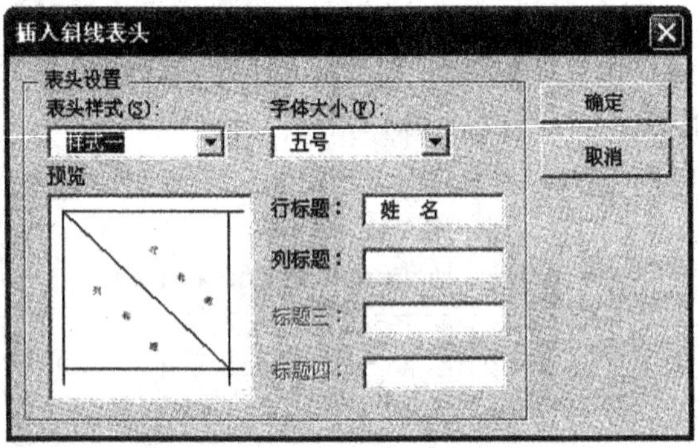

图 4.10.15　“插入斜线表头”对话框

（3）在“表头样式”下拉列表中选择一种表头样式；在“预览”框中预览所选的表头样式；在各个标题框中输入所需的行、列标题。

（4）单击 确定 按钮即可。

习题四

一、填空题

1．标题栏位于 Word 窗口的__________，用于显示__________和一些控制窗口的按钮。

2．__________中的工具按钮是用户操作的捷径，其中每一个图标都代表一个命令，单击该图标即可实现相应的命令。

3．在 Word 中，按__________键可以开始一个新的段落。

4．按__________键可以删除光标后的文本，按__________键可以删除光标前的文本。

5．如果要绘制正方圆，则在单击“绘图”工具栏“椭圆”按钮后，按住__________键并拖动鼠标即可。

6．在“格式”工具栏中的“字号”下拉列表中，可选择的最大字号为“72”号，如果要给某一标题设置更大的字号，如“300”号，则可直接在该文本框中输入需要的字号，然后按__________键即可。

7．在保存一个新建的 Word 文件时，如果在“文件名”文本框中没有为该文件命名，则它会以__________作为文档的新名。

8．如果要在 文件(F) 菜单中列出的最近使用或打开文件的个数不能满足用户的需要，则可选择__________→__________命令，在弹出的__________对话框中进行设置。

二、选择题

1. Microsoft Word 文档的扩展名为（　）。

（A）.dot　　（B）.doc

（C）.cdr　　（D）.exe

2. 在此视图模式下显示的文档与打印效果一样，并且可以编辑页眉和页脚，那么该视图模式为（　）。

（A）普通视图　　（B）大纲视图

（C）Web 版式视图　　（D）页面视图

3. 如果所编辑的文档较长，则需要选中整篇文档时，可以使用快捷键（　）。

（A）Ctrl+N　　（B）Ctrl+O

（C）Ctrl+A　　（D）Alt+A

三、上机操作题

1. 创建一个 Word 文档，将其保存在“我的文档”文件夹下，并命名为“我的第一篇文档”，然后在其中输入内容，关闭文档，退出 Word。

2. 创建一个 Word 文档，单击菜单栏里的 文件(F) 菜单，从其弹出的下拉菜单中分别选择 保存(S)　Ctrl+S 和 另存为(A)... 命令，观察并分析使用这两个命令的区别。

3. 在“我的第一篇文档中”中，插入符号（　，　，　，✂，☎）和特殊符号（§，®）。

4. 在文档中插入艺术字“你微笑了吗？”，然后插入一幅与该主题相符的图片，并设置它们的位置与版式。

5. 利用 Word 2003 提供的插入表格功能，为自己设置一个课程表，或者作息时间表。

6. 将“H2SO4”排版成“H_2SO_4”形式。

7. 为一段文本添加边框和底纹。

第五章　中文 Excel 2003

中文Excel 2003是目前市场上功能最强大的电子表格处理软件，它与Word 2003，PowerPoint 2003，Access 2003，FrontPage 2003等组件一起构成了Office 2003完整的办公软件体系。它不仅可以制作各种电子表格，而且还可以对数据进行复杂的运算，把数据用各种统计图表的形式表现出来，完成对数据表格的分析，更能够方便地与Office 2003其他组件相互调用数据，实现资源共享。Excel 2003已成为国内外广大用户管理公司和个人财务、统计数据、绘制各种专业化表格的得力助手。

本章重点

（1）Excel 2003中文版简介。

（2）Excel 2003中文版的使用。

（3）输入数据。

（4）创建计算公式。

（5）数据的排序和筛选。

（6）数据的汇总。

（7）设置工作表格式。

（8）打印工作表。

第一节　Excel 2003 中文版简介

与以前的版本相比 Excel 2003 新增了许多功能，如支持 XML 文档、并排比较文档、信息版权管理以及“信息检索”任务窗格等诸多新增功能。这里介绍几种常用的新增功能。

一、Excel 2003 的新增功能

Excel 2003 在早期版本的基础上进行了完善与改进，如新增了列表功能、面目一新的任务窗格以及改进后的统计函数，下面将介绍新增功能的具体应用。

1．列表功能

在 Excel 2003 中，用户可以在工作表中创建列表，用以分组或操作相关数据。创建列表的具体操作步骤如下：

（1）选定某一工作区域，如图 5.1.1 所示。

（2）单击鼠标右键，弹出如图 5.1.2 所示的快捷菜单。

（3）选择 创建列表(C)... 命令，弹出 创建列表 对话框。

（4）在 创建列表 对话框中设置数据的位置，如图 5.1.3 所示。

（5）单击 确定 按钮即可创建一个列表，如图 5.1.4 所示。

（6）在创建的列表中单击列标题中的“自动筛选”后的 ▼ 按钮，其新增了“升序排序”和“降

序排序”等功能，如图 5.1.5 所示。使用该功能，用户可以根据需要对选定文本进行排序。

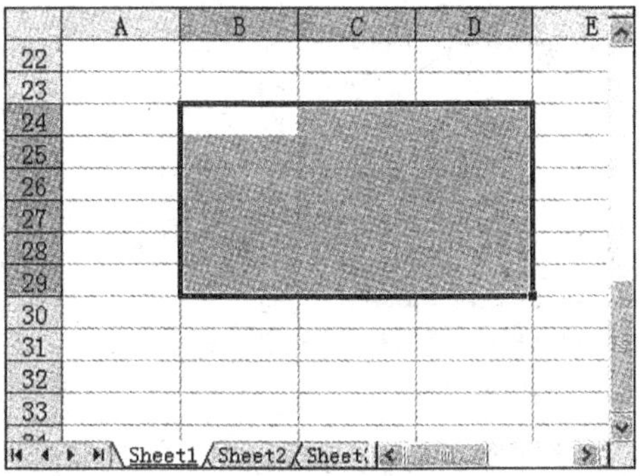

图 5.1.1 “选定区域”示例

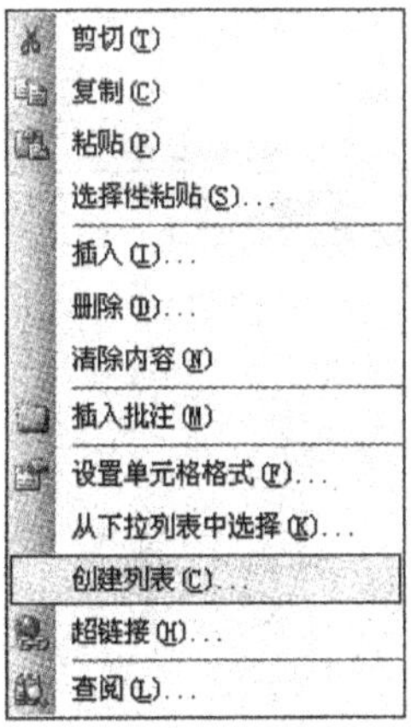

图 5.1.2 快捷菜单

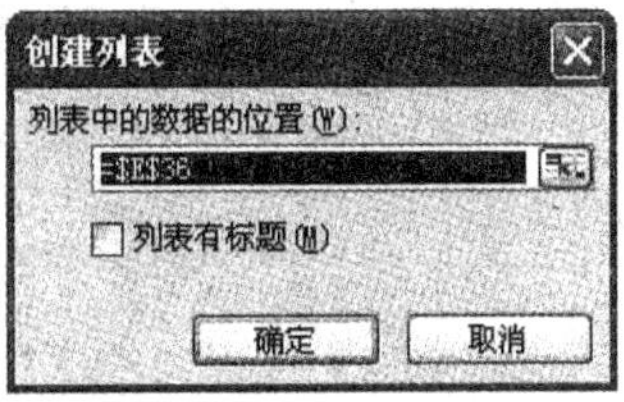

图 5.1.3 “创建列表”对话框

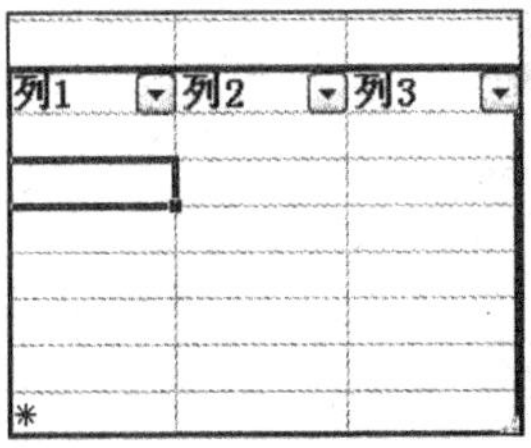

图 5.1.4 “创建列表”示例

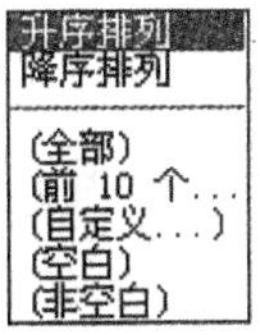

图 5.1.5 “自动筛选”下拉列表

（7）选中创建列表中的任意一个单元格，在列表最底行左侧单元格中会出现一个星号（见图 5.1.4），在含有星号的行中输入数据，在列表中任意位置单击，则自动将数据添加至列表中，含有星号的行自动下移一行，在 Excel 2003 中称此行为插入行。这个功能使用户在列表中添加行更方便。选择 视图(V) → 工具栏(T) → 列表 命令，在列表中进行操作时会打开“列表”工具栏，如图 5.1.6 所示。

图 5.1.6 “列表”工具栏

（8）单击工具栏中的 切换汇总行 命令按钮，则显示汇总行；在汇总行中选中任意一个单元格，单元格右侧会显示一个下拉列表箭头，如图 5.1.7 所示。单击下拉列表箭头会显示多种聚合函数，如

图 5.1.8 所示。选择一种函数，在汇总单元格中将插入一种分类汇总函数。

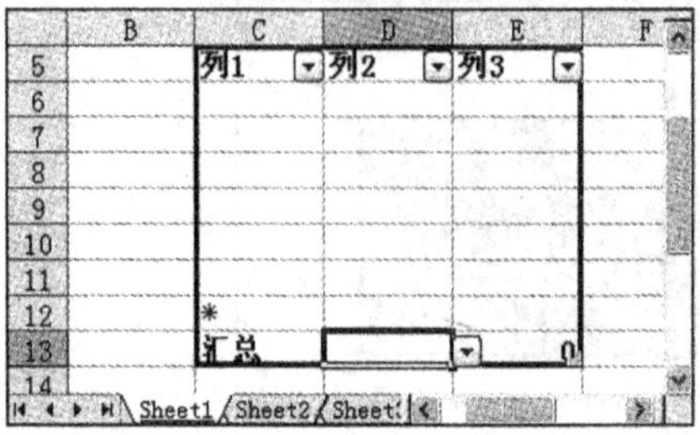

图 5.1.7　显示汇总行

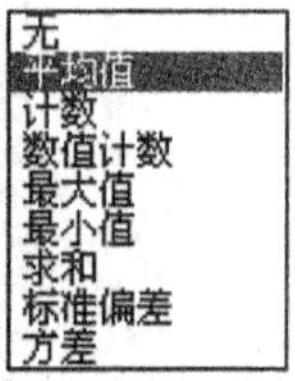

图 5.1.8　显示汇总函数

（9）将鼠标移动到列表边框右下角的位置，当鼠标变为↘形状时，拖动鼠标可改变列表的大小。

2．任务窗格

Excel 2003 的界面不同于以往界面，给用户一种焕然一新的视觉效果。在 Excel 窗口界面的右侧有一个任务窗格，如图 5.1.9 所示。它包含了 新建工作簿 、1/24 - 剪贴板、信息检索 及 搜索结果 等任务窗格。

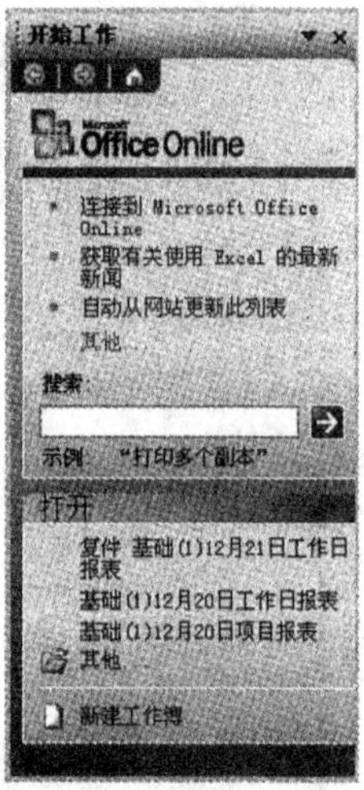

图 5.1.9　"任务窗格"示例

任务窗格向用户展示了应用程序中最常用的功能，不仅使实现这些功能的操作步骤更加简单，而且还会根据用户的需要适时地出现和隐藏。

3．新增和改进统计函数

在 Excel 2003 中，对一些统计函数进行了修改，主要包括 BINOMDIST，CHIINV，CONFIDENCE，CRITBINOM，RAND，DSTDEV 和 DSTDEVP 等。例如 RAND 函数，是用来返回大于等于 0 及小于 1 的均匀分布随机数，每次计算工作表时都将返回一个新的数值。

提示：如果要使用函数 RAND 生成一个随机数，并且使之不随单元格计算而改变，可以在编辑栏中输入"=RAND()"，保持编辑状态，然后按"F9"功能键，将公式永久性地改为随机数。

二、Excel 2003 运行的软硬件环境

要运行Excel 2003，计算机必须具备以下软、硬件环境：

（1）CPU：Pentium 133 MHz或更高，最好为Pentium III。

（2）内存：64 MB内存，最好为128 MB内存（内存越大性能越好）。

（3）硬盘：245 MB可用磁盘空间（操作系统所在盘必须有115 MB可用磁盘空间）。

（4）显示器：标准VGA或SVGA显示器。

（5）驱动器：CD-ROM。

（6）操作系统：Windows 2000或Windows XP以上操作系统。

三、Excel 2003 中文版的启动

启动Excel 2003非常简单，一般常用的方法有以下4种：

（1）选择 开始 → 程序(P) → Microsoft Office Excel 2003 命令。

（2）双击桌面上的Excel 2003快捷图标。

（3）双击Excel类型的文档图标。

（4）在“我的电脑”或“资源管理器”窗口中双击Excel文档图标。

四、Excel 2003 的窗口界面

启动Excel 2003后，打开如图5.1.10所示的窗口，该工作窗口主要由标题栏、菜单栏、工具栏、编辑栏、工作区、工作表标签、滚动条、任务窗格和状态栏等部分组成。

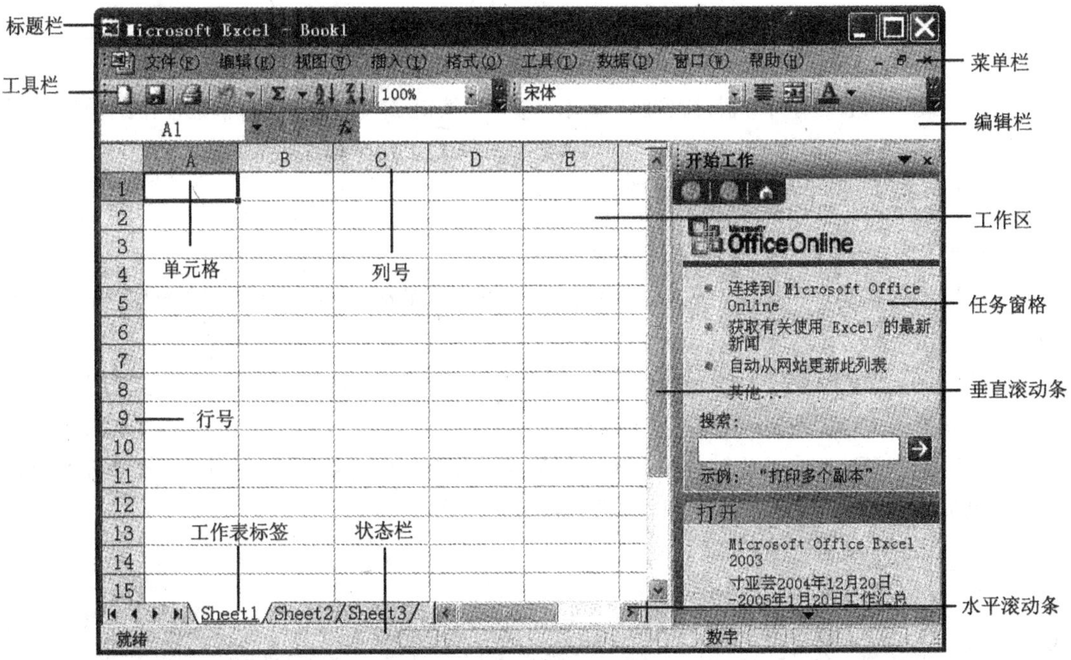

图5.1.10　Excel 2003的工作窗口

1. 标题栏

标题栏位于应用程序窗口的最顶层，用于显示当前正在运行的程序名和文件名的信息。如果是刚打开的工作簿文件，Excel 2003默认建立的文件名是Book1。

2. 菜单栏

菜单栏位于标题栏的下方，包括9个菜单项：文件(F)、编辑(E)、视图(V)、插入(I)、格式(O)、工具(T)、数据(D)、窗口(W)和帮助(H)，各菜单的用途如下：

（1）文件：用于文件的打开、建立、关闭、保存、打印等操作。

（2）编辑：在输入数据的过程中，进行剪切、拷贝、删除等操作。

（3）视图：对表格和窗口中的内容在屏幕上的显示进行控制，如显示比例、工具栏等。

（4）插入：在表格中插入行、列、图表等。

（5）格式：对表格的行、列、单元格的格式进行设置。

（6）工具：对表格进行变量求解、拼写检查以及对表格操作的选项进行设置等。

（7）数据：对表格数据进行排序、筛选、分类汇总和建立数据透视表等。

（8）窗口：对窗口进行重新排列、拆分和冻结等。

（9）帮助：对Excel进行联机帮助、版本说明等。

3. 工具栏

工具栏位于菜单栏的下方，系统默认状态下包括“常用”工具栏和“格式”工具栏。工具栏按钮是菜单栏中具有代表性的命令的快捷方式，使用起来更方便、快捷。

4. 编辑栏

编辑栏位于工具栏的下方，用于显示活动单元格中的数据或公式，它由名称框、操作按钮和编辑区3部分组成。

（1）名称框：显示当前操作单元格的地址，通过它也可选择所要操作的单元格。

（2）操作按钮：当用户进行操作时，单击“取消”按钮✕，用来取消当前的操作；单击“输入”按钮✓，用来确认当前的操作；单击“插入函数”按钮fx，用来输入函数。

（3）编辑区：用于输入数据或函数。

5. 工作区

工作区位于编辑栏下方，它是Excel 2003的主体部分，所有与数据有关的信息都将存放在工作区中。

工作区是由256列和65 536行组成。列号从左到右用字母A～IV表示。行号从上到下用数字1～65 536表示。

在工作区中行与列交叉的小方格称为单元格，它是工作区中的基本组成部分，每个单元格都有它惟一的地址，地址由单元格所在的列号和行号决定。

6. 工作表标签

工作表标签位于工作区下方，是Excel 2003特有的组成部分，也叫工作表切换标签，可以在不同的工作表之间切换。在默认状态下，一个工作簿包含3个工作表，分别是Sheet1，Sheet2和Sheet3，当前编辑的工作表标签是白色的，如果所需的工作表不在当前显示范围内，可以单击左侧的“工作表标签滚动”按钮来显示所需的工作表，如图5.1.11所示。

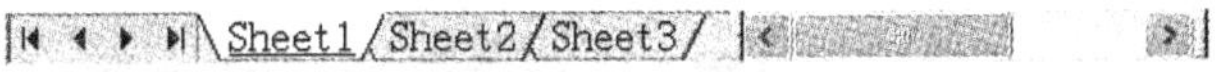

图5.1.11　工作表标签

7. 滚动条

滚动条分为水平滚动条和垂直滚动条，单击滚动条两端的方向按钮，可以使工作表的显示区域按指定方向滚动一个单元格位置。

8. 任务窗格

任务窗格是Excel 2003中的一个重要组成部分，把Excel 2003中最常用的任务组织在一起以方便操作。用户可以在任务窗格中进行一些简单的操作，如新建文件、打开文件、搜索并插入剪贴画等。在任务窗格的底部或顶部有一个拉伸按钮▲，当窗口的内容不能全部显示时，可将鼠标放在这个拉伸按钮上，系统会自动显示其他内容。

9. 状态栏

状态栏位于Excel窗口的最底部，用来显示当前工作区的状态信息。在大多数情况下，状态栏的左端显示“就绪”，表明工作表正在准备接收新的信息。如果在单元格中输入数据时，在状态栏的左端将显示“输入”字样。

第二节　Excel 2003 中文版的使用

Excel 2003是Office 2003中的一个重要的组件，使用它不仅可以快速地制作出简单的表格，还可以制作较为复杂的图表和财务统计表。

一、新建工作簿

新建工作簿的方法主要有两种，即新建空白工作簿和使用模板新建工作簿。

1. 新建空白工作簿

要新建空白工作簿，可选择 开始 → 程序(P) → Microsoft Office Excel 2003 命令，系统将自动新建一个名为“Book1”的空白工作簿，该工作薄包含了3个工作表，分别为Sheet1，Sheet2和Sheet3。

2. 使用模板新建工作簿

在工作中，有时需要新建一些不同于程序默认生成的工作簿，可使用模板新建工作簿，具体操作步骤如下：

（1）选择 文件(F) → 新建(N)... Ctrl+N 命令，打开如图5.2.1所示的 新建工作簿 任务窗格。

（2）单击“本机上的模板”超链接，在弹出的 模板 对话框中单击 电子方案表格 标签，打开 电子方案表格 选项卡，如图5.2.2所示。

（3）在 电子方案表格 选项卡中选择一个模板，单击 确定 按钮，即可完成使用模板新建工作簿的操作。

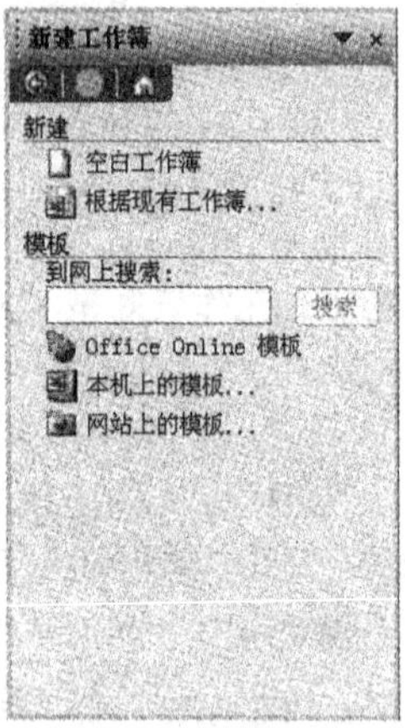

图 5.2.1 “新建工作簿”任务窗格

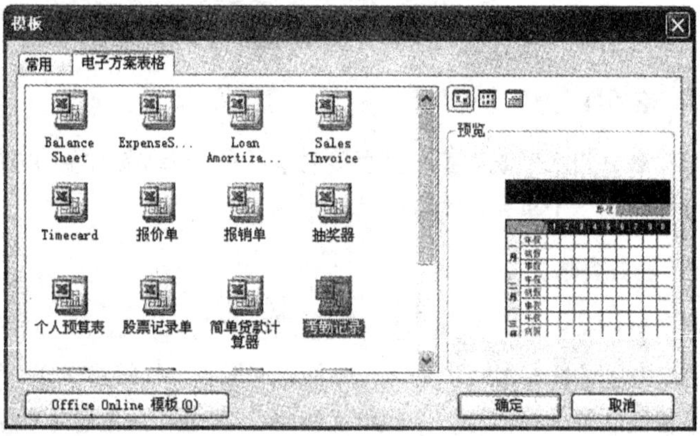

图 5.2.2 “电子方案表格”选项卡

提示：工作表是单元格的组合，是Excel进行一次完整作业的基本单位，通常称做电子表格，而若干个工作表构成一个工作簿，在Excel中是以工作簿为单元来处理工作数据和存储数据的文件，数据和图表都是以工作表的形式存储在工作簿文件中的。

二、Excel 2003 窗口中的基本操作

Excel 2003的基本操作包括光标的定位、单元格的操作和工作表的操作等。

1．光标的定位

光标的定位是Excel 2003中对数据进行输入、编辑的基础，它主要包括单元格的光标定位和单元格内容的光标定位。

（1）单元格的光标定位。单元格的光标定位就是激活单元格的操作，当光标在工作表中呈白色“十”字状态时，单击任意单元格，可使该单元格成为活动单元格。

（2）单元格内容的光标定位。双击单元格或将光标定位在编辑栏中，当出现闪烁的短竖线时，使用键盘左、右方向键可定位单元格中的内容。

2．单元格的操作

单元格的操作主要包括移动和复制单元格，插入和删除单元格，插入和删除行与列。

（1）移动和复制单元格。使用鼠标移动单元格是最简单、最方便的方法，具体操作步骤如下：

1）选定需要移动的单元格。

2）将鼠标放在单元格的边框上，光标将变成如图5.2.3所示的符号。

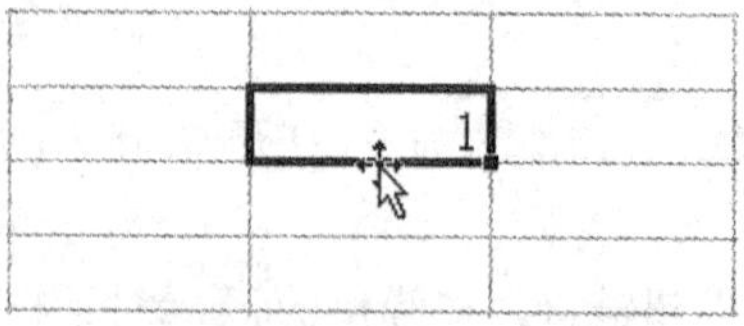

图 5.2.3 光标符号

3）单击鼠标左键并拖动到目标单元格，释放鼠标，即完成单元格的移动。

复制单元格的具体操作步骤如下：

1）选定需要复制的单元格。

2）单击鼠标右键，在弹出的快捷菜单中选择 复制(C) Ctrl+C 命令。

3）选定目标单元格，单击鼠标右键，在弹出的快捷菜单中选择 粘贴(P) 命令，即完成单元格的复制。

（2）插入和删除单元格。插入单元格的具体操作步骤如下：

1）单击插入位置所在的单元格，使之成为活动单元格。

2）选择 插入(I) → 单元格(E)... 命令，弹出如图5.2.4所示的 插入 对话框。

3）在 插入 对话框中选择一种插入单元格的方式。

4）单击 确定 按钮，即可在所需的位置插入一个单元格。

删除单元格不同于清除单元格，它不但删除了单元格中的内容、格式和批注，还删除了单元格本身。删除单元格的具体操作步骤如下：

1）选定需要删除的单元格。

2）选择 编辑(E) → 删除(D)... 命令，弹出如图5.2.5所示的 删除 对话框。

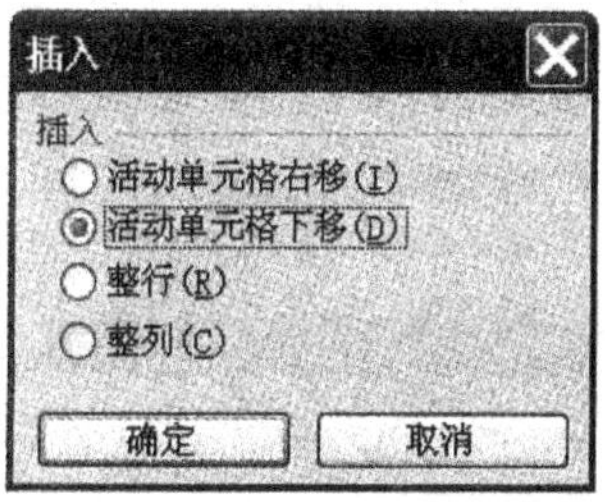

图5.2.4　“插入”对话框

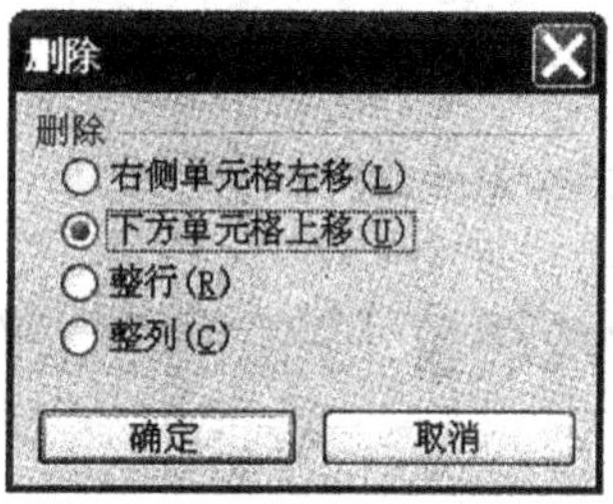

图 5.2.5　“删除”对话框

3）在 删除 对话框中选择一种删除单元格方式。

4）单击 确定 按钮，即可删除选定的单元格。

（3）插入和删除行或列。对于一个已编辑好的表格，可能要在表格中增加一行或一列来增加新的数据。如果要插入一个新的空行，可单击插入位置所在的单元格或行号，选择 插入(I) → 行(R) 命令。也可首先选定一行，然后单击鼠标右键，在弹出的快捷菜单中选择 插入(I)... 命令，即可插入一个新的空行。

如果要插入一个新的空列，可单击插入位置所在的单元格或列号，选择 插入(I) → 列(C) 命令。也可首先选定一列，然后单击鼠标右键，在弹出的快捷菜单中选择 插入(I)... 命令，即可插入一个新的空列。

删除行或列与删除单元格的操作方法非常相似，只要在 删除 对话框中选中 ◉整行(R) 或 ◉整列(C) 单选按钮，即可删除行或列。

3. 工作表的操作

工作表的操作包括切换工作表、删除工作表、隐藏和显示工作表等。

（1）切换工作表。一个工作簿中可以有多个工作表，对于一个新建的工作簿，系统将自动生成并命名为Sheet1，Sheet2和Sheet3的3个工作表，这3个工作表之间可以用以下方法进行切换：

1）直接用鼠标单击工作表标签，可打开相应的工作表，如单击Sheet3标签即可打开Sheet3工作表。

2）工作表标签栏左侧的4个带箭头按钮是工作表切换按钮，单击它可打开相应的工作表。

3）使用键盘可切换工作表，按快捷键“Ctrl+PageDown”可激活下一个工作表，按快捷键“Ctrl+PageUp”即可激活上一个工作表。

（2）删除工作表。如果不需要工作簿中的某一个工作表，可以将其删除，具体操作步骤如下：

1）单击要删除的工作表标签。

2）选择 编辑(E) → 删除工作表(L) 命令，即可删除工作表。

（3）隐藏和显示工作表。一个工作表被隐藏时，工作表标签同时也被隐藏。隐藏工作表的具体操作步骤如下：

1）单击要隐藏的工作表。

2）选择 格式(O) → 工作表(H) → 隐藏(H) 命令，即可隐藏选定的工作表。

显示工作表与隐藏工作表的步骤恰好相反。

提示：Excel不允许隐藏工作簿中的所有工作表，每个工作簿中至少要有一个可见的工作表。

三、打开一个 Excel 2003 文件

如果要查阅或编辑以前保存的工作簿，就需要打开该工作簿的Excel 2003文件。打开一个Excel 2003文件的具体操作步骤如下：

（1）选择 开始 → 程序(P) → Microsoft Office Excel 2003 命令，启动Excel 2003程序。

（2）在Excel 2003程序的工具栏中单击“打开”按钮，弹出如图5.2.6所示的 打开 对话框。

（3）在 打开 对话框中选择路径并单击所需文件。

（4）单击 打开(O) 按钮，即可打开Excel 2003文件。

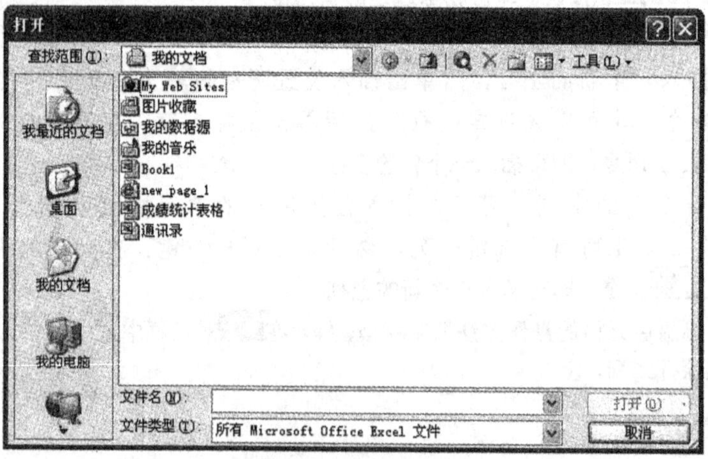

图5.2.6　“打开”对话框

四、保存和退出

在编辑工作表的过程中一旦发生断电或死机现象，将会导致数据的丢失，造成不可挽回的后果，这就要提醒用户在编辑工作表时保存数据，避免这些现象的发生。

保存工作簿的方法很简单，具体操作步骤如下：

（1）选择 文件(F) → 保存(S) Ctrl+S 命令，弹出如图5.2.7所示的 另存为 对话框，

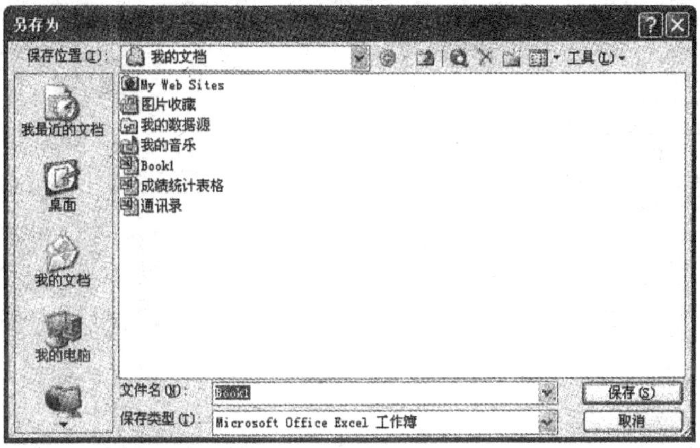

图5.2.7　“另存为”对话框

（2）在 另存为 对话框中选择路径并在“文件名”文本框中输入要保存的文件名称。

（3）单击 保存(S) 按钮，即可保存工作簿。

提示：也可选择 文件(F) → 另存为(A)... 命令，或者在工具栏中单击“保存”按钮，在弹出的 另存为 对话框中保存工作簿。

编辑好工作簿并且将工作簿保存以后，如果用户不再进行其他操作，即可退出工作簿。退出工作簿的方法有以下几种：

（1）选择 文件(F) → 退出(X) 命令，如果用户在退出之前没有对所做的修改保存，系统会自动弹出如图5.2.8所示的信息提示对话框，单击 全是(A) 按钮，保存对工作簿所做的修改并退出工作簿。

（2）选择 文件(F) → 关闭(C) 命令。如果用户在退出之前没有对所做的修改保存，系统会自动弹出如图5.2.9所示的提示框，单击 是(Y) 按钮，保存对工作簿所做的修改并退出工作簿。

图5.2.8　信息提示对话框

图5.2.9　提示框

（3）单击Excel窗口左上角的“控制菜单”图标，在弹出的快捷菜单中选择 关闭(C) Alt+F4 命令，即可退出工作簿。

（4）单击Excel窗口右上角的“关闭”按钮，即可退出工作簿。

五、打开最近编辑过的工作簿

如果要打开最近编辑过的工作簿，可以直接单击 文件(F) 菜单，在它的下面列出最近使用过的工作簿名称，选择相应的工作簿文件名，该工作簿即被打开，如图5.2.10所示。

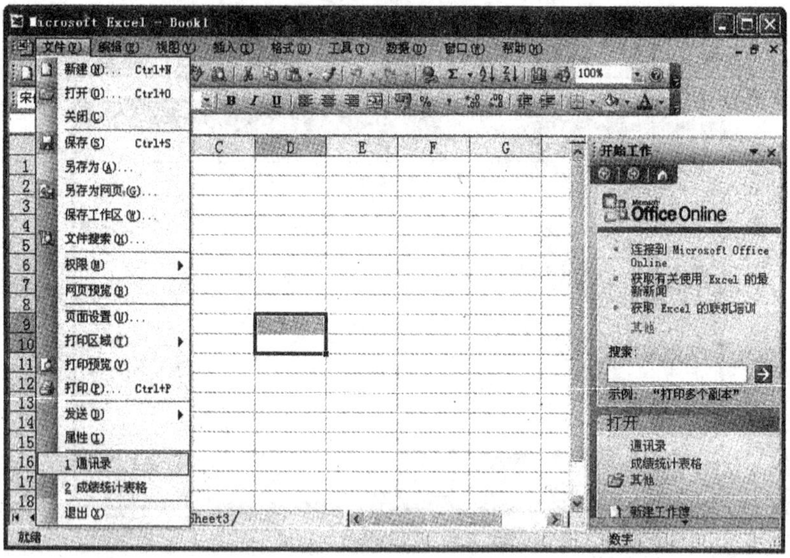

图5.2.10　利用“文件”菜单打开工作簿

提示：如果在 文件(F) 菜单中没有列出最近编辑过的工作簿，可以选择 工具(T) → 选项(O)... 命令，在 选项 对话框中打开 常规 选项卡，在其中设置相关选项，可打开最近编辑过的工作簿。

六、改变视图画面

在Excel中进行编辑，可以选择不同的视图方式来显示工作表，在普通视图中用户可以很方便地编辑表格，如图5.2.11所示。如果想看到表格的打印效果，可以切换到分页预览视图，如图5.2.12所示。

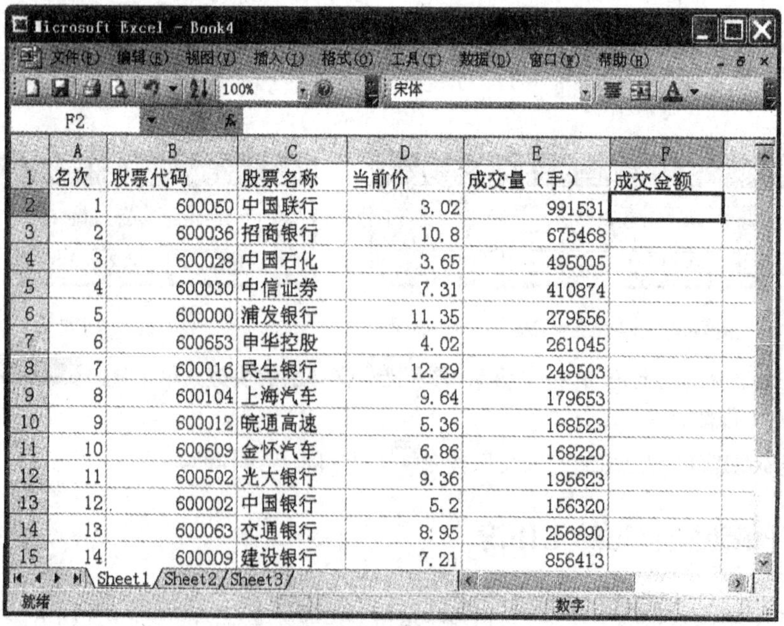

图5.2.11　普通视图

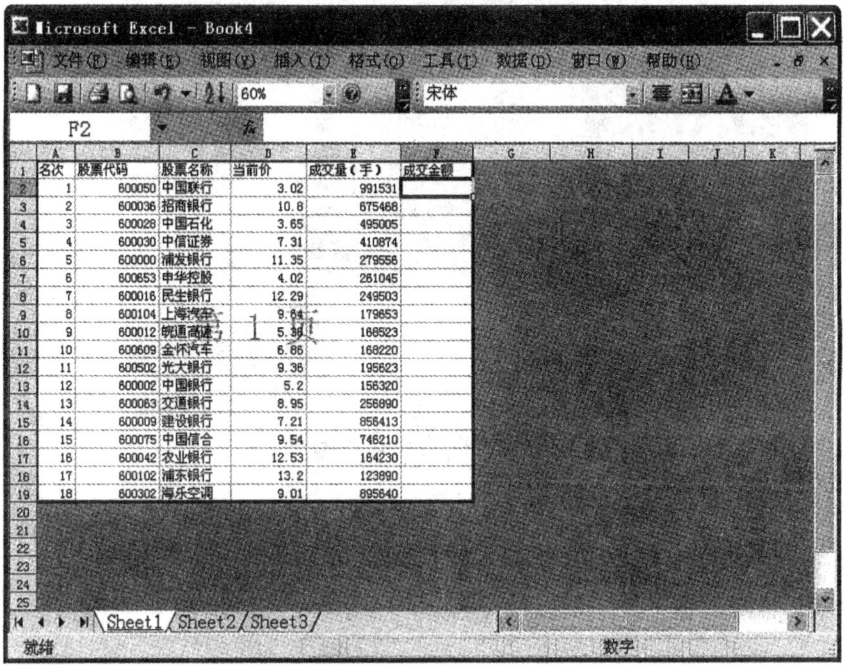

图5.2.12　分页预览视图

第三节　输入数据

在Excel工作表中输入数据是创建电子表格的基础，首先必须选定单元格，然后才可以向其中输入数据。

一、选取单元格

Excel 2003是以工作表的方式进行数据运算和数据分析的，而单元格是构成工作表的基本元素。因此，向工作表中输入数据之前，应该首先选取单元格，使之成为活动单元格，以便对它进行更进一步的操作。

1．选取一个单元格

选取一个单元格就是激活该单元格。用鼠标单击相应的单元格，或移动键盘上的方向键来选取该单元格。

2．选取多个连续单元格

选取多个连续单元格，首先将光标定位在所选连续单元格的左上角，然后将鼠标从所选单元格左上角拖动到右下角，或按住“Shift”键的同时，再单击所选单元格的右下角。

3．选取多个不连续单元格

要选取多个且不连续的单元格，可单击并拖动鼠标选定第一个单元格，然后按住“Ctrl”键，再用鼠标单击选取其他单元格，如图5.3.1所示。

	A	B	C	D	E	F	G	H
1		初一（2）班期中成绩表						
2	姓名	数学	语文	英语	地理	政治	总分	
3	刘丽	89	78	98	88	92	445	
4	和朋	82	79	88	76	94	419	
5	华杰	90	65	77	86	89	407	
6	李亮	80	65	90	80	88	403	
7	张力	81	76	83	70	90	400	
8	李星	83	76	55	89	92	395	
9	王俊杰	87	60	80	80	88	395	
10	孔明光	96	77	66	66	88	393	
11	孙丽	93	66	78	61	85	383	
12	陈锋	65	69	75	79	74	362	
13	张成	75	86	57	79	64	361	
14	王红	72	56	89	75	63	355	

图5.3.1　选取多个不连续单元格

4．选取特殊单元格

在一个工作表中经常会遇到一些特殊单元格的选取，具体操作方法如下：

选取整行：单击工作表中的行号。

选取整列：单击工作表中的列号。

选取整个工作表：单击工作表左上角行号与列号的交叉处，即全选按钮。

提示：（1）熟悉Windows操作的用户可能会发现，在Excel 2003中选取单元格的操作与Windows中选取文件的操作基本相同。

（2）在单元格中输入的数据包括文本、数字、日期和时间等。

二、在单元格中输入文本

文本包括汉字、英文字母、特殊字符、空格以及其他从键盘输入的符号。在Excel程序中，一个单元格内最多可容纳32 767个字符，输入文本的过程中，文本会同时出现在活动单元格和编辑栏中，编辑栏可以显示全部输入的字符，而单元格内最多可显示1 024个字符。

在输入文本时，如果相邻的单元格中没有数据，太长的文本会覆盖右边相邻的单元格；如果相邻单元格中有数据，则当前的单元格只显示该文本开头部分，只要单击该单元格，内容就会在编辑栏中全部显示出来。

在输入文本时，如果有多个单元格需要输入相同的内容，可以先选取这些单元格，然后输入内容，再按快捷键“Ctrl+Enter”，或者可以通过拖动填充柄的方式来快速填充，如图5.3.2所示的“数学”。

B1　　fx　星期一

	A	B	C	D	E	F	G	H
1	课程	星期一	星期二	星期三	星期四	星期五	星期六	
2	数学							
3	数学							
4	数学							
5	语文							
6	英语							
7	政治							
8								

图5.3.2　拖动填充柄快速填充

提示：在输入文本时，如果要输入有次序的内容，也可通过拖动填充柄的方式来快速填充，如图5.3.2所示的时间，如“星期一”、“星期二”等。

三、在单元格中输入数字

数字也是一种文本，它在数据处理中扮演着极其重要的角色。与输入文本相比，输入数字要相对复杂，当输入数字型数据即数值时，要考虑数字的合法性，在Excel中一般使用特定数字字符，如0，1，2，3，4，5，6，7，8，9，$，%，-，+等。

在单元格中输入数字时，对于有些符号，可以预先进行设置，使Excel自动添加相应的符号，具体操作步骤如下：

（1）单击需要设置数字格式的单元格。

（2）选择 格式(O) → 单元格(E)... Ctrl+1 命令，弹出如图5.3.3所示的 单元格格式 对话框，系统默认打开的是 数字 选项卡。

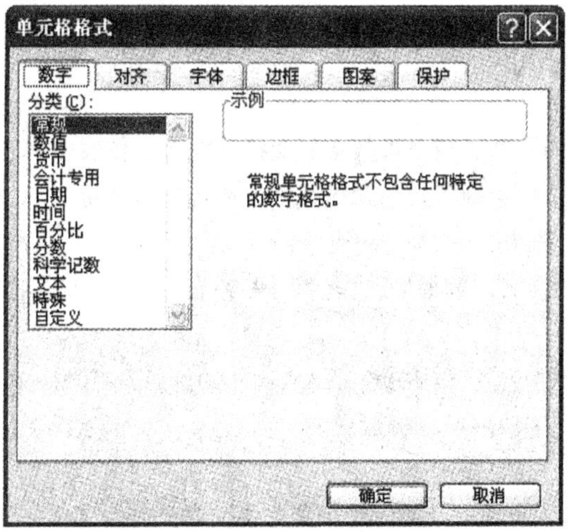

图 5.3.3　“单元格格式”对话框

（3）在 数字 选项卡中的“分类”列表框中选择一种选项，例如选择“货币”选项；在“小数位数”微调框中输入或选择小数点后要保留的位数，例如选择“2”；在“货币符号”下拉列表中输入或选择货币的单位，例如选择“￥”选项；在“负数”列表框中选择一种选项来指定数字的显示格式。例如选择“￥1,234,10”选项。

（4）单击 确定 按钮。

（5）设置好格式以后，可在当前单元格输入数字，效果如图5.3.4所示。

提示：输入数字与输入文本不同的一点，就是在默认情况下，输入文字后按“Enter”键确认后，文字靠左对齐，而输入数字后按“Enter”键确认后，数字会靠右对齐。如果需要将数字看成文本型数据，可以在数字前加一个单引号“'”，这个单引号表示对齐方式的前缀，它告诉 Excel 把后面的数字当作文本型数据来处理。

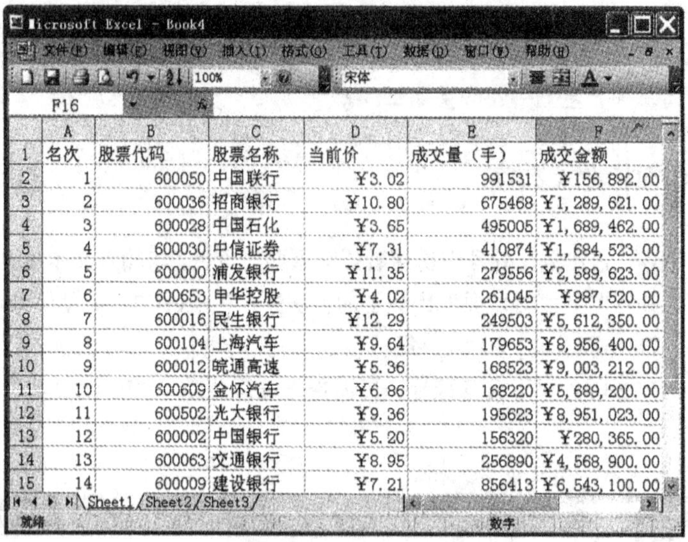

名次	股票代码	股票名称	当前价	成交量（手）	成交金额
1	600050	中国联行	￥3.02	991531	￥156,892.00
2	600036	招商银行	￥10.80	675468	￥1,289,621.00
3	600028	中国石化	￥3.65	495005	￥1,689,462.00
4	600030	中信证券	￥7.31	410874	￥1,684,523.00
5	600000	浦发银行	￥11.35	279556	￥2,589,623.00
6	600653	申华控股	￥4.02	261045	￥987,520.00
7	600016	民生银行	￥12.29	249503	￥5,612,350.00
8	600104	上海汽车	￥9.64	179653	￥8,956,400.00
9	600012	皖通高速	￥5.36	168523	￥9,003,212.00
10	600609	金怀汽车	￥6.86	168220	￥5,689,200.00
11	600502	光大银行	￥9.36	195623	￥8,951,023.00
12	600002	中国银行	￥5.20	156320	￥280,365.00
13	600063	交通银行	￥8.95	256890	￥4,568,900.00
14	600009	建设银行	￥7.21	856413	￥6,543,100.00

图5.3.4　输入数字后的工作表

四、输入日期和时间

在Excel中日期和时间的数据类型属于数字型数据，它在工作表中的显示方式取决于所在单元格的数字格式。在输入Excel可以识别的日期和时间后，单元格格式将“常规”数字格式转变为某种内置的日期或时间格式。

输入日期可以使用多种方式，例如输入1999年8月25日，可用“99-8-25”，“99/8/25”和“1999年8月25日”3种方式。

输入时间也可以使用多种方式，例如输入16点30分40秒，可用“16:30:40”，“4:30:40 PM”，“16时30分40秒”和“下午4时30分40秒”4种方式。

提示：如果要输入当天的日期，可以使用快捷键“Ctrl+;”，若要在同一单元格中同时输入日期和时间，需要将日期和时间用空格隔开。在默认状态下，输入的日期和时间在单元格中的对齐方式为右对齐，如果Excel不能识别该单元格格式，输入的内容将被视为文本，在单元格中的对齐方式为左对齐。

第四节　创建计算公式

公式是对工作表数据进行运算的方程式，它是单元格中的一系列值、单元格引用、名称或运算符的组合，并且总是以等号“=”开始。在公式中还可以加入各种函数，用于完成其他复杂的运算。

一、输入公式

输入公式类似于输入文本的操作，但在输入公式时首先要以一个等号“=”开头，表示输入之后的字符为公式。

1. 在单元格中输入公式

在单元格中输入公式的具体操作步骤如下：

（1）单击要在其中输入公式的单元格。

（2）在单元格中输入等号“=”。

（3）在等号后面输入公式内容，例如“=56*9+70”。

（4）输入后按“Enter”键。

提示：等号后面的公式内容可以是数字和运算符号，也可以是引用其他单元格的数字。在单元格中输入公式时，编辑栏同时会显示输入的内容。

2. 在编辑栏中输入公式

在编辑栏中输入公式的具体操作步骤如下：

（1）单击要在其中输入公式的单元格。

（2）在编辑栏中输入等号“=”。

（3）在等号后面输入公式内容。

（4）输入后按“Enter”键。

提示：如果输入有错或需要重新输入，可在按“Enter”键之前单击编辑栏左边的“取消”按钮✕，如果已经按了“Enter”键，则先选中单元格，再按“Delete”键，然后输入新的公式。

3. 在单元格区域输入相同公式

在单元格区域输入相同公式的具体操作步骤如下：

（1）拖动鼠标选定要输入相同公式的单元格区域。

（2）在第一个单元格中输入公式。

（3）按住快捷键“Ctrl+Enter”，即可在单元格区域中输入相同的公式。

提示：输入公式的另一种方法是通过使用填充柄将公式复制到单元格区域。

二、在公式中使用函数

函数是一个预先定义好的内置公式，Excel提供了大量的内部函数，充分利用这些函数可以轻松地完成复杂的运算，如SUM函数是进行加法运算、AVERAGE函数是进行平均值运算、MAX函数是进行最大值运算等。

在公式中使用函数的具体操作步骤如下：

（1）单击需要输入公式的单元格。

（2）在该单元格中输入等号“=”。

（3）在编辑栏中单击“插入函数”按钮fx，弹出如图5.4.1所示的插入函数对话框。

（4）在“或选择类别”下拉列表中选择函数类别，例如选择“常用函数”选项。

（5）在“选择函数”列表框中选择一种函数名，例如选择“SUM”函数。

（6）单击确定按钮，弹出如图5.4.2所示的函数参数对话框。

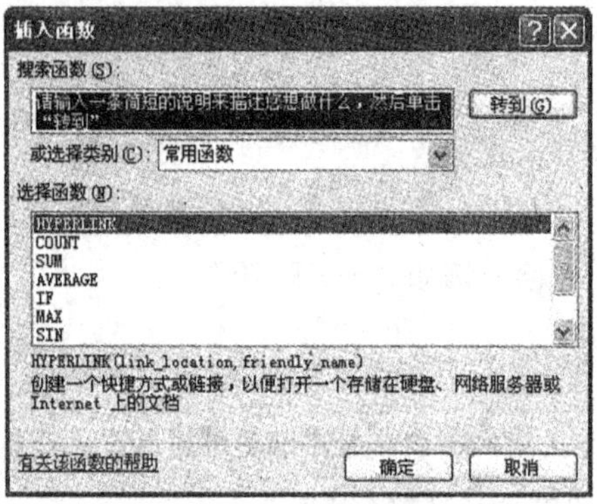

图5.4.1　“插入函数”对话框

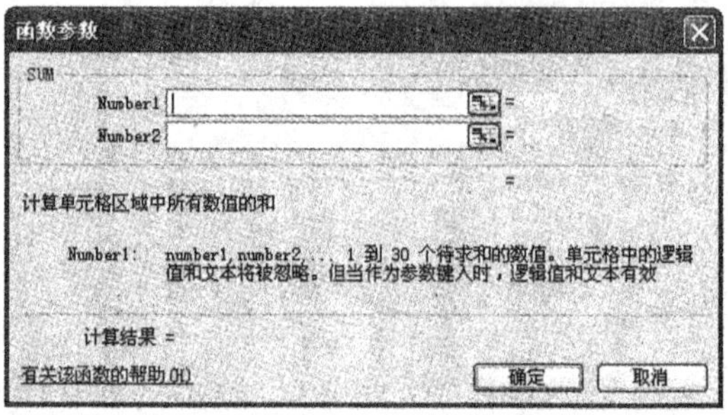

图5.4.2　“函数参数”对话框

（7）在“SUM”选区中设置参数，例如在“Number1”文本框中输入“G3:G9”，单击确定按钮，效果如图5.4.3所示。

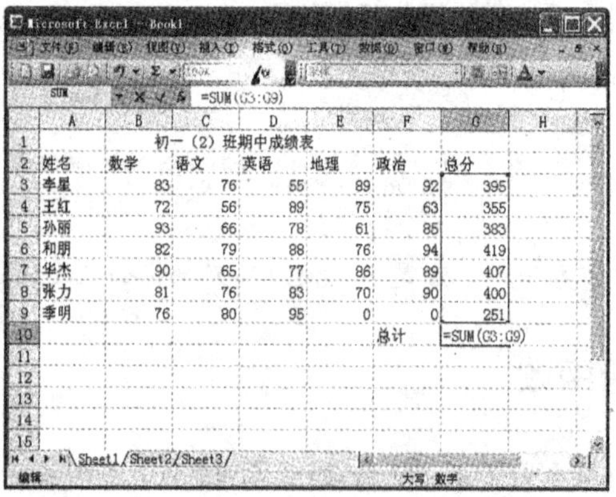

图5.4.3　在公式中使用函数

提示：利用工具栏中的“自动求和”按钮Σ，也可以实现SUM函数的功能。

第五节　数据的排序和筛选

数据的排序和筛选是数据库管理过程中的常用操作，在工作表中对数据进行排序和筛选，可以更快地从复杂的数据中找到有用的信息。

一、数据的排序

数据排序是指按一定规则对数据进行整理、排列，为数据的进一步处理做好准备。

1．简单排序

简单排序是将自己输入的数据按照一定的条件进行排序，例如按升序排序数据、按降序排序数据、按大小排序数据、按字母的先后顺序排序数据等。

简单排序有两种方法：使用菜单命令和使用工具栏中的命令按钮。

（1）使用菜单命令排序。使用菜单命令排序的具体操作步骤如下：

1）选定要进行排序的单元格或单元格区域，例如在成绩表的“总分”中选择“G3:G16”。

2）选择 数据(D) → 排序(S)... 命令，弹出如图5.5.1所示的 排序警告 对话框。

3）在 排序警告 对话框中选中所需的单选按钮，例如选中 以当前选定区域排序(C) 单选按钮。

4）单击 排序(S)... 按钮，弹出如图5.5.2所示的 排序 对话框。

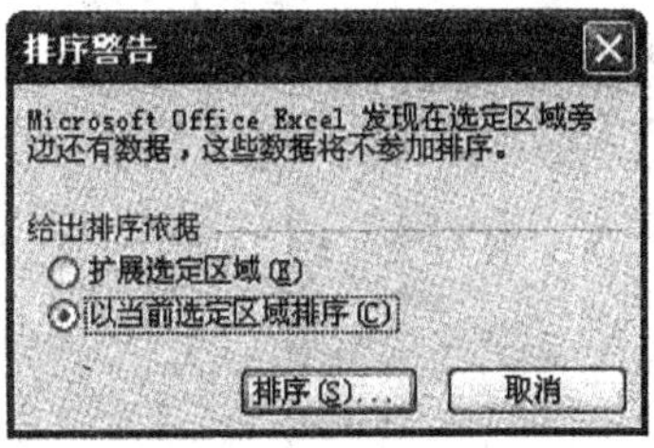

图 5.5.1　“排序警告”对话框

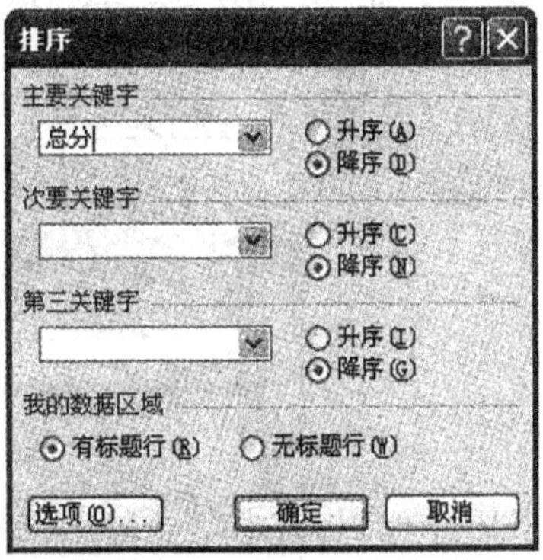

图 5.5.2　“排序”对话框

5）在 排序 对话框的“主要关键字”选区中选择所需选项，并选择排列的顺序，例如选择“主要关键字”为“总分”，且选中 降序(G) 单选按钮。

6）在“我的数据区域”选中进行有无标题行的选择，例如选中 有标题行(R) 单选按钮，表示数据清单中含有列标志。

7）单击 确定 按钮，效果如图5.5.3所示。

提示：如果Excel程序发现在所选取的范围以外还有其他的数据，它会自动给予提示，要求确定排序范围，如图5.5.1所示。如果要进行全部范围内的数据排序，可选中 扩展选定区域(E) 单选按钮。

（2）使用命令按钮排序。使用命令按钮排序是最简单的方法，具体操作步骤如下：

1）选定要进行排序的单元格或单元格区域。

2）直接单击工具栏上的“升序”按钮 或“降序”按钮 即可。

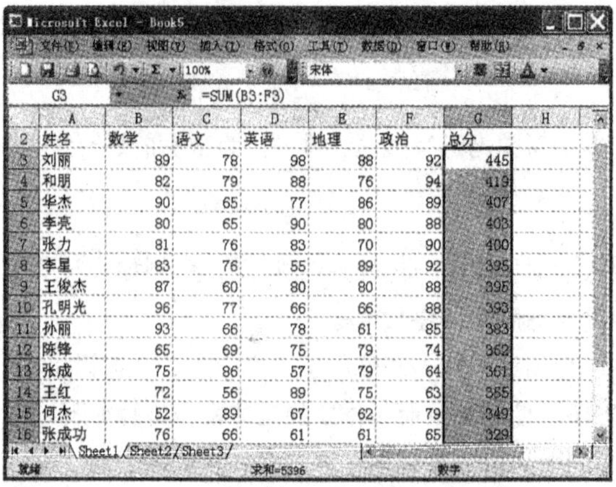

图5.5.3　数据的简单排序

2．创建自定义排序

在Excel中用户还可以创建自定义排序。

创建自定义排序的具体操作步骤如下：

（1）选择 工具(T) → 选项(O)... 命令，弹出 选项 对话框。

（2）在 选项 对话框中单击 自定义序列 标签，打开 自定义序列 选项卡，如图5.5.4所示。

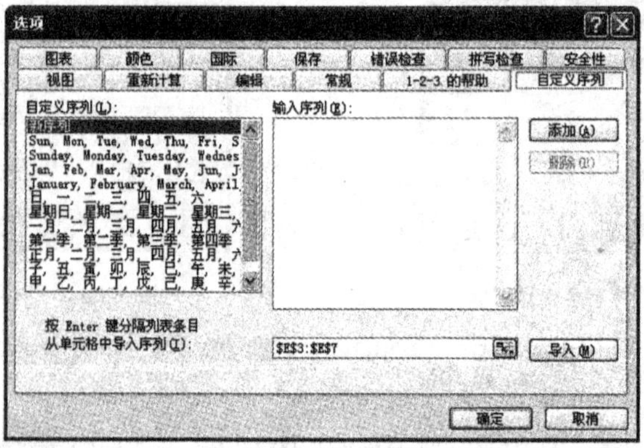

图 5.5.4　“自定义序列”选项卡

（3）在“自定义序列”下拉列表中选择“新序列”选项。

（4）在“输入序列”文本框中输入所要创建的排序顺序，在各项之间按“Enter”键分开。

（5）单击 添加(A) 按钮，将序列添加到“自定义序列”下拉列表中。

提示：用户也可直接使用已经定义好的排序，在如图5.5.2所示的 排序 对话框中单击 选项(O)... 按钮，弹出 排序选项 对话框，在“自定义排序次序”下拉列表中选择所需的排序次序。

二、自动筛选

自动筛选为用户提供了在具有大量记录的数据清单中快速查找符合某种条件记录的功能。使用它能够快速地处理大型清单，经筛选后得到的数据，可隐藏起来或显示在工作表中。

使用自动筛选的具体操作步骤如下：

（1）选定要进行自动筛选的单元格区域，例如在成绩表中选择“数学”、“语文”、“英语”、“地理”和“政治”。

（2）选择 数据(D) → 筛选(F) → 自动筛选(F) 命令，选定的数据清单列标题全部变成下拉列表。单击“数学”下拉列表，如图5.5.5所示。

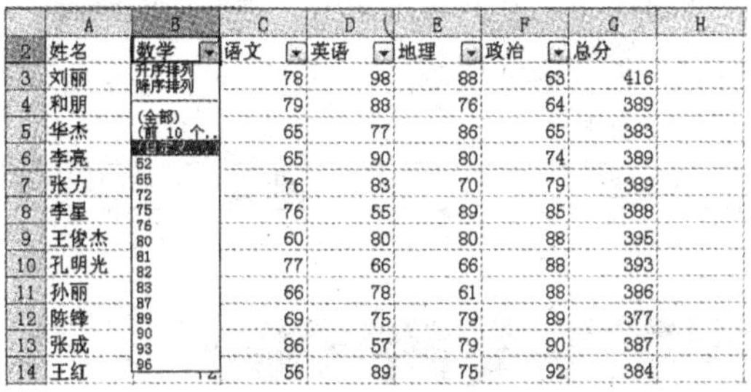

图 5.5.5　使用“自动筛选”命令的列标题

（3）在“数学”下拉列表中选择“自定义”选项，弹出如图5.5.6所示的 自定义自动筛选方式 对话框。

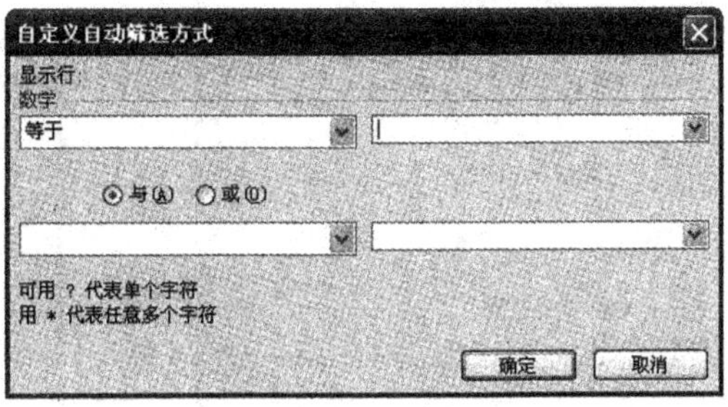

图 5.5.6　“自定义自动筛选方式”对话框

（4）在“数学”下拉列表中选择一种选项，并在其后的下拉列表中输入满足一定条件的数据，例如选择“大于”，且输入数据为“80”。

（5）单击 确定 按钮，筛选结果如图5.5.7所示。

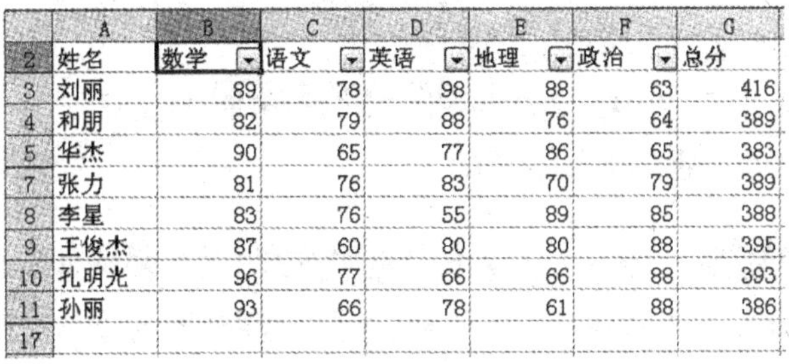

	A	B	C	D	E	F	G
2	姓名	数学	语文	英语	地理	政治	总分
3	刘丽	89	78	98	88	63	416
4	和朋	82	79	88	76	64	389
5	华杰	90	65	77	86	65	383
7	张力	81	76	83	70	79	389
8	李星	83	76	55	89	85	388
9	王俊杰	87	60	80	80	88	395
10	孔明光	96	77	66	66	88	393
11	孙丽	93	66	78	61	88	386
17							

图 5.5.7　筛选结果

提示：用户可以对筛选出的数据清单再用相同的方法进行筛选。因为筛选是需要一定条件的，所以Excel对不符合条件的数据是以整行来隐藏的。

三、高级筛选

虽然自动筛选为用户提供了方便快捷的筛选方法，但它仍有一定的局限性，它对一列数据最多只能应用两个筛选条件，如果要实现3个或更多复杂的筛选条件，就要用到高级筛选。

使用高级筛选功能，必须首先建立一个条件区域，用来指定筛选数据所满足的条件。高级筛选条件包括一列中的多个条件、多列中的多个条件以及作为公式结果生成的条件。

使用高级筛选的具体操作步骤如下：

（1）在工作表数据不相邻的单元格输入筛选条件。例如在成绩表中输入“数学”、“＞80”、“语文”、“＞80”、“英语”、“＞80”，如图5.5.8所示。

（2）单击数据清单的任意单元格。

（3）选择 数据(D) → 筛选(F) → 高级筛选(A)... 命令，弹出如图5.5.9所示的 高级筛选 对话框。

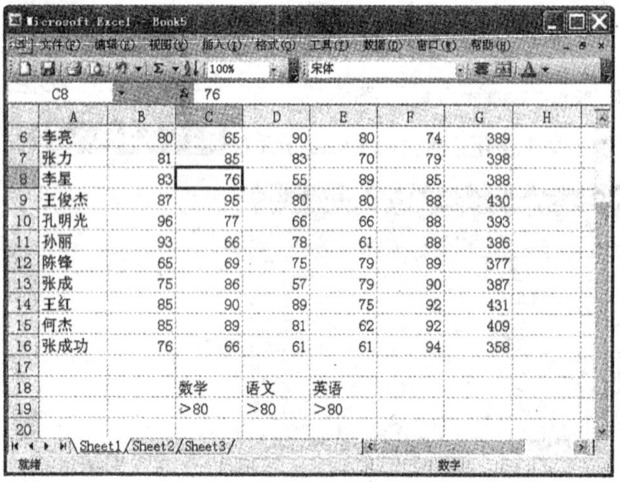

图 5.5.8　输入条件的工作表

图 5.5.9　“高级筛选”对话框

（4）在“方式”选区中选择筛选结果显示的位置，例如选中 在原有区域显示筛选结果(F) 单选按钮，表示筛选结果显示在原数据清单位置。

（5）在“列表区域”文本框输入要筛选的数据区域。

（6）在“条件区域”文本框输入筛选条件的区域。

（7）如果要筛选掉重复的记录，选中 选择不重复的记录(R) 复选框。

（8）单击 确定 按钮，完成高级筛选。

提示：在 高级筛选 对话框中如果选中 将筛选结果复制到其他位置(O) 单选按钮，表示筛选后的结果将显示在另外的区域，与原工作表并存，但需要在“复制到”文本框中指定区域。

第六节　数据汇总

数据汇总又称分类汇总，是对数据库中指定的字段进行分类，然后统计同一类记录的有关信息数据，也是对数据清单进行统计和分析的一种方法。

在插入分类汇总之前，必须确保数据库的格式，即第一行的每一列都有字段标识，并且同一列中应包含相似的数据，在数据库中没有空行或空列。

插入分类汇总的具体操作步骤如下：

（1）单击数据清单中的任意单元格，如图5.6.1所示。

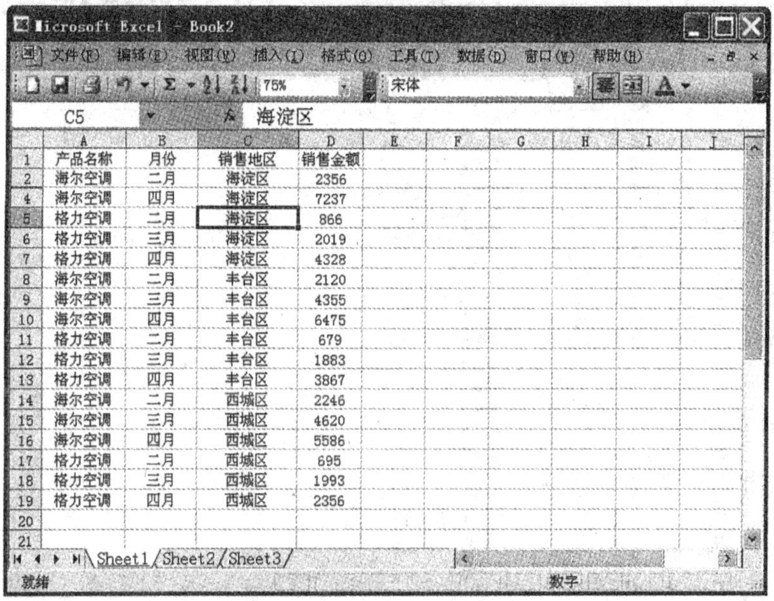

图5.6.1　插入分类汇总前的工作表

（2）选择 数据(D) → 分类汇总(B)... 命令，弹出如图5.6.2所示的 分类汇总 对话框。

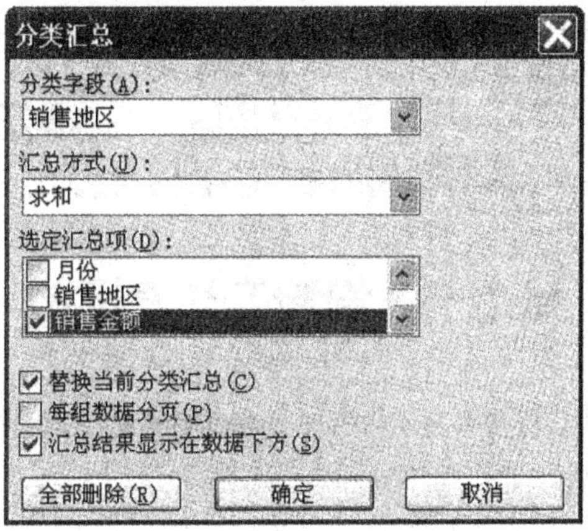

图 5.6.2　“分类汇总”对话框

（3）在“分类字段”下拉列表中选择用来分类汇总的数据列，例如选择“销售地区”选项。

（4）在“汇总方式”下拉列表中选择用于计算分类汇总的函数，例如选择“求和”函数。

（5）在“选定汇总项”列表中选择相应的复选框，例如选择“销售金额”选项。

（6）分别选中 ☑替换当前分类汇总(C) 和 ☑汇总结果显示在数据下方(S) 复选框。

（7）单击 确定 按钮，数据的汇总结果如图5.6.3所示。

提示：如果希望每个分类汇总后有一个自动分页符，可在 分类汇总 对话框中选中 ☑每组数据分页(P) 复选框；如果希望分类汇总结果出现在分类汇总的上方，可取消选中 □汇总结果显示在数据下方(S) 复选框；如果希望再次使用 分类汇总(B)... 命令来添加多个具有不同汇总函数的分类汇总，可取消选中 □替换当前分类汇总(C) 复选框来防止覆盖已存在的分类汇总。

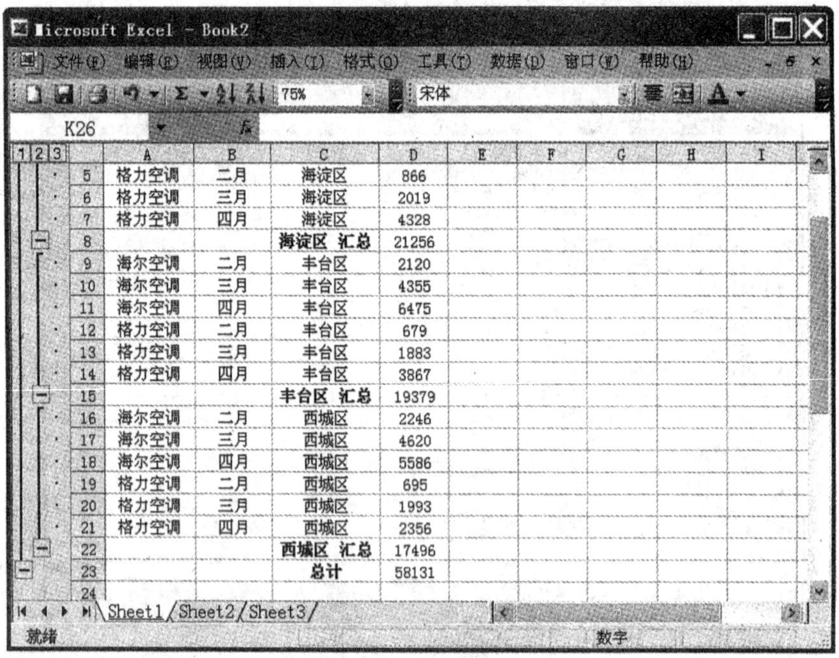

	A	B	C	D
5	格力空调	二月	海淀区	866
6	格力空调	三月	海淀区	2019
7	格力空调	四月	海淀区	4328
8			海淀区 汇总	21256
9	海尔空调	二月	丰台区	2120
10	海尔空调	三月	丰台区	4355
11	海尔空调	四月	丰台区	6475
12	格力空调	二月	丰台区	679
13	格力空调	三月	丰台区	1883
14	格力空调	四月	丰台区	3867
15			丰台区 汇总	19379
16	海尔空调	二月	西城区	2246
17	海尔空调	三月	西城区	4620
18	海尔空调	四月	西城区	5586
19	格力空调	二月	西城区	695
20	格力空调	三月	西城区	1993
21	格力空调	四月	西城区	2356
22			西城区 汇总	17496
23			总计	58131

图5.6.3　汇总结果

如果用户不再需要对数据库中的数据进行分类汇总，可删除分类汇总，具体操作步骤如下：

（1）单击数据清单中的任意单元格。

（2）选择 数据(D) → 分类汇总(B)... 命令，弹出 分类汇总 对话框。

（3）在 分类汇总 对话框中单击 全部删除(R) 按钮，将删除分类汇总。

第七节　设置工作表格式

在工作表中输入完数据后，还需要对工作表进行格式化设置，如表格的宽度、高度、网格线和底纹图案等，使其更清晰、美观。

一、自动套用格式

对于一些比较特殊的格式，如会计统计格式、三维效果格式等，不可能逐个设置单元格格式，因此Excel 2003提供了自动套用格式，用户可以很轻松地设置工作表格式。

使用自动套用格式的具体操作步骤如下：

（1）选定要添加自动套用格式的单元格区域。

（2）选择 格式(O) → 自动套用格式(A)... 命令，弹出如图5.7.1所示的 自动套用格式 对话框。

（3）在 自动套用格式 对话框中单击所需的格式。

（4）单击 确定 按钮，效果如图5.7.2所示。

提示：如果用户要做进一步的设置，可在 自动套用格式 对话框中单击 选项(O)... 按钮，在其底部打开“要应用的格式”选区，其中包括了 ☑数字(N)、☑字体(F)、☑对齐(A)、☑边框(B)、☑图案(P)

和☑列宽/行高(W)复选框，用户可从中选择自动套用格式时要应用的格式。

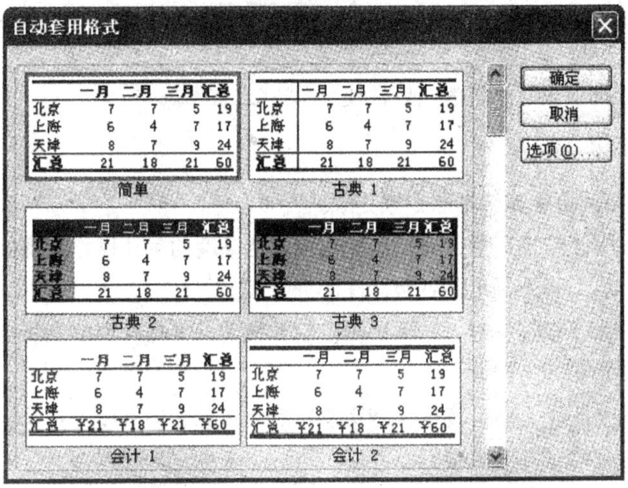

图 5.7.1 “自动套用格式”对话框

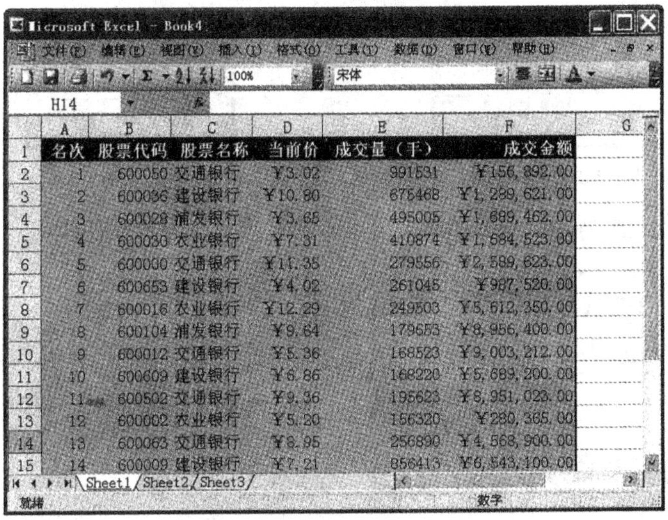

图 5.7.2 使用“自动套用格式”的工作表

二、设置表格的宽度和高度

新建工作簿时，Excel为工作表中的每个单元格设置了默认的高度和宽度，这个高度和宽度一般很难满足用户输入数据的需要，因此要重新设置表格的宽度和高度。

1. 设置表格的宽度

设置表格的宽度可用鼠标和菜单命令来完成。

（1）使用鼠标设置表格的宽度。使用鼠标设置表格宽度的具体操作步骤如下：

1）将鼠标移动到要设置宽度的列号之间的分隔线上。

2）当鼠标变成左右双向箭头时，按下鼠标左键并拖动，将表格宽度调整到所需的大小。

3）调整好后释放鼠标左键。

（2）使用菜单命令设置表格宽度。使用菜单命令设置表格宽度的具体操作步骤如下：

1）单击要改变宽度的单元格或列。

2）选择格式(O)→列(C)→列宽(W)...命令，弹出如图5.7.3所示的列宽对话框。

3）在列宽对话框中设置列宽的精确数值，单击确定按钮。

2．设置表格的高度

设置表格的高度可用鼠标和菜单命令来完成。

（1）使用鼠标设置表格的高度。使用鼠标设置表格高度的具体操作步骤如下：

1）将鼠标移动到要设置高度的行号之间的分隔线上。

2）当鼠标变成上下双箭头时，按下鼠标左键并拖动，将高度调整到所需的大小。

3）调整好后释放鼠标左键。

（2）使用菜单命令设置表格的高度。使用菜单命令设置表格高度的具体操作步骤如下：

1）单击要改变高度的单元格或行。

2）选择格式(O)→行(R)→行高(E)...命令，弹出如图5.7.4所示的行高对话框。

图 5.7.3　“列宽”对话框

图 5.7.4　“行高”对话框

3）在行高对话框中设置行高的精确数值，单击确定按钮即可。

提示：除了用鼠标和菜单命令设置表格的宽度和高度外，系统还可以自动设置表格的宽度和高度。可选择格式(O)→列(C)→最适合的列宽(A)命令，或者选择格式(O)→行(R)→最适合的行高(A)命令，系统将自动调整到最佳列宽和行高。

三、设置边框和底纹图案

设置边框和底纹图案，可以突出工作表的内容，也可以使工作表更加美观和易阅读。

1．设置边框

工作表中显示的网格线是为了输入、编辑方便而设置的，默认情况下Excel不能打印出网格线，但是如果要强调工作表的一部分或某一特殊表格部分，只能通过边框来设置。

设置边框的具体操作步骤如下：

（1）选定要添加边框的单元格或单元格区域。

（2）选择格式(O)→单元格(E)...　Ctrl+1命令，在弹出的单元格格式对话框中单击边框标签，打开边框选项卡，如图5.7.5所示。

（3）在“预置”选区中单击所需的按钮，边框将应用于单元格的内外边界。

（4）在“边框”选区中单击所需的按钮，可添加或删除相应的边框，在预览框中可以看到显示结果。

（5）在“线条”选区中选择线条的样式；在“颜色”下拉列表中选择线条的颜色，单击确定按钮。

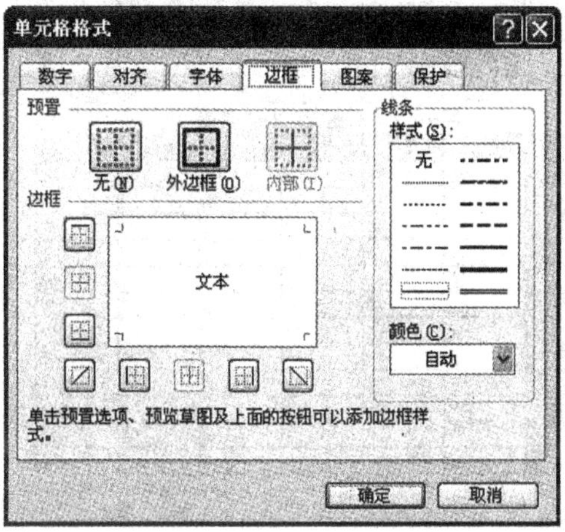

图 5.7.5　“边框”选项卡

提示：如果要删除已设置的单元格边框，可直接在“预置”选区中选择“无”选项。

2. 设置底纹图案

设置底纹图案和设置边框一样，都是为了使工作表更加漂亮、易懂。

设置底纹图案的具体操作步骤如下：

（1）选定要添加底纹图案的单元格或单元格区域。

（2）选择 格式(O) → 单元格(E)... Ctrl+1 命令，在弹出的 单元格格式 对话框中单击 图案 标签，打开 图案 选项卡，如图5.7.6所示。

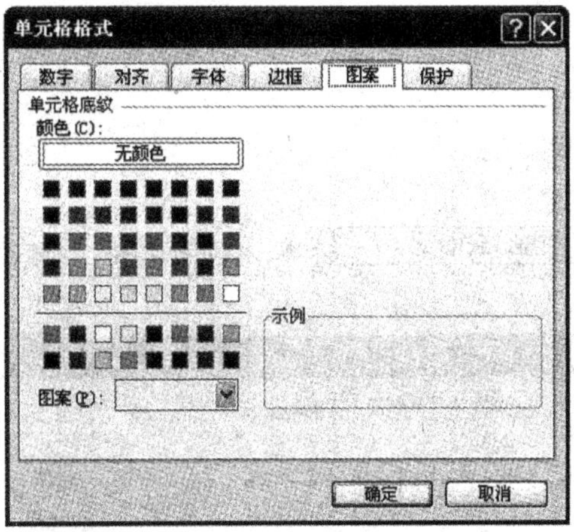

图 5.7.6　“图案”选项卡

（3）在“单元格底纹”选区中的“颜色”列表中选择所需的颜色。

（4）在“图案”下拉列表中选择所需的图案样式和颜色。

（5）单击 确定 按钮即可。

例如，为一工作表添加边框和底纹图案，效果如图5.7.7所示。

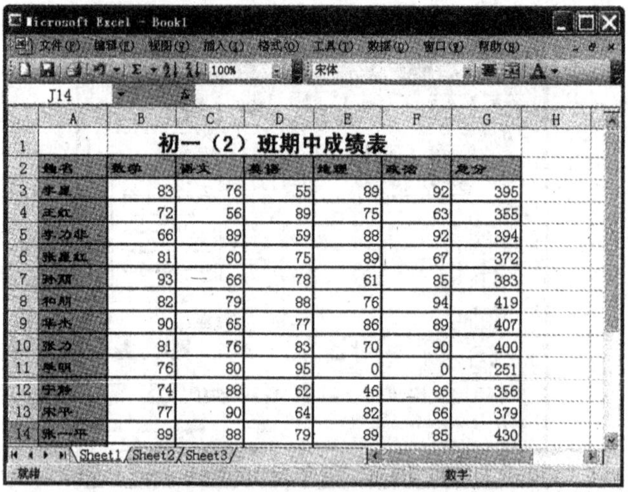

图 5.7.7　设置工作表的边框和底纹

提示：在“示例”区域中可以看到预览效果，如果用户感到不满意，可继续设置，直到满意为止。

第八节　打印工作表

在打印工作表之前，首先要设置好打印格式，对不合适的地方可以进行修改，避免浪费时间和纸张，最后在打印机上打印出来。

一、页面设置

页面设置的具体操作步骤如下：

（1）打开要打印的工作表。

（2）选择 文件(F) → 页面设置(U)... 命令，打开如图5.8.1所示的 页面设置 对话框，系统默认打开的是 页面 选项卡。

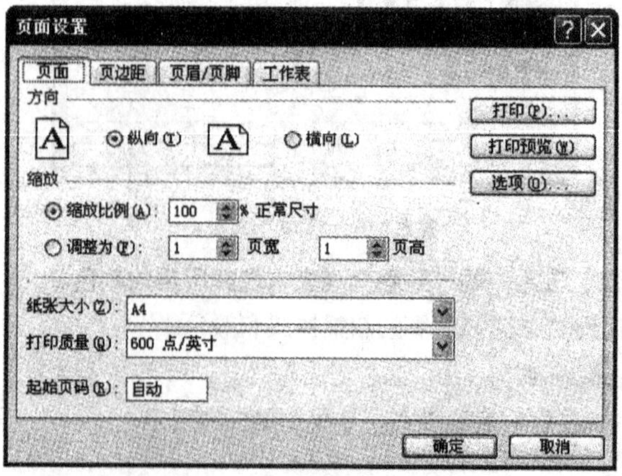

图 5.8.1　“页面设置”对话框

（3）在“方向”选区中选中◉纵向(T)单选按钮，表示打印输出的页面是垂直的。

（4）在“缩放”选区中选中◉缩放比例(A):单选按钮，并在右边的微调框中选择缩放百分比。

（5）在“纸张大小”下拉列表中选择打印纸张的大小。

（6）在“打印质量”下拉列表中选择打印分辨率。

（7）在“起始页码”文本框中输入工作表的起始页码。

（8）单击 确定 按钮，完成页面的设置。

二、设置页边距

设置页边距的具体操作步骤如下：

（1）在 页面设置 对话框中，单击 页边距 标签，打开 页边距 选项卡，如图5.8.2所示。

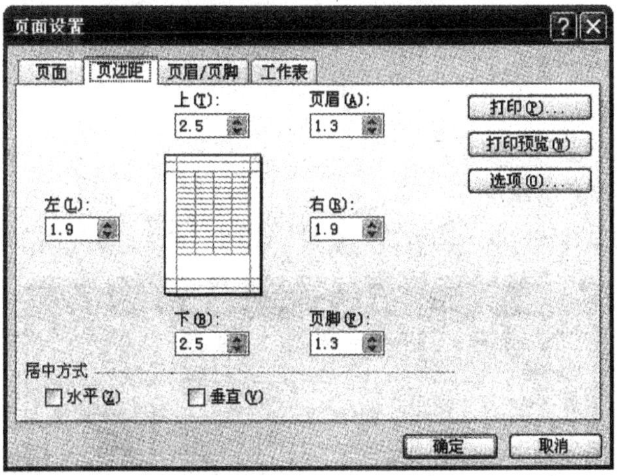

图 5.8.2　“页边距”选项卡

（2）在“上”、“下”、“左”、“右”4个下拉列表中分别选择到页边距的距离。

（3）在“页眉”和“页脚”下拉列表中分别选择到上边距和下边距的距离。

（4）在“居中方式”选区中选中所需的复选框。

（5）单击 确定 按钮，完成页边距的设置。

提示：*页眉和页脚应该在页边距内，否则会打印到表格里。*

三、设置页眉和页脚

设置页眉和页脚的具体操作步骤如下：

（1）在 页面设置 对话框中，单击 页眉/页脚 标签，打开 页眉/页脚 选项卡，如图5.8.3所示。

（2）在“页眉”下拉列表中选择某个页眉，单击 自定义页眉(C)... 按钮，在弹出的对话框中设置页眉。

（3）在“页脚”下拉列表中选择某个页脚，单击 自定义页脚(U)... 按钮，在弹出的对话框中设置页脚。

（4）单击 确定 按钮，完成页眉和页脚的设置。

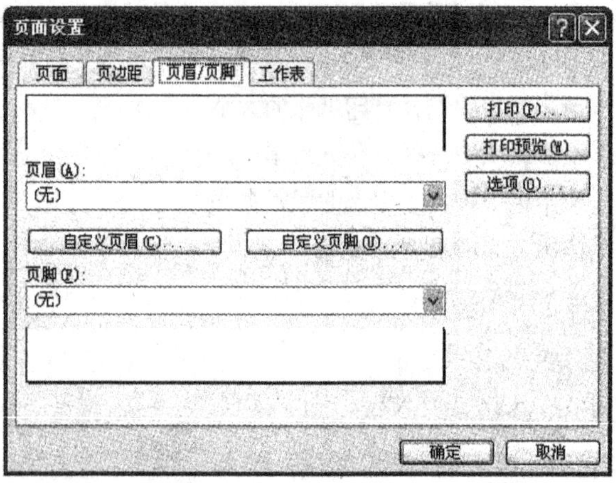

图 5.8.3　“页眉/页脚”选项卡

四、设置工作表

设置工作表的具体操作步骤如下：

（1）在 页面设置 对话框中，单击 工作表 标签，打开 工作表 选项卡，如图5.8.4所示。

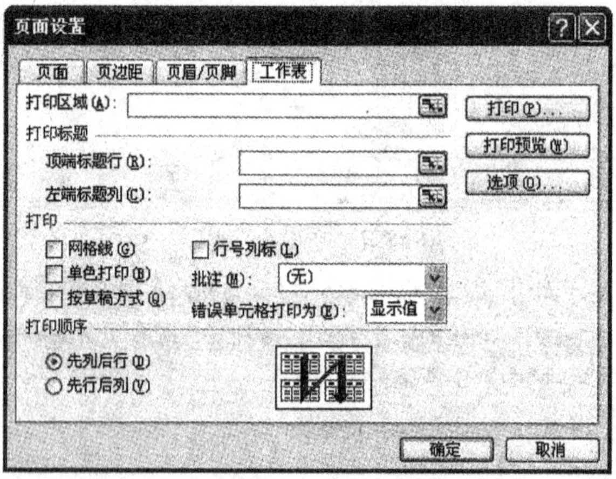

图 5.8.4　“工作表”选项卡

（2）在“打印区域”文本框中输入打印区域单元格引用和名称。

（3）在“顶端标题行”和“左端标题行”文本框中分别输入打印标题所在单元格引用和名称。

（4）在“打印”选区中分别设置所需的内容。

（5）在“打印顺序”选区中选中所需的单选按钮，以控制不同的打印顺序。

（6）单击 确定 按钮完成设置。

提示：在“打印”选区中如果选中 ☑网格线(G) 复选框，表示打印输出时增加水平和垂直网格线；选中 ☑单色打印(B) 复选框，表示打印输出时以黑白格式打印；选中 ☑按草稿方式(Q) 复选框，表示打印时不显示大部分图形和网格线；选中 ☑行号列标(L) 复选框，表示将工作表中的行号和列号打印出来。

五、打印预览

完成以上操作之后可查看打印效果，单击工具栏的“打印预览”按钮，打开如图5.8.5所示的“打印预览”窗口。在窗口的顶部有一些功能按钮，运用这些按钮可执行相应的操作。

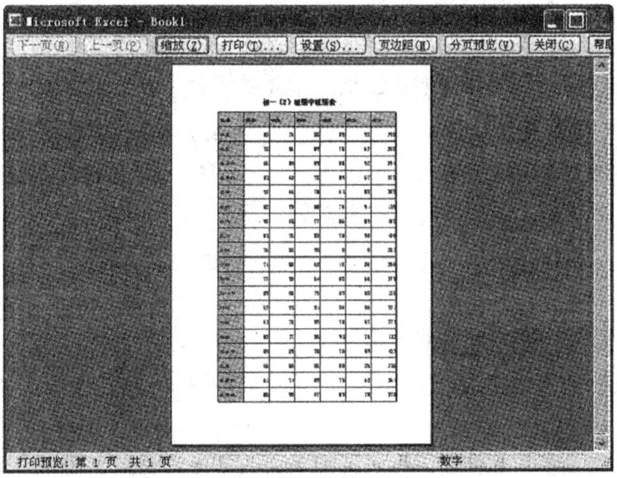

图5.8.5　“打印预览”窗口

六、打印

如果对打印效果满意，即可打印工作表。具体操作步骤如下：

（1）选择 文件(F) → 打印(P)... Ctrl+P 命令，弹出如图5.8.6所示的 打印内容 对话框。

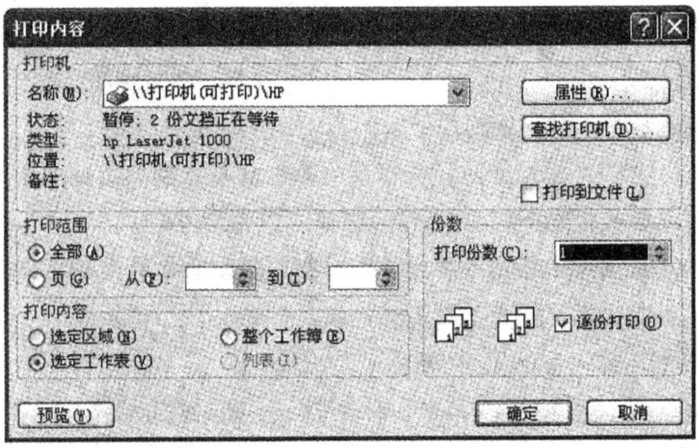

图 5.8.6　“打印内容”对话框

（2）在“打印机”选区中的“名称”下拉列表中选择一个打印机，单击 属性(R)... 按钮，对打印机的属性进行设置。

（3）在“打印范围”选区中设置要打印的范围。

（4）在“打印份数”微调框中输入打印的份数。

（5）单击 确定 按钮，即完成打印操作。

提示：如果只是打印工作表的一部分，可选择 文件(F) → 打印区域(T) ▶ →

设置打印区域(S)命令，然后选取要打印的内容。

习题五

一、选择题

1．当在公式栏中输入单元的内容发生错误，不可以使用（　）方法取消。

（A）按“Esc”键　　（B）单击“取消”按钮

（C）按“Delete”键　　（D）按“Enter”键

2．在单元格中输入文本，通常是（　）对齐的。

（A）左　　（B）右

（C）中间　　（D）随机

3．表示工作表Sheet1的B6单元格的公式为（　）。

（A）Sheet1:B6　　（B）Sheet1→B6

（C）Sheet1!B6　　（D）Sheet1+B6

4．在首次创建一个新的工作簿时，默认情况下，该工作簿包括了（　）个工作表。

（A）1　　（B）2

（C）3　　（D）4

5．在进行公式计算时，当出现####错误时，可能的原因是（　）。

（A）使用了负的日期或时间　　（B）数字被零除

（C）Excel未识别公式中的文本　　（D）使用的参数类型错误

6．在Excel中，（　）数据清单的一种管理工具。

（A）分类汇总　　（B）记录单

（C）自动筛选　　（D）高级筛选

7．下面关于分类汇总的说法错误的是（　）。

（A）对数据进行分类汇总操作时，确保要分类汇总的数据为数据清单的格式

（B）当插入自动分类汇总时，Excel将分组显示数据清单。

（C）分类汇总对数据库中指定的字段进行分类，然后统计同一类记录的有关信息

（D）如果数据不是以数据清单的形式来组织，也可使用分类汇总

8．在Excel中，算术运算符中的星号*表示（　）。

（A）加法运算　　（B）减法运算

（C）乘法运算　　（D）除法运算

9．设置起始打印面码时，需要在“页面设置”对话框中的（ ）选项卡中完成。

（A）页面　　（B）页边距

（C）工作表　　（D）打印

10．在Excel的单元格中如果需要把文本分隔为多个单独的行，则按（ ）键，在行与行之间输入回车换行符。

（A）Alt+Enter　　（B）Enter

（C）Shift+Enter　　（D）Ctrl+Enter

二、问答题

1. 中文版Excel 2003有哪些功能？
2. 如何在工作表中选定多个不相邻的单元格区域？
3. 如何在工作表中移动或复制单元格数据？
4. 如何使用鼠标在Excel工作表中调整行高和列宽？
5. 如何创建一个包含函数的公式？
6. 如何对工作表中的数据进行高级筛选操作？
7. 如何设置打印内容的份数？
8. 制作一个表格，分别进行数据排序、高级筛选和分类汇总操作。

第六章　中文 PowerPoint 2003

PowerPoint 2003 是 Microsoft 公司推出的 Office 2003 系列组件之一，是一款演示文稿制作软件，通过它可以制作出图文并茂、感染力极强的讲演稿、幻灯片和投影胶片等。本章主要介绍 PowerPoint 2003 的新增功能、启动与退出、视图方式以及幻灯片的编辑与放映等内容，可以使读者通过本章的学习，制作出自己满意的演示文稿。

本章重点

（1）中文 PowerPoint 2003 的基本操作。

（2）编辑与放映幻灯片。

第一节　中文 PowerPoint 2003 的基本操作

本节主要介绍 PowerPoint 2003 的新增功能、启动与退出、创建演示文稿和幻灯片的视图方式等内容。

一、新增功能

PowerPoint 2003 的 9 种主要新增功能为：经过更新的播放器、打包成 CD、对媒体播放的改进、新幻灯片放映导航工具、经过改进的幻灯片放映墨迹注释、新的智能标记支持、经过改进的位图导出、文档工作区和信息权限管理。

1．经过更新的播放器

经过改进的 Microsoft Office PowerPoint Viewer 可进行高保真输出，以及可支持 PowerPoint 2003 图形、动画和媒体，新的播放器无需安装。默认情况下，新的“打包成 CD”功能将演示文稿文件与播放器打包在一起，用户也可从网站下载新的播放器。此外，播放器支持查看和打印。经过更新的播放器可在 Microsoft Windows 98 或更高版本上运行。

2．打包成 CD

“打包成 CD”是 Microsoft Office PowerPoint 2003 用于有效分发演示文稿的新增功能。用于制作演示文稿 CD，以便在运行 Microsoft Windows 操作系统的计算机上查看。直接从 PowerPoint 中刻录 CD 需要 Microsoft Windows XP 或更高版本，但如果使用 Windows 2000，则可将一个或多个演示文稿打包到文件夹中，然后使用第三方 CD 刻录软件将演示文稿复制到 CD 上。

“打包成 CD”可打包演示文稿和所有支持文件，包括链接文件，并从 CD 自动运行演示文稿。在打包演示文稿时，经过更新的 Microsoft Office PowerPoint Viewer 也包含在 CD 上。因此，没有安装 PowerPoint 的计算机不需要安装播放器。“打包成 CD”允许将演示文稿打包到文件夹而不是 CD 中，以便存档或发布到网络共享位置。

3. 对媒体播放的改进

使用 Microsoft Office PowerPoint 2003 在全屏演示文稿中查看和播放影片。用鼠标右键单击影片，从弹出的快捷菜单中选择 编辑影片对象(O) 命令，在弹出的对话框中选中 ☑缩放至全屏(Z) 复选框。当安装了 Microsoft Windows Media Player 版本 8 或更高版本时，PowerPoint 2003 中对媒体播放的改进可支持其他媒体格式，包括 ASX，WMX，M3U，WVX，WAX 和 WMA。如果未显示所需的媒体编解码器，PowerPoint 2003 将通过使用 Windows Media Player 技术尝试下载它。

4. 新幻灯片放映导航工具

新的精巧而典雅的“幻灯片放映”工具栏使用户可在播放演示文稿时方便地进行幻灯片放映导航。此外，常用幻灯片放映任务也被简化。在播放演示文稿期间，“幻灯片放映”工具栏使用户可方便地使用墨迹注释工具、笔和荧光笔选项以及“幻灯片放映”菜单，但是“幻灯片工具栏”不会出现在屏幕上。

5. 经过改进的幻灯片放映墨迹注释

在播放演示文稿时使用墨迹在幻灯片上进行标记，或者使用 Microsoft Office PowerPoint 2003 中的墨迹功能审阅幻灯片。用户不仅可在播放演示文稿时保存所使用的墨迹，也可在将墨迹标记保存在演示文稿中之后打开或关闭幻灯片放映标记。墨迹功能的某些方面需要在 Tablet PC 上运行 PowerPoint 2003 才可以实现。

6. 新的智能标记支持

Microsoft Office PowerPoint 2003 已经增加常见智能标记支持。只需在菜单栏上选择 自动更正选项(A)... 命令，在弹出的对话框中单击 智能标记 标签，打开 智能标记 选项卡，便可选择在演示文稿中为文字加上智能标记。PowerPoint 2003 所包含的智能标记识别器列表中包括日期、金融符号和人名等。

7. 经过改进的位图导出

在导出时，Microsoft Office PowerPoint 2003 中的位图更大且分辨率更高。

8. 文档工作区

使用“文档工作区”可简化通过 Microsoft Office Word 2003，Microsoft Office Excel 2003，Microsoft Office PowerPoint 2003 或 Microsoft Office Visio 2003 与其他人实时地进行协同创作、编辑和审阅文档。“文档工作区”网站是以一个或多个文档为中心的 Microsoft Windows SharePoint Services 网站。用户可以方便地协同处理文档，或者直接在“文档工作区”副本上进行操作，或者在其各自的副本上进行操作，从而可定期更新已经保存到“文档工作区”网站上的副本。

通常，用户可在使用电子邮件功能将文档作为附件发送时创建“文档工作区”。这时，作为共享附件的发件人，用户便成为“文档工作区”的管理员，而所有接收人便成为该“文档工作区”的成员，并获得向该网站添加内容的权限。创建“文档工作区”的另一种方式是在 Microsoft Office 2003 中使用“共享工作区”任务窗格。

当使用 Word，Excel，PowerPoint 或 Visio 打开“文档工作区”所基于的文档的本地副本时，Office 程序会定期从“文档工作区”获得更新，以便这些更新信息对用户可用。如果对工作区副本的更改与对自己的副本所做的更改相冲突，可选择要保存的副本。当完成编辑副本时，可将更改保存到“文档工作区”中，这样其他成员便可将更改合并到他们的文档副本中。

9. 信息权限管理

现在，敏感性信息只能通过限制对存储这些信息的网络或计算机的访问来进行控制。但是，一旦用户获得访问权限，就无法限制他们对内容所进行的操作或将这些信息发送出去。这种信息分发方式很容易使敏感性信息到达那些不希望接收它的用户那里。而 Microsoft Office 2003 提供了一种名为信息权限管理（IRM）的新功能，可帮助用户防止因为意外或粗心而将敏感性信息发给不该收到它的用户。

注意：可以使用仅在 Microsoft Office Professional Edition 2003，Microsoft Office Word 2003，Microsoft Office Excel 2003 和 Microsoft Office PowerPoint 2003 中具有的“信息权限管理”来创建带限制权限的内容。

二、启动与退出 PowerPoint 2003

下面主要介绍 PowerPoint 2003 的启动与退出。

1. 启动 PowerPoint 2003

启动 PowerPoint 2003 主要有以下两种方式。

（1）在 Windows 桌面上，选择 开始 → 所有程序(P) → Microsoft Office → Microsoft Office PowerPoint 2003 命令，启动 PowerPoint 2003 应用程序，如图 6.1.1 所示。

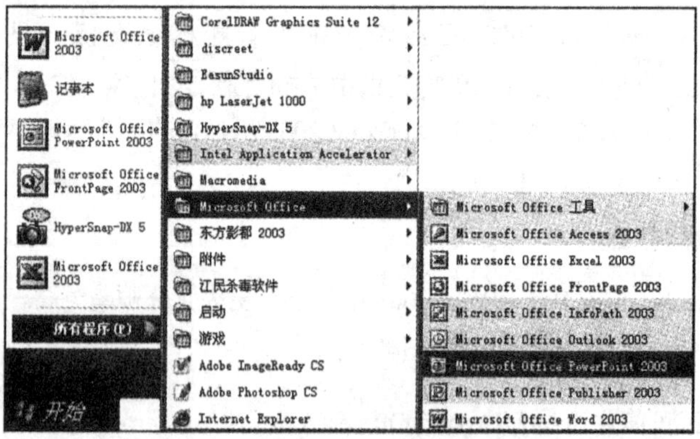

图 6.1.1 启动 PowerPoint 2003 应用程序

（2）双击桌面上的快捷图标，启动 PowerPoint 2003 应用程序。

注意：如果桌面上还没有创建快捷方式，在 Microsoft Office PowerPoint 2003 命令中单击鼠标右键，从弹出的快捷菜单中选择 发送到(N) → [illegible] 命令，即可将其发送至桌面。

2. 退出 PowerPoint 2003

退出 PowerPoint 2003 主要有以下两种方式。

（1）选择 文件(F) → 退出(X) 命令，退出 PowerPoint 2003 应用程序。

（2）单击标题栏右上角的“关闭”按钮，退出 PowerPoint 2003 应用程序。

三、创建演示文稿

创建演示文稿包括创建空演示文稿和根据设计模板创建演示文稿两种方式。

1．创建空演示文稿

（1）启动 PowerPoint 2003 应用程序。

（2）选择 文件(F) → 新建(N)... 命令，打开 新建演示文稿 任务窗格，如图 6.1.2 所示。

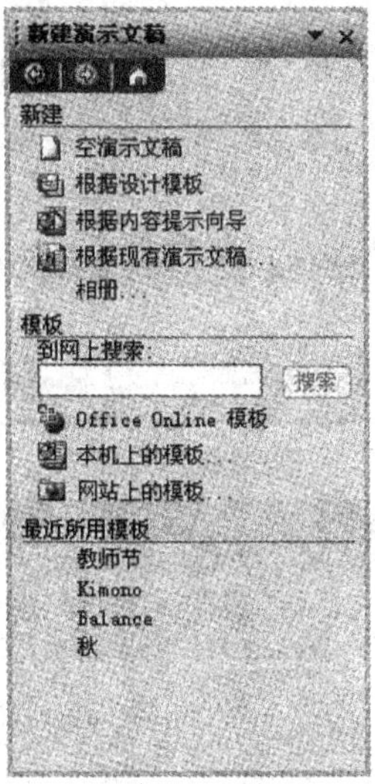

图 6.1.2　“新建演示文稿”任务窗格

（3）单击“新建”选区中的“空演示文稿”超链接，创建空演示文稿。

2．根据模板创建演示文稿

（1）在如图 6.1.2 所示的 新建演示文稿 任务窗格中，单击“根据设计模板”超链接。

（2）在“应用设计模板”列表框中选择需要的模板，单击鼠标右键，从弹出的快捷菜单中选择 应用于选定幻灯片(S) 命令即可。

四、幻灯片的视图方式

幻灯片的视图方式有以下 3 种：普通视图、幻灯片浏览视图和幻灯片放映视图。

1．普通视图

普通视图是 PowerPoint 2003 的默认视图方式，也是主要的工作模式，选择 视图(V) → 普通(N) 命令可切换到普通视图方式。如图 6.1.3 所示为一个典型的普通视图的例子。

2．幻灯片视图

幻灯片视图是以缩略图的方式列出演示文稿中的所有幻灯片，便于对幻灯片进行管理，例如添加、删除和调整幻灯片的位置等操作，选择视图(V)→幻灯片浏览(D)命令，或者单击窗格左下方的“幻灯片浏览视图”按钮，即可切换到幻灯片浏览视图方式下。如图 6.1.4 所示为一个典型的幻灯片浏览视图方式。

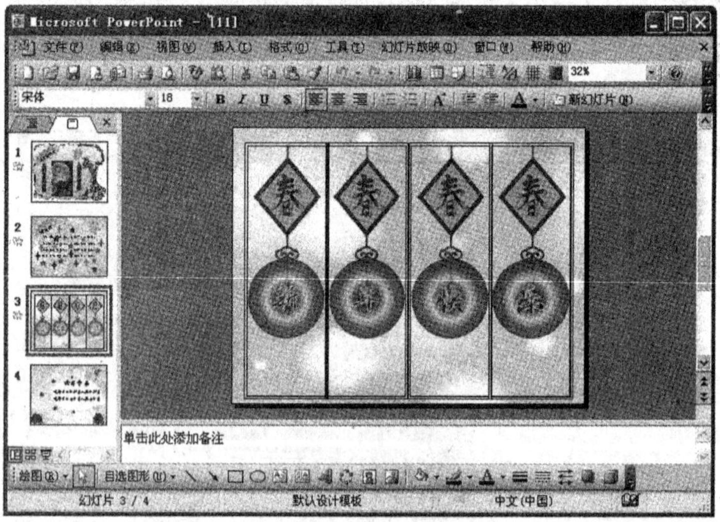

图 6.1.3　普通视图

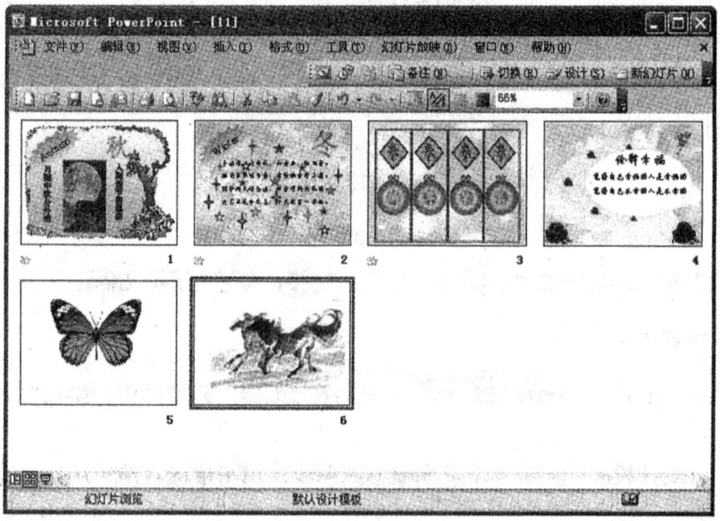

图 6.1.4　幻灯片浏览视图

3．幻灯片放映视图

幻灯片放映视图可以从当前幻灯片位置开始，依次展示幻灯片的动静效果，选择视图(V)→幻灯片放映(W)　F5命令，或者单击窗格左下方的“从当前幻灯片开始幻灯片放映”按钮，切换到幻灯片放映视图方式。

第二节　编辑与放映幻灯片

本节主要介绍如何制作与放映幻灯片，包括设置幻灯片背景效果、在幻灯片中插入图形对象、在幻灯片中插入图表、管理演示文稿、在幻灯片中插入影片、声音和放映幻灯片。

一、设置幻灯片背景效果

新建一张空幻灯片后，一般需要给它设置背景效果，然后一步步制作出自己满意的幻灯片效果，设置幻灯片背景效果包括改变背景颜色和改变填充效果两种。

1. 改变背景颜色

改变幻灯片背景颜色，其具体操作步骤如下：

（1）打开一张需要设置背景效果的幻灯片。

（2）选择 格式(O) → 背景(K)... 命令，或者在幻灯片中单击鼠标右键，从弹出的快捷菜单中选择 背景(K)... 命令，弹出 背景 对话框，在“背景填充”下拉列表中选择 其他颜色(M)... 选项，如图 6.2.1 所示。

（3）弹出 颜色 对话框，在 标准 选项卡的调色板中选择需要的背景颜色，如图 6.2.2 所示。

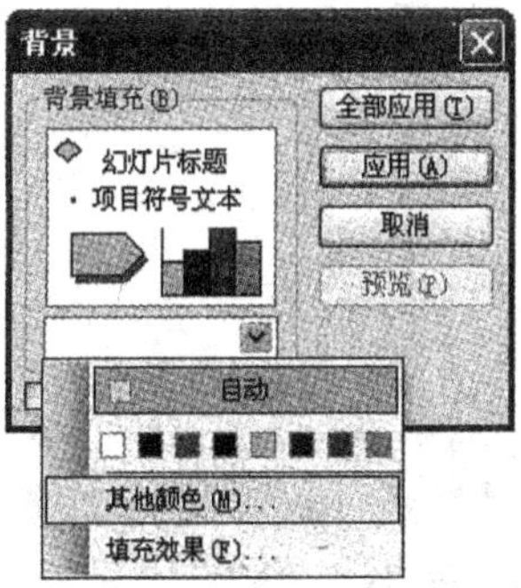

图 6.2.1 “背景”对话框

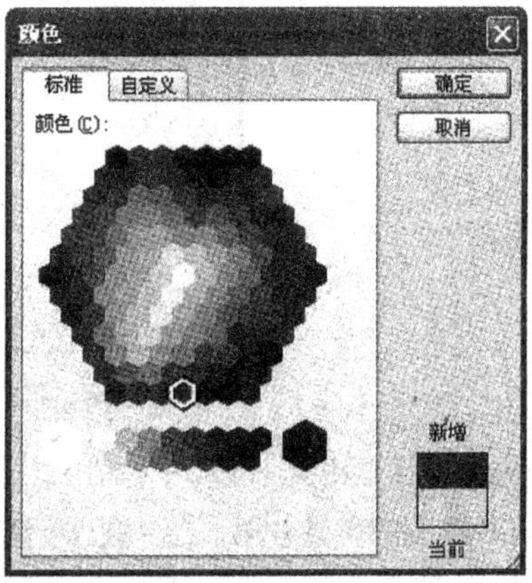

图 6.2.2 “标准”选项卡

（4）单击 自定义 标签，打开 自定义 选项卡，在颜色调色器中选择或设置需要的背景颜色，如图 6.2.3 所示。

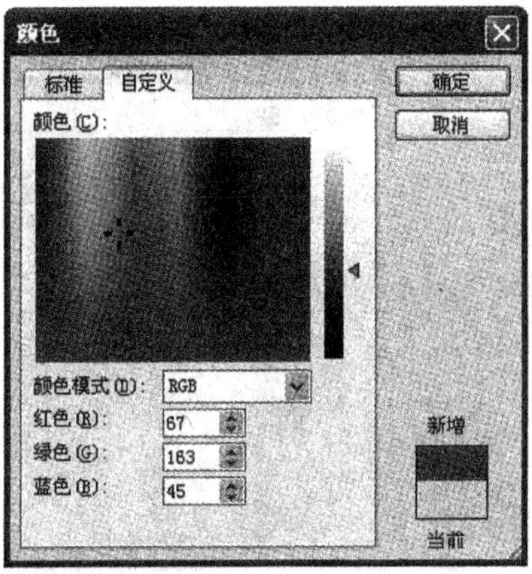

图 6.2.3 “自定义”选项卡

（5）颜色设置完成后单击 确定 按钮，返回到 背景 对话框中，在该对话框中单击 应用(A) 按钮，可以将设置的颜色应用到当前幻灯片中。如果选择 全部应用(T) 按钮，即可将设置的颜色应用到所有幻灯片中。

2. 改变填充效果

改变幻灯片填充效果，其具体操作步骤如下：

（1）打开需要改变填充效果的幻灯片。

（2）打开背景对话框，在“背景填充”下拉列表框中选择填充效果(F)...选项，弹出填充效果对话框如图 6.2.4 所示。

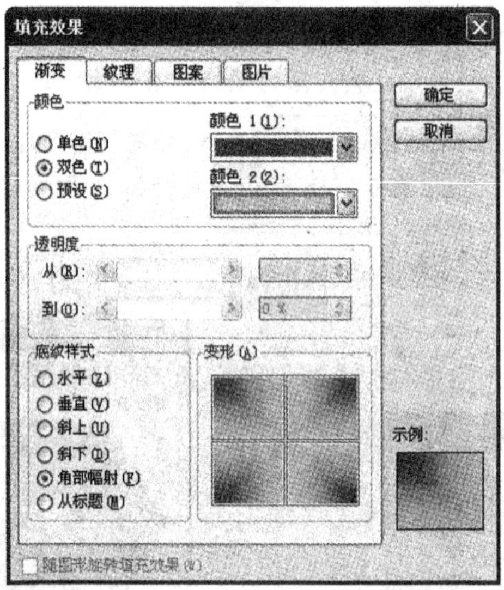

图 6.2.4　“填充效果”对话框

（3）在该对话框中有渐变、纹理、图案和图片4 个选项卡，打开渐变选项卡，可以设置幻灯片渐变的背景效果，在“颜色”选区中可以选中单色(N)、双色(T)和预设(S)单选按钮，设置背景颜色；在“底纹样式”选区中可以选中水平(Z)、垂直(V)、斜上(U)和角部幅射(F)等单选按钮，设置背景的渐变方向。

（4）单击纹理标签，打开纹理选项卡，在“纹理”列表框中选择需要的背景纹理，如图 6.2.5 所示。

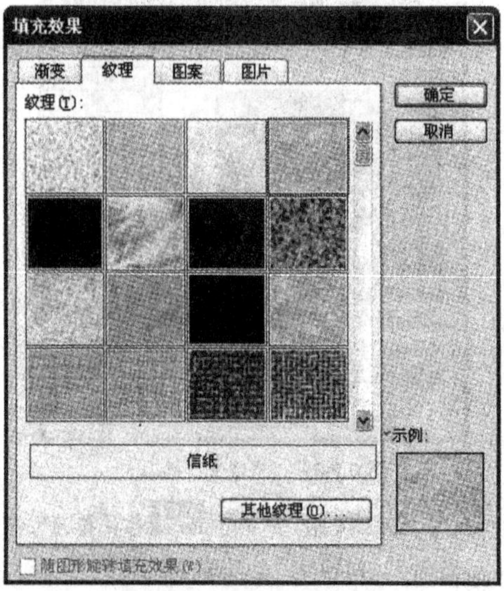

图 6.2.5　“纹理”选项卡

（5）单击 图案 标签，打开 图片 选项卡，如图 6.2.6 所示。单击 选择图片(L)... 按钮，将弹出 选择图片 对话框，可以在“查找范围”下拉列表中选择需要的图片，如图 6.2.7 所示。

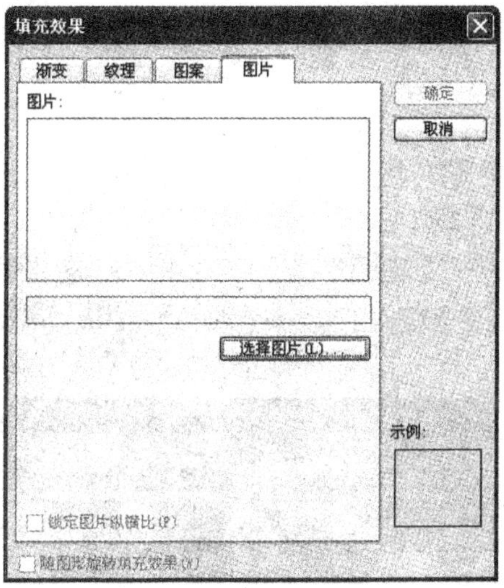

图 6.2.6　“图片”选项卡

图 6.2.7　“选择图片”对话框

（6）单击 插入(S) 按钮，返回到 填充效果 对话框中，再单击 确定 按钮，最后返回到 背景 对话框中，单击 应用(A) 或 全部应用(T) 按钮，将选择的图片应用于幻灯片。

（7）在幻灯片中插入背景图片后的效果如图 6.2.8 所示。

图 6.2.8　应用背景图片

二、在幻灯片中插入图形对象

在幻灯片中插入图形对象，包括插入剪贴画、图片、艺术字、自绘图形以及文本框。

1. 插入剪贴画

插入剪贴画，其具体操作步骤如下：

（1）打开需要插入剪贴画的幻灯片。

（2）选择 插入(I) → 图片(P) → 剪贴画(C)... 命令，打开 剪贴画 任务窗格，在该任务窗格中单击 管理剪辑... 超链接，打开如图 6.2.9 所示的窗口。

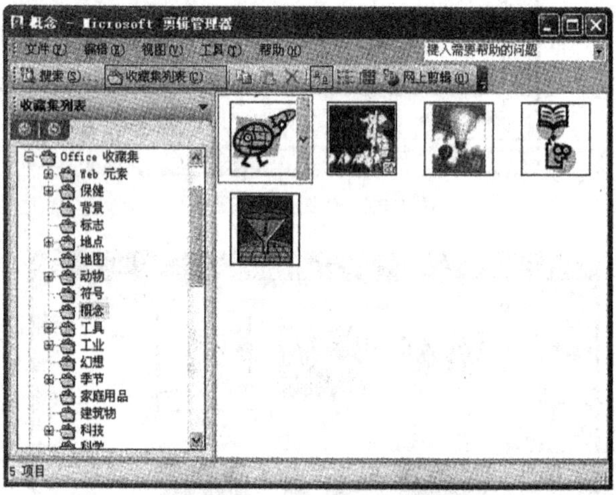

图 6.2.9 “剪辑管理器”窗口

（3）打开“Office 收藏集”文件夹，找到需要插入的剪贴画，单击鼠标右键，从弹出的快捷菜单中选择 复制(C) 命令，最小化该对话框，回到幻灯片中，单击鼠标右键，从弹出的快捷菜单中选择 粘贴(P) 命令，即可在幻灯片中插入剪贴画。

2. 插入图片

插入图片，其具体操作步骤如下：

（1）打开需要插入图片的幻灯片。

（2）选择 插入(I) → 图片(P) → 来自文件(F)... 命令，弹出 插入图片 对话框，在“查找范围”下拉列表中选择需要插入的图片。

（3）单击 插入(S) 按钮，在幻灯片中插入来自文件的图片。

3. 插入艺术字

插入艺术字，其具体操作步骤如下：

（1）打开需要插入艺术字的幻灯片。

（2）选择 插入(I) → 图片(P) → 艺术字(W)... 命令，弹出 艺术字库 对话框。在“请选择一种‘艺术字’样式”列表框中选择一种艺术字样式，如图 6.2.10 所示。

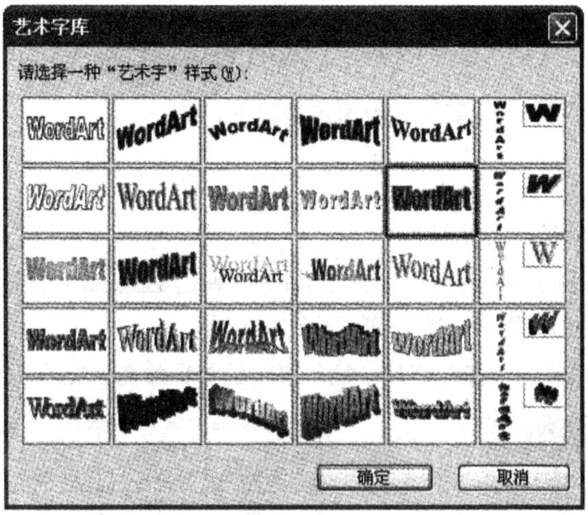

图 6.2.10　"艺术字库"对话框

（3）单击 确定 按钮，弹出 编辑"艺术字"文字 对话框，在"文字"文本框中输入要插入的艺术字，单击 确定 按钮即可。

4．插入自绘图形

插入自绘图形，其具体操作步骤如下：

（1）选择需要插入自绘图形的幻灯片。

（2）选择 视图(V) → 工具栏(T) → 绘图 命令，打开"绘图"工具栏。

（3）在"绘图"工具栏中单击 自选图形(U) 按钮，在弹出的下拉菜单中选择自选图形的类型，在其子菜单中选择需要绘制的图形，如图 6.2.11 所示。

（4）将鼠标移动到幻灯片中，当鼠标变成"十"字形状时，拖动鼠标即可绘制自绘图形，如图 6.2.12 所示。

5．插入文本框

插入文本框，其具体操作步骤如下：

（1）选择需要插入文本框的幻灯片。

（2）在"绘图"工具栏中单击"文本框"按钮，将鼠标移动到幻灯片中并拖动鼠标，插入文本框。

（3）最后在插入的文本框中输入文本，如图 6.2.13 所示。

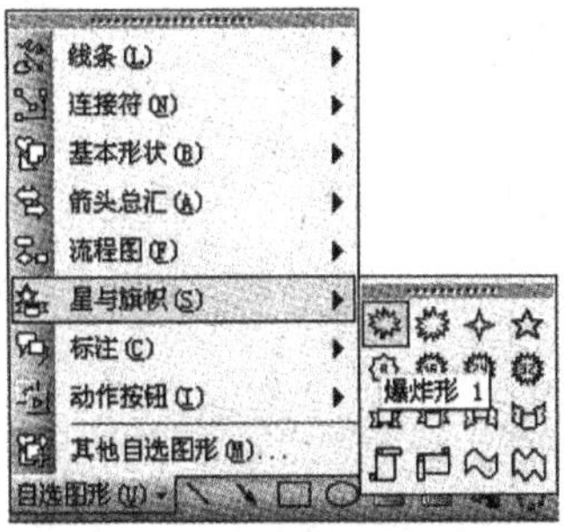

图 6.2.11　自绘图形子菜单

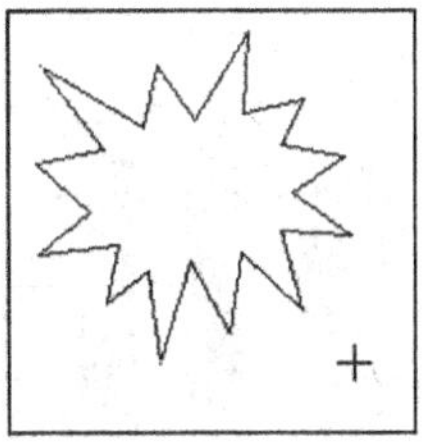

图 6.2.12　绘制自选图形

图 6.2.13　插入文本框并输入文字

三、在幻灯片中插入表格和图表

在幻灯片中插入表格和图表，其具体操作步骤如下。

1. 插入表格

（1）打开需要插入表格的幻灯片。

（2）选择[插入(I)]→[表格(B)...]命令，弹出[插入表格]对话框。在“列数”和“行数”微调框中输入要插入表格的列数和行数，如图 6.2.14 所示。

（3）单击[确定]按钮，在幻灯片中插入表格的效果如图 6.2.15 所示。

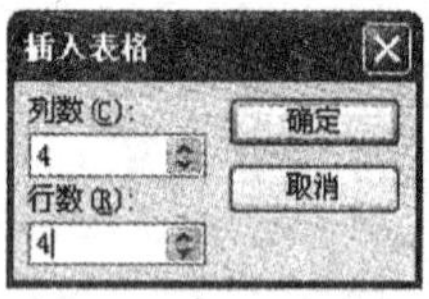

图 6.2.14　“插入表格”对话框

姓名	语文	数学	英语
王佳	80	85	70
刘杰	74	95	84
张强	60	85	95

图 6.2.15　插入表格

2. 插入图表

（1）打开需要插入图表的幻灯片。

（2）单击“常用”工具栏中的“插入图表”按钮，在幻灯片中插入图表后的效果如图 6.2.16 所示。

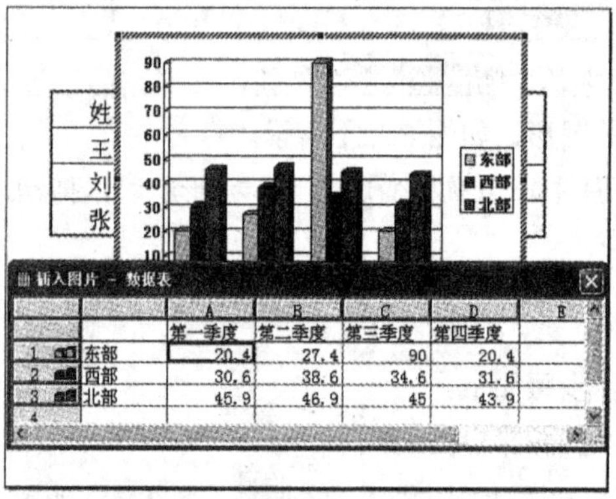

图 6.2.16　插入图表

（3）在[插入图片 - 数据表]表格中输入如图 6.2.15 所示的内容，创建的图表如图 6.2.17 所示。

姓名	语文	数学	英语
王佳	80	85	70
刘杰	74	95	84
张强	60	85	95

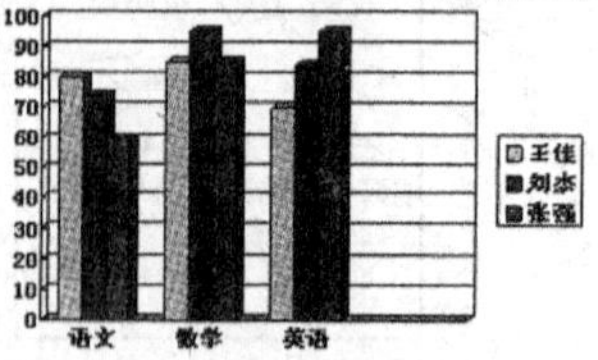

图 6.2.17　创建图表

四、管理幻灯片

管理幻灯片包括插入、删除、复制和移动幻灯片。

1. 插入幻灯片

如果要在一张幻灯片后插入另一张幻灯片，选中该幻灯片，选择 插入(I) → 新幻灯片(N) Ctrl+M 命令，即可插入新的幻灯片。

2. 删除幻灯片

选中一张或多张幻灯片，然后选择 编辑(E) → 删除幻灯片(D) 命令，或者按“Delete”键，即可删除幻灯片。

3. 复制幻灯片

选择要复制的幻灯片，然后选择 编辑(E) → 复制(C) Ctrl+C 命令，选择要插入幻灯片的位置，选择 编辑(E) → 粘贴(P) Ctrl+V 命令即可。

4. 移动幻灯片

在“幻灯片浏览视图”方式中，首先选中要移动的幻灯片并拖动鼠标，将幻灯片拖动至需要的位置释放鼠标。

五、在幻灯片中插入影片和声音

在幻灯片中插入影片包括插入剪辑管理器中的影片和来自文件的影片；插入声音包括插入剪辑管理器中的声音、来自文件的声音、播放 CD 乐曲和录制声音，下面主要介绍在幻灯片中插入来自文件的影片和来自文件的声音。

1. 在幻灯片中插入影片

（1）选择 插入(I) → 影片和声音(V) → 文件中的影片(F)... 命令，在弹出的 插入影片 对话框中选择要插入的影片，如图 6.2.18 所示。

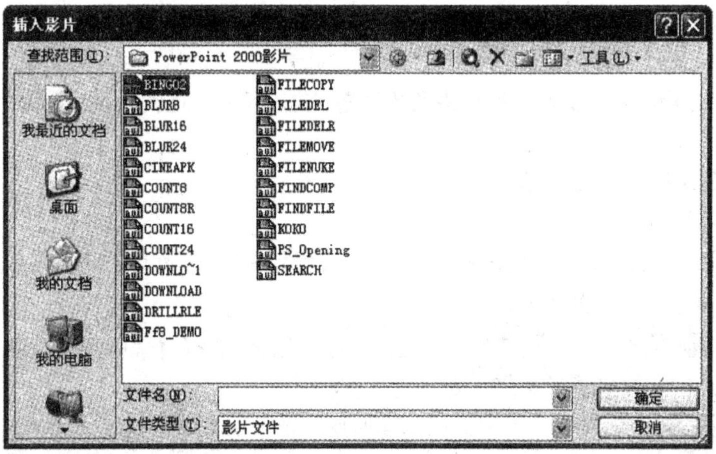

图 6.2.18　“插入影片”对话框

（2）单击确定按钮，弹出如图 6.2.19 所示的提示框，询问用户希望在幻灯片放映时如何开始播放影片。如果需要自动播放单击自动(A)按钮；如果需要在单击鼠标时播放，则单击在单击时(C)按钮。

图 6.2.19　“Microsoft Office PowerPoint”提示框

提示：在幻灯片中插入的影片格式必须是.avi，.cda，.mlv，.m3u 和.mid 等。

2. 在幻灯片中插入声音

（1）选择插入(I)→影片和声音(V)→文件中的声音(N)...命令，在弹出的插入声音对话框中选择要插入的声音文件，如图 6.2.20 所示。

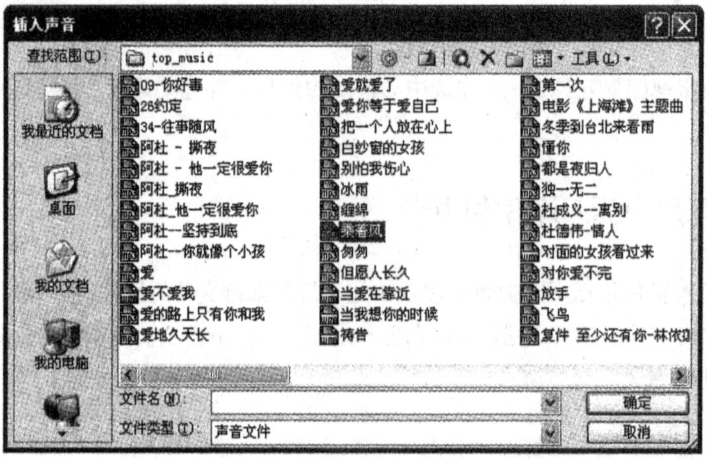

图 6.2.20　“插入声音”对话框

（2）单击确定按钮，弹出Microsoft Office PowerPoint提示框，单击自动(A)按钮，在幻灯片中插入自动播放声音。

提示：在幻灯片中插入声音的格式必须是.mid，.rmi，.wav，.aif，.mp3 等。

六、设置幻灯片动态效果

幻灯片制作完成以后，就需要给图片、文字、自绘图形等设置动态效果，具体操作步骤如下：

（1）打开需要设置动态效果的幻灯片。

（2）选择幻灯片放映(D)→自定义动画(M)...命令，或者选中图形对象，单击鼠标右键，从弹出的快捷菜单中选择自定义动画(M)...命令。

（3）打开自定义动画任务窗格，选中要设置动态效果的图形对象，在任务窗格中单击添加效果按钮，从弹出的下拉菜单中选择进入(E)、强调(M)、退出(X)和动作路径(P)命令，并在其子菜单中选择相应的动态效果，如图 6.2.21 所示。

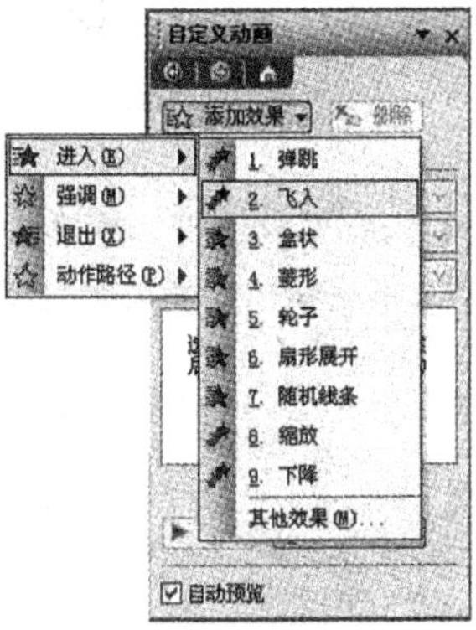

图 6.2.21　添加效果子菜单

七、放映幻灯片

放映幻灯片有以下 4 种方法：

（1）选择 视图(V) → 幻灯片放映(W) F5 命令，从第一张幻灯片开始进行放映，单击鼠标打开下一张幻灯片。

（2）选择 幻灯片放映(D) → 观看放映(V) F5 命令，从第一张幻灯片开始进行放映，单击鼠标打开下一张幻灯片。

（3）单击 PowerPoint 2003 窗口左下方的“放映幻灯片”按钮，从当前幻灯片开始放映，单击鼠标打开下一张幻灯片。

（4）按“F5”键，从第一张幻灯片开始放映，单击鼠标打开下一张幻灯片。

习题六

一、填空题

1. 幻灯片的 3 种视图方式分别为__________、__________和__________。
2. 设置幻灯片背景效果包括__________和__________两种。
3. 管理幻灯片包括__________、__________、__________和__________操作。
4. 放映幻灯片的快捷键是__________。

二、上机操作题

启动 PowerPoint 2003 应用程序，完成以下操作。

（1）创建空白演示文稿。

（2）设置幻灯片的背景效果，并在该幻灯片中插入图片、自绘图形、艺术字和文本框。

（3）为幻灯片添加声音及动态效果。

第七章　Internet 操作基础

Internet 是全球最大的广域网，国内称为“因特网”。短短的几十年，Internet 发展规模越来越大，它已渗透到科研、教育、商业和家庭等各个领域，成为人们日常生活中不可缺少的一部分。

本章重点

（1）Internet 的概念。

（2）Internet 的接入。

（3）浏览网页。

（4）电子邮件的使用。

第一节　Internet 的概念

本节主要介绍计算机网络及 Internet 的基本概念和应用。

一、网络的基本概念

计算机网络是一个利用外围通信设备和线路将不同地理位置、功能独立的多台计算机互相连接起来，实现各台计算机之间信息的互相交换，从而实现计算机资源共享的系统。

按照网络覆盖地理范围的大小，将计算机网络分为广域网、局域网和城域网。

广域网（Wide Area Network，WAN）是覆盖地理范围广阔的数据通信网络。它利用电话线、高速电缆、光缆和微波天线等将远距离的计算机相互连接起来以实现数据传输，是一种跨越地区及国家的遍布全球的计算机网络。

局域网（Local Area Network，LAN）是覆盖地理范围较小的通信网络。它常利用电缆线将个人计算机和办公设备相互连接起来，以实现用户之间相互通信、共享资源及访问其他网络和远程主机。

城域网（Metropolitan Area Network，MAN）是覆盖地理范围介于广域网与局域网之间的通信网络。它是一种比局域网覆盖范围大、支持高速传输和综合业务，更适合大城市地区使用的计算机网络。

二、Internet 的基本概念

Internet 的音译名为“因特网”，人们也常称其为“互联网”或者是“国际互联网”。Internet 是目前世界上最大的信息网络，有人把它称为“网络中的网络”，但它不是一个具体的网络，而是众多网络互相通过一定的协议（TCP/IP 协议）连接而成的一个网络集合。

它是由 1969 年美国军方的 Arpanet 网发展而成的一个军用网络，经过几十年的发展，逐渐成为一个国际性的网络。

由于越来越多的人使用、接入计算机，现在 Internet 规模越来越大，网络资源也越来越丰富。它形成了以传播信息为中心的跨国界、跨地域的全新传播方式，成为人们相互交流、获取信息的一种重

要手段，对社会各个方面也产生了巨大的影响。它还允许各式各样的计算机通过拨号方式或者是局域网方式接入。

三、Internet 的应用

Internet 之所以得到广泛的应用，是因为它提供了大量的服务，如万维网（WWW）服务、电子邮件（E-mail）服务、电子公告板（BBS）服务、文件传输（FTP）服务、新闻组（Usenet）服务、远程登录（Telnet）服务和信息查询工具（Gopher）等。这些服务为人们的信息交流带来了极大的便利，下面对主要的服务项目做以介绍：

1. 万维网（WWW）

万维网是全世界性的互联网的多媒体子网，是 Internet 上发展最快的一部分，也是最受欢迎的一种信息服务形式。万维网站点地址前都有“http://”字样，它遵循超文本传输协议（HTTP），通过超文本及超媒体技术将 Internet 上的信息集合起来，使用户可以通过“超级链接”快速访问。即使用户对网络不熟悉，也可以使用 WWW 浏览器（如 Internet Explorer）漫游 Internet，从中获取信息。

2. 电子邮件（E-mail）

E-mail 的使用很普及，是由于它可以使用户在任何时间及地点撰写、收发邮件、读取邮件、回复及转发邮件等。用户可以通过 Internet Explorer 中的电子邮件收发器 Outlook Express 来收发电子邮件。

3. 电子公告板（BBS）

BBS 是因特网上的信息实时发布系统。用户可以通过它发布各种信息及进行各种交流，国内多数用户喜欢用这种方式进行交流。

4. 文件传输（FTP）

使用文件传输这种服务可以将一台计算机上的文件传送到另外一台计算机上。FTP 可以传输各种类型的文件。

5. 新闻组（Usenet）

Usenet 是一种类似于 BBS 的服务，通过它用户可以在网上发布信息和相互交流。Usenet 比 BBS 安全、方便、可读性好。

注意：Usenet 服务也可被译为“应用网”，现在越来越多的人叫它 Newsgroup（新闻组），也有很多人反对这种说法。

6. 远程登录（Telnet）

远程登录作为 Internet 上最早的一种服务，使用户的个人计算机成为某一台远程计算机的虚拟终端，用户所有的操作都要通过远程主机处理后才反馈到用户面前。

7. 信息查询工具（Gopher）

Gopher 软件在 WWW 没出现以前，是 Internet 上最主要的信息检索工具。但由于计算机网络技术和 WWW 技术的飞速发展，Gopher 技术逐渐被人们遗忘。

Gopher 是一种基于菜单的 Internet 信息查询工具，用户只要在呈树型结构排列的多层菜单中选择特定的选项，就可以选取自己需要的、感兴趣的信息资源，用户还可以对 Internet 上的远程信息系统进行实时访问。

第二节　Internet 的接入

随着 Internet 的迅速普及和用户数量的不断增长，用户的需求也多种多样。各运营商为了满足用户的需求，根据自身网络发展情况，推出了多种不同的接入 Internet 方式。本节主要介绍一些上网的基本要求和 Internet 的接入方式。

一、上网的要求

用户要实现上网首先必须查看计算机的硬件和软件是否符合条件。根据上网方式的不同，需要的硬件也不同，用户可以根据自己的喜好选择，但需要的软件是相同的。

由于采用普通电话线上网方式既经济又实惠，所以这里只介绍使用电话线上网所需的条件。

1．上网的硬件要求

硬件的性能直接影响上网速度的快慢，一般包括以下几种设备：

（1）计算机系统。对上网的用户来说，首先要做好基本硬件设备的准备。用户所用的计算机在 486 以上，最好使用 586 以上档次的计算机；内存 16 MB 以上，最好在 32 MB 以上；硬盘容量最好大一些，有 200 MB 以上的可用硬盘空间；显示卡和显示器最好能支持 800×600 以上的分辨率；最好配有多媒体部件，因为现在的许多站点都具有声音、图像和视频信息等。

（2）网络适配器。采用普通电话线方式上网，需要用到调制解调器。它的功能主要是“调制”和“解调”。“调制”就是将计算机发送的数字信号转换为模拟信号的过程，其目的便于在电话线上高质量的传输数据。“解调”就是在数据接收端将电话线传来的模拟信号转换为数字信号传送到计算机的过程。调制解调器是对数据传输进行转换的设备，用户根据需要选择传输速度高的调制解调器。

（3）网络连线。采用普通电话线方式上网，使用的网络连线是电话线。

2．上网的软件要求

上网除了具备硬件设备外还需要有一定的网络软件，如浏览器软件、电子邮件软件、文件下载软件和网络优化软件等。

3．申请 Internet 账号

具备了一定的硬件和软件条件后，用户还需要到 ISP（Internet 服务供应商即 Internet Service Provider）处申请一个 Internet 账号。用户拿到申请的 Internet 账号就可以通过电话线将个人计算机连接到 ISP 的计算机上，并接入 Internet 中。

申请账号时，ISP 会让用户自己选择用户名和密码。在申请了一个拨号账号后，ISP 提供了下列信息：

（1）用户名和密码。

（2）E-mail 地址。

二、Internet 的接入

不管是单位用户还是个人用户，接入 Internet 都有多种接入方式，如 MODEM 接入、Cable MODEM 接入、ISDN 接入、ADSL 接入、DDN 接入、无线接入和光纤接入等。这里介绍两种常用的接入方式。

1. MODEM 接入

虽然现在有许多比 MODEM 速度快、功能好的接入技术，但是目前 MODEM 仍然是较常用的接入方式。MODEM 是英文 Modulator 和 Demodulator 的缩写，中文名为调制解调器，俗称“猫”，是把数字信号与模拟信号相互转换的设备。

MODEM 的传输速率较低，其下行传输速率为 56 Kb/s，上行传输速率仅有 33.6 Kb/s。

它的主要功能在网络适配器中已经讲过，这里介绍一下它的分类。MODEM 主要分为外置和内置两种。

（1）外置 MODEM 又称台式 MODEM，其特点是不占用主机的资源，便于安装，性能较好且方便使用，但需另外配置电源和电缆，价格较贵。

（2）内置 MODEM 又称卡式 MODEM，其特点是体积较小，是一块可插在主机箱内扩展槽上的插卡。虽然价格便宜，但其安装较复杂，且占用主机资源，性能较差。

2. ADSL 接入

ADSL（Asymmetric Digital Subscriber Line）中文译为非对称数字用户线路，是另一种最具影响的宽带接入技术。

如果用户要使用高宽带服务，只要在普通线路两端安装 ADSL 设备就可以了，再通过一条电话线就可以获得比普通 MODEM 快 100 倍的速度来浏览因特网。使用因特网可以查找资料、娱乐、购物以及享受其他网上乐趣。

（1）ADSL 的接入方式。ADSL 接入 Internet 主要有两种方式，即专线接入和虚拟拨号。

专线接入方式是由 ISP 提供静态 IP 地址、主机名称、DNS 等入网信息，然后安装好 TCP/IP 协议，直接在网卡上设定好 IP 地址，DNS 服务器等信息，就可直接接入 Internet。由此可见，ADSL 软件的设置和局域网一样。由于此方式设置技术性稍多，而且占用 ISP 有限的 IP 地址资源，所以目前主要是针对企业。

虚拟拨号上网方式比较简单，可使用 PPPoE 协议软件，然后按照传统拨号方式上网，ISP 分配动态 IP。由于 PPPoE 形式的入网与用户所使用的 PPPoE 软件有很大关系，所以首先要确定使用的 PPPoE 软件。由于大家都遵守 PPPoE 协议，用户可以不使用 ISP 提供的 PPPoE 软件，而是选择自己喜欢的其他软件。

注意：PPPoE（Point to Point Protocol over Ethernet）中文译为基于局域网的点对点通信协议，它基于以太网 Ethernet 和点对点 PPP 拨号协议两个标准。对于最终用户来说不必了解局域网的较深技术，只需当做普通拨号上网就可以了。

PPPoE 协议：ADSL 连接的是 ADSL 虚拟专网接入的服务器。根据网卡类型的不同可分为 ATM 和 Ethernet 局域网虚拟拨号方式。由于使用局域网虚拟拨号方式具有安装、维护简单等特点，所以目前已成为 ADSL 虚拟拨号的主力军，并且具有一套可以实现账号验证、IP 分配等工作的网络协议，这就是 PPPoE 协议。

（2）ADSL 的特点。ADSL 利用铜质电话线作为传输介质，为用户提供了高宽带服务技术，其主要特点如下：

1）ADSL 是非对称传输，传输速率高，上行可高达 640 Kb/s，下行高达 8 Mb/s。

2）与普通调制解调器相比，ADSL 采用专线接入，不需要拨号，可以直接上网。而且 ADSL 的传输速率非常高，是普通调制解调器的几十倍。用户既可以上网又可以打电话，使两者互不干扰。

第三节　浏览网页

用户要在 Internet 上尽情的冲浪，必须借助于 WWW 浏览器。本节主要介绍 WWW 浏览器的概述、IE6.0 的使用和 IE 搜索功能的应用等。

一、WWW 浏览器概述

万维网 WWW（World Wide Web）是一个基于超文本方式的信息检索工具。它将文本、图形、文件和其他 Internet 上的资源紧密地联系起来，用户只要操作鼠标就可以从其他地方调来所需的信息，使用 WWW 浏览器可使用户访问 Internet 上的资源更加方便、快捷。

二、IE 6.0 的使用

使用 Windows XP 内置的 Internet Explorer 6.0（简称 IE 6.0），可以很方便地帮助用户从 Internet 上获取各种类型的信息。下面主要介绍 IE 6.0 的界面及使用 IE 6.0 浏览网页、查找网页、保存网页和脱机浏览等。

1. IE 6.0 的界面

双击桌面上 IE 图标或选择 开始 → Internet Explorer 命令，打开如图 7.3.1 所示的 IE 6.0 界面。

图 7.3.1　IE 6.0 界面

IE 6.0 界面是 Windows XP 的一个标准界面，主要由标题栏、菜单栏、工具栏、地址栏和状态栏等组成。

（1）标题栏。标题栏位于界面的顶行，标明正在浏览的网页标题。

（2）菜单栏。菜单栏位于标题栏的下方，它包含 IE 所有的命令，单击其中任意一个菜单命令即可弹出相应的下拉菜单。用户可以根据需要选择菜单命令。

（3）工具栏。工具栏位于菜单栏的下方，它包含了常用的功能按钮，如后退、前进、停止和刷新等，用户单击按钮即可实现相应的功能。

（4）地址栏。地址栏位于工具栏的下方，用户可以在此输入网页的地址，单击地址栏右边向下的箭头可弹出最近查看过的网页地址。

（5）状态栏。状态栏位于 IE 界面的最底部，它显示当前的工作状态，连接网页时显示进度条。

（6）浏览区。位于地址栏和状态栏之间的区域是浏览区，在此可以显示网页的内容。

（7）滚动条。滚动条分为水平滚动条和垂直滚动条。水平滚动条位于“浏览区”的下边，垂直滚动条位于“浏览区”的右边，使用滚动条可以查看未显示完的网页内容。

2. 浏览网页

启动 IE 6.0 后，就可以打开任意一个网页（见图 7.3.1）。从中可以看到许多彩色文本、图片和一些动画，因为它们都设置了超链接，单击其中任意一个，都可链接到其他的网页。

（1）地址栏的使用。单击网页中的超链接，可以链接到其他的网页，如果一直单击，网页会层层显示，但这样比较浪费时间，为了节省时间，如果用户已经知道某些网址或网站，就可以在地址栏内输入网址，进行有目的的浏览。

在地址栏内输入一个网址，单击“转到”按钮 转到 或按“Enter”键，即可打开该网站的主页。

（2）切换网页。切换网页通常有下面两种方法：

1）刷新。用户在打开网页时，有时会出现网页没有完整显示或网页被停止的情况，这时，单击 IE 工具栏中的“刷新”按钮，可以重新打开该网页。

2）使用“前进”和“后退”按钮。使用“前进”和“后退”按钮可连接到最近访问过的网页。单击 IE 工具栏中的“后退”按钮 后退，可查看刚刚访问的最末一页。

3）使用“停止”按钮。打开网页时，如果网页打开速度较慢或者发现不是自己所要浏览的网页时，单击 IE 工具栏中的“停止”按钮，可停止正在打开的网页。

3. 查找网页

（1）在当前网页中查找信息。用户要在当前网页中查找信息，具体操作步骤如下：

1）选择 编辑(E) → 查找(在当前页)(F)... Ctrl+F 命令，弹出如图 7.3.2 所示的 查找 对话框。

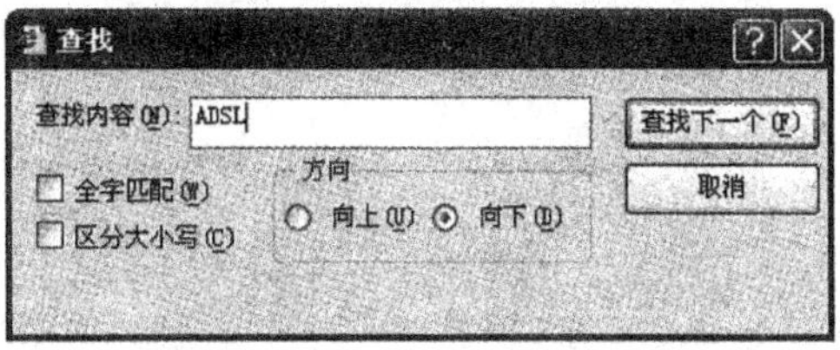

图 7.3.2 “查找”对话框

2）在“查找内容”文本框中输入要查找的关键字。

3）单击 查找下一个(F) 按钮，光标即停在第一个找到的关键字上。

（2）查找网页。在 Internet 上查找网页，可通过下面的方法完成。

1）选择 查看(V) → 浏览器栏(E) → 搜索(S) Ctrl+E 命令，或者使用“搜索”按钮 搜索，可打开“搜索”任务窗格，如图 7.3.3 所示。

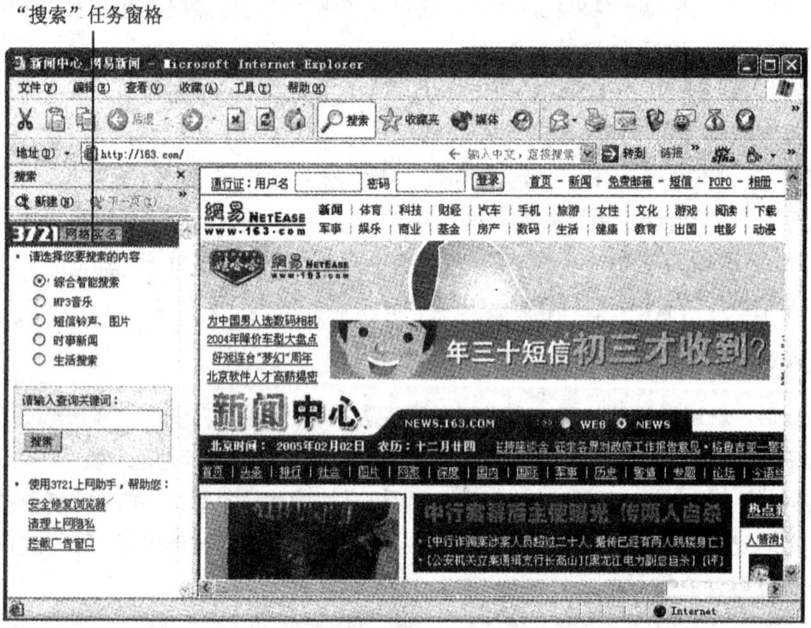

图 7.3.3　“搜索”任务窗格

2）在“请选择您要搜索的内容”选项中，选中需要的单选按钮，然后在“请输入查询关键词”中输入您要查找的网站或者是相关的关键词，如在图 7.3.3 中输入“sohu.com”，单击 搜索 按钮即可打开相应的网页，如图 7.3.4 所示。

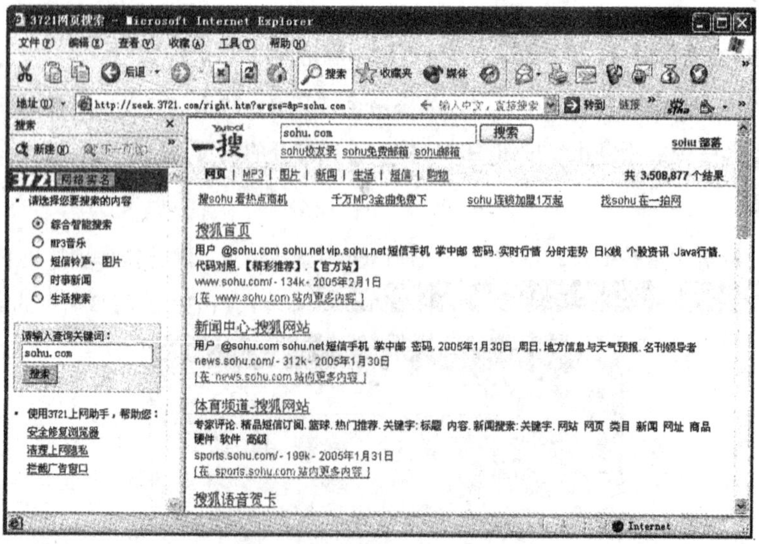

图 7.3.4　使用“搜索”打开的网页

用户还可以通过单击工具栏中的“历史”按钮，来查找几天或几周前访问过的网页站点链接。当找到所需的历史记录快捷方式后，单击鼠标即可查看访问过的历史记录。

4. 保存网页

在网上浏览到需要的信息时，需要将其保存到磁盘上以便日后查看，保存网页有以下几种方法。

（1）选择菜单命令保存网页的具体操作步骤如下：

1）选择 文件(F) → 另存为(A)... 命令，弹出如图 7.3.5 所示的 保存网页 对话框。

图 7.3.5 “保存网页”对话框

2）在“保存在”下拉列表中选择保存网页的文件夹。

3）在“文件名”下拉列表中选择文件名或在文本框中输入文件名。

4）在“保存类型”下拉列表中选择适当的保存类型。

5）在“编码”下拉列表中选择一种编码方式。

6）单击 保存(S) 按钮，即可保存该网页。

（2）使用快捷菜单保存图片和超链接的内容。要保存网页中的某个图片，其具体操作步骤如下：

1）在图片上单击鼠标右键，在弹出的快捷菜单中选择 图片另存为(S)... 命令，弹出如图 7.3.6 所示的 保存图片 对话框。

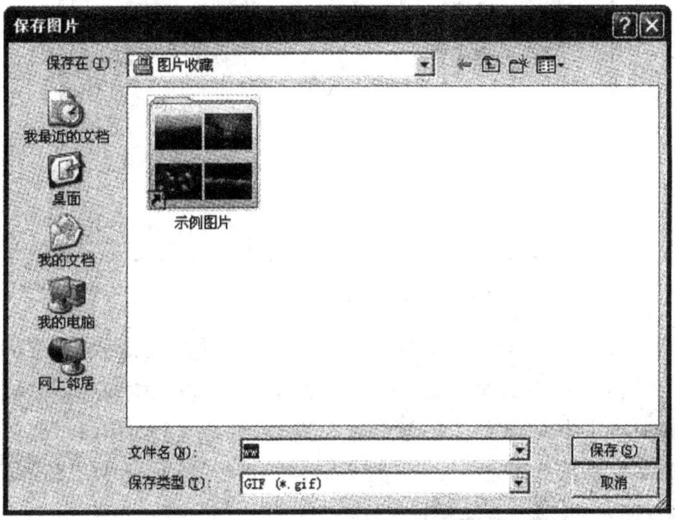

图 7.3.6 “保存图片”对话框

2）在保存图片对话框中选择保存图片的位置、文件名和保存类型。

3）单击保存(S)按钮，即可保存该图片。

保存超链接内容的操作步骤类似于保存图片的步骤，具体操作步骤如下：

1）在超链接上单击鼠标右键，在弹出的快捷菜单中选择目标另存为(A)...命令，弹出另存为对话框。

2）在另存为对话框中设置保存超链接的位置、文件名和保存类型。

3）单击保存(S)按钮，超链接网页即可被保存。

有时还需要保存一些常用的网站和网页地址。收藏夹是用来保存常用网址的工具，用户可以为每个网址指定一个名称，使下次访问时能很快地找到它。收藏夹中的网址和磁盘中的文件一样，用户可以对收藏夹中的文件夹进行新建、删除和重命名等操作。对于经常访问的站点和网页，用户可以将其添加到收藏夹中保存。

用户访问到一个网站或网页时，如果要保存当前的网页地址，其具体操作步骤如下：

（1）选择收藏(A)→添加到收藏夹(A)...命令，弹出如图 7.3.7 所示的添加到收藏夹对话框（一）。

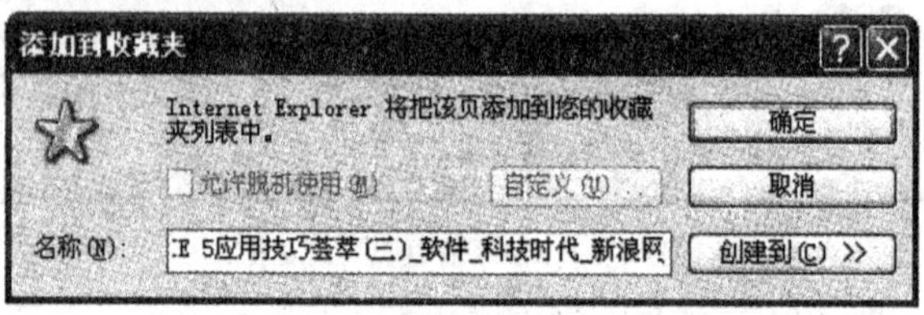

图 7.3.7　“添加到收藏夹”对话框（一）

（2）在“名称”文本框中输入一个名称，默认名称为该网页的标题。

（3）单击创建到(C) >>按钮，在添加到收藏夹对话框中增加了“创建到”列表框，如图 7.3.8 所示，用户可将该网页的地址保存到收藏夹中的子文件夹中。

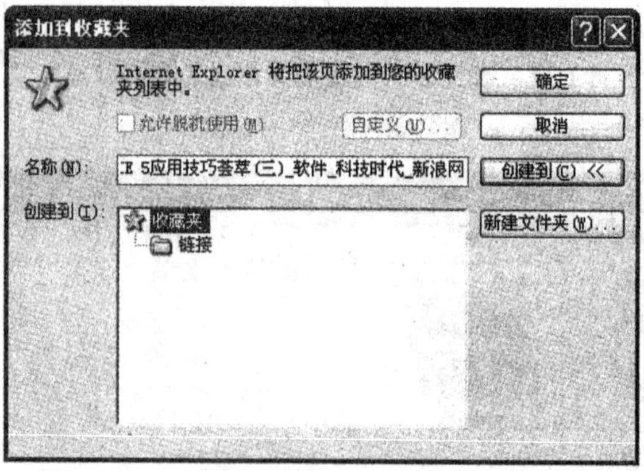

图 7.3.8　“添加到收藏夹”对话框（二）

（4）如果将该网址保存到一个新文件夹中，可单击新建文件夹(W)...按钮，在弹出的新建文件夹对话框中输入新文件夹名称，单击确定按钮，“创建到”列表框中即添加了新建文件夹。

（5）在添加到收藏夹对话框中单击确定按钮，收藏夹列表中就可显示新增加的网页名称。

用户除了将网站或网址保存到收藏夹，还要对收藏夹进行管理，选择收藏(A)→整理收藏夹(O)...命令，弹出如图 7.3.9 所示的整理收藏夹对话框。

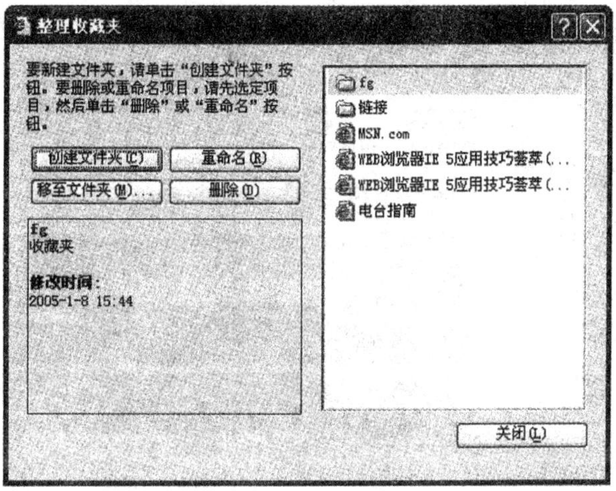

图 7.3.9 “整理收藏夹”对话框

对话框的右侧为文件夹和网页地址列表，选择其中任意一个，单击对话框左边的按钮，可以对其进行修改、移动和删除。

5. 脱机浏览

有时为了方便工作和节省上网费用（如果是 Modem 拨号上网，就要支付一定的电话费和网络使用费），可以将 Internet 上的网页下载到本地计算机，断开和 Internet 的连接后，再使用 IE 的脱机浏览功能来浏览网页。

三、IE 搜索功能的应用

在介绍 IE 搜索功能前，先介绍搜索引擎的概念及搜索信息的分类等。

1. 搜索引擎的概念

随着 Internet 的飞速发展，网上的信息越来越多，如果只是通过在网上浏览来获取有价值的信息是比较困难的，为了满足广大用户信息检索的需求，便产生了搜索网站。由专业网站提供的搜索工具，称为“搜索引擎”。

搜索引擎的启动很简单，单击工具栏中的“搜索”按钮

，浏览器窗口的左侧出现“搜索”任务窗格，如图 7.3.10 所示。

2. 搜索信息

搜索引擎是最重要的网络应用之一，利用它可以帮助用户在 Internet 上快速、准确地查找到所需的信息。搜索引擎也是一类网站，它具备关键字查询和分类主题查询两种功能。

（1）直接搜索信息。在搜索文本框中输入要查找的信息的关键字，就可查找到需要的信息。具体操作步骤如下：

1）打开 Google 搜索引擎，如图 7.3.11 所示。

2）在图中文本框内输入“2005 年英语四级考试时间”关键字，选中◉搜索所有网站单选按钮，然后单击

按钮，打开如图 7.3.12 所示的网页。

图 7.3.10　启动“搜索引擎”

图 7.3.11　“Google 搜索引擎”

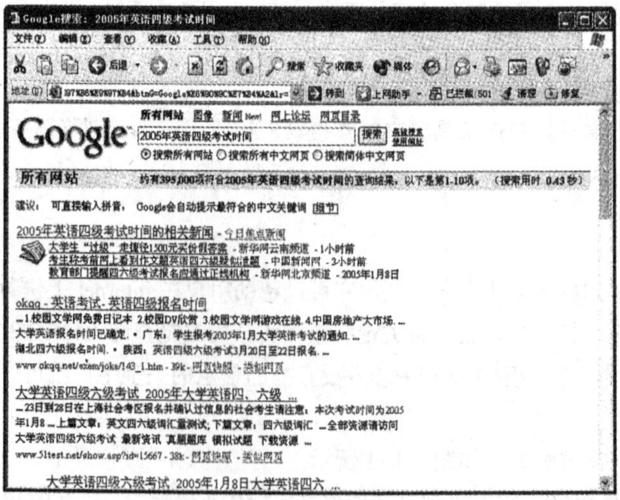

图 7.3.12　直接搜索结果网页

3）如果需要更详细的信息，在文本框中输入内容，继续搜索即可。

（2）分类搜索。分类搜索，不需要在文本框中输入内容，按照网站提供的分类说明单击进入就可以了。使用分类搜索的具体操作步骤如下：

1）打开一个网页，单击“搜索”超链接，如图 7.3.13 所示。

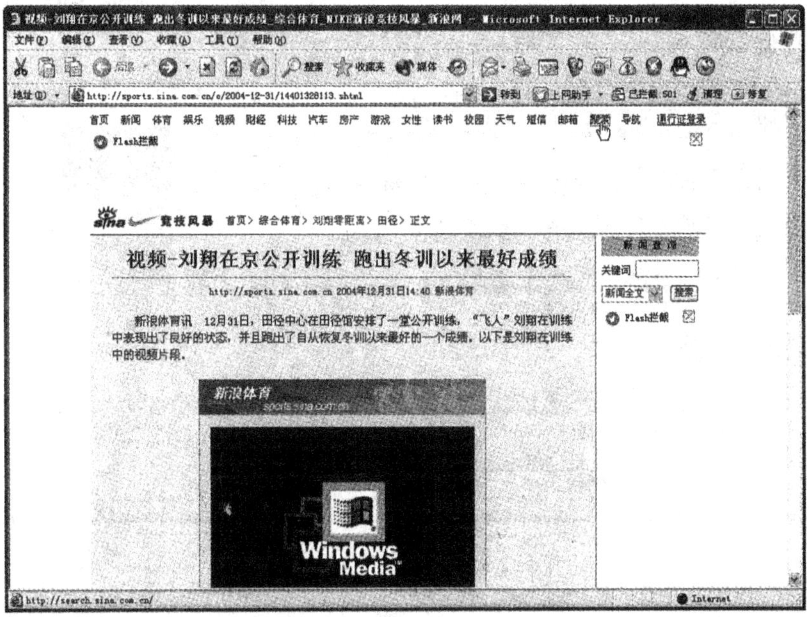

图 7.3.13 打开的网页（一）

2）打开如图 7.3.14 所示的网页，在网页中打开 网 页 选项卡，单击“海啸”超链接，打开如图 7.3.15 所示的网页。

3）如果需要更详细的内容，可以继续单击该网页中的超链接。

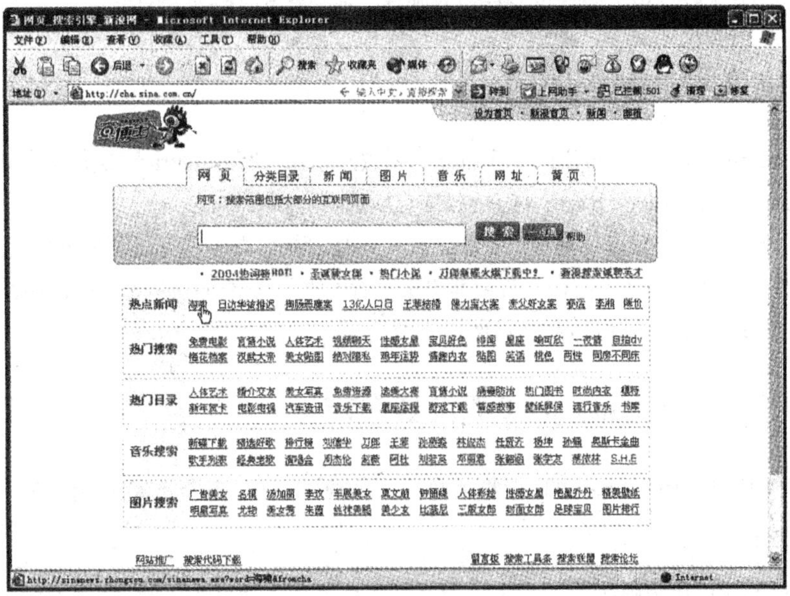

图 7.3.14 打开的网页（二）

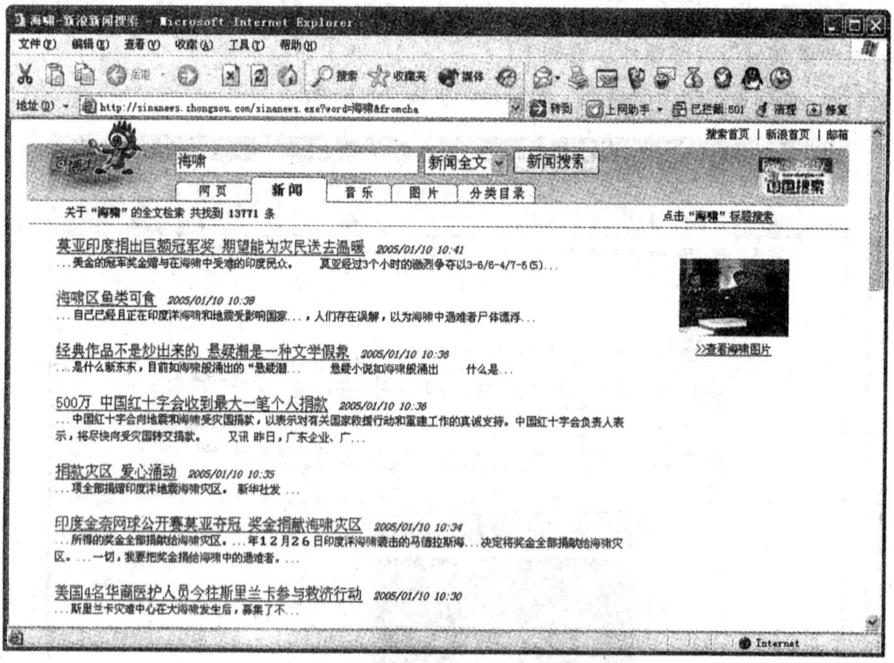

图 7.3.15　分类搜索结果网页

第四节　电子邮件的使用

电子邮件是随着计算机网络技术的发展而出现的一种崭新的通信手段。本节主要介绍如何使用 Outlook Express 6.0 来收发电子邮件以及如何对邮件、通讯簿和文件夹进行管理。

一、Outlook Express 6.0 概述

Outlook Express 6.0 是当前常用的一个电子邮件收发软件，它与 Internet Explorer 6.0 集成在一起，安装浏览器 IE 6.0 时，Outlook Express 6.0 也会被自动安装。

Outlook Express 6.0 不仅方便易用、界面友好，而且功能强大。它可以管理多个电子邮件和新闻组账户；在服务器上保存邮件以便在多台计算机上查看；使用通讯簿存储和检索电子邮件地址；在邮件中添加个人签名或信纸、发送和接收安全邮件等。

二、使用 Outlook Express 6.0 收发电子邮件

用户使用 Outlook Express 6.0 可以接收邮件、阅读邮件、回复邮件和管理邮件等。

1．接收邮件

接收邮件的具体操作步骤如下：

（1）要接收邮件，首先启动 Outlook Express 6.0。

（2）在打开的 Outlook Express 6.0 窗口中单击 

按钮，Outlook Express 6.0 验证用户的

身份并且接收新的邮件，打开如图 7.4.1 所示的“接收新邮件”窗口。

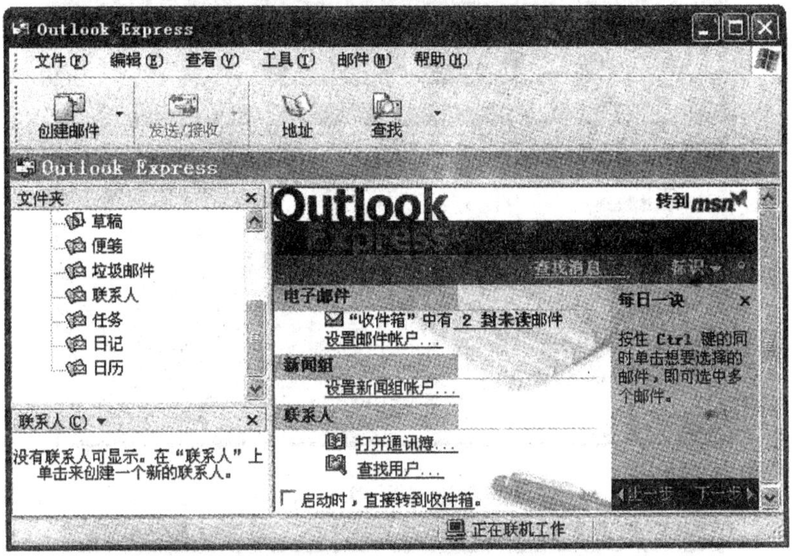

图 7.4.1 “接收新邮件”窗口

在该窗口中，Outlook Express 6.0 提示有两封未读的邮件，说明有新的邮件，否则就表示没有新的邮件。

2. 阅读邮件

用户接收到新的邮件后，就可以阅读它们了。阅读邮件的具体操作步骤如下：

（1）单击左边窗格中的“收件箱”文件夹，打开如图 7.4.2 所示的“收件箱”窗口。

图 7.4.2 “收件箱”窗口

（2）单击要阅读的邮件主题，相应的邮件内容便在窗口的右下方显示，如图 7.4.3 所示。

（3）用户也可以通过双击要阅读的邮件主题来打开邮件的窗口，如图 7.4.4 所示。

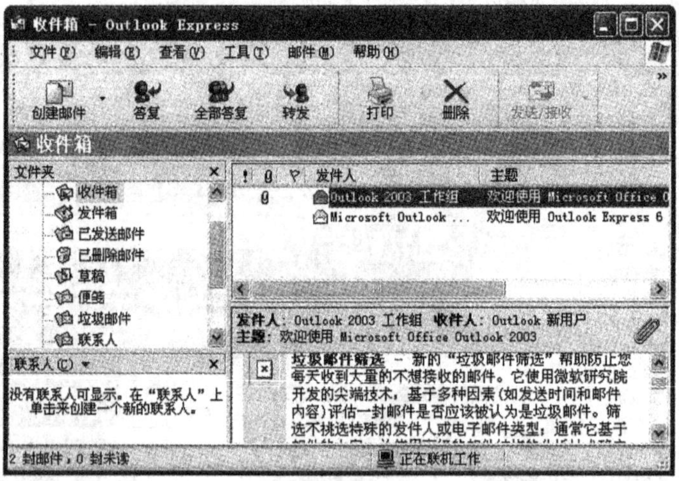

图 7.4.3　阅读邮件的窗口（一）

图 7.4.4　阅读邮件的窗口（二）

3. 回复邮件

发送邮件有两种，一种是创建一个新邮件，然后发送该邮件；另一种是回复邮件，回复邮件的具体操作步骤如下：

（1）在 Outlook Express 6.0 窗口中，选择好要回复的主题后单击

按钮，打开“回复邮件”窗口，如图 7.4.5 所示。

（2）在窗口内输入要回复的内容，如果要添加附件，单击

按钮，增加附件文件。

（3）单击

按钮，该邮件被发送出去。

发送时会显示邮件发送进度的对话框，如果邮件地址错误或其他原因，系统会显示邮件发送错误的信息，用户可以根据提示做出相应的改进措施。

邮件发送完后，系统自动返回 Outlook Express 6.0 窗口，并且可以看到在“已发送邮件”文件夹中添加了刚刚发送的邮件。

图 7.4.5 “回复邮件”窗口

4. 管理邮件

管理邮件主要包括删除邮件、通讯簿和文件夹管理等内容。

（1）删除邮件。当用户接收到大量的电子邮件时，有的是有用的，有的是没用的，这时就需要对一些没用的电子邮件进行删除。删除邮件的操作非常简单，在 Outlook Express 6.0 窗口中选择要删除的主题，然后单击 

按钮；或者在要删除的主题上单击鼠标右键，在弹出的快捷菜单上选择 删除(D) 命令，如图 7.4.6 所示。

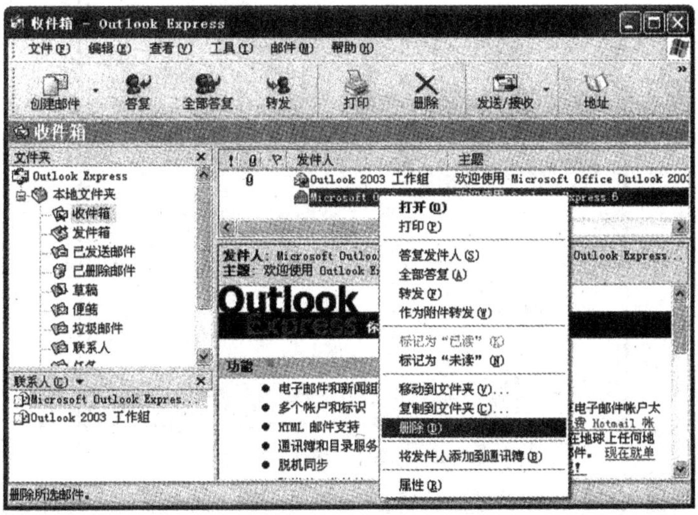

图 7.4.6 “使用快捷菜单”删除邮件

Outlook Express 6.0 先将删除的邮件移动到“已删除邮件”文件夹中，如果用户想恢复已删除的邮件，可以打开“已删除邮件”文件夹，然后将邮件拖回到“收件箱”文件夹或者其他文件夹中。这种功能类似 Windows 中的“回收站”。

注意：如果要删除“已删除邮件”文件夹中的邮件，则该邮件会被永久删除，无法恢复。

（2）通讯簿管理。通讯簿管理包括添加联系人和添加联系人组。通讯簿提供了存储联系人信息的方便场所，用户可以在其中添加联系人的各类信息而且还可以对联系人进行分组管理。在通讯簿中添加联系人的具体操作步骤如下：

1）单击“打开通讯簿”超链接，打开如图 7.4.7 所示的 通讯簿 - 主标识 窗口。

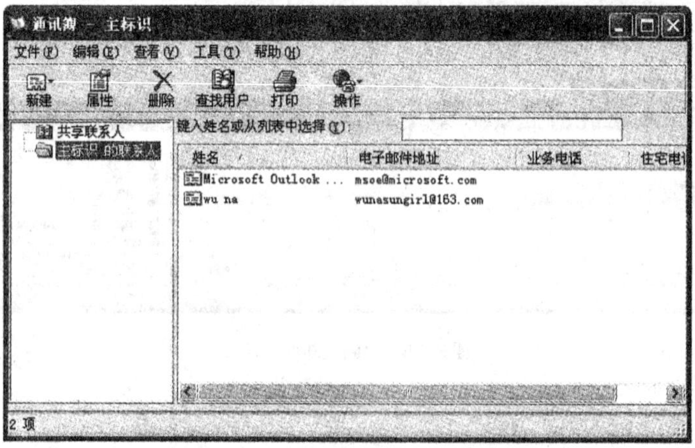

图 7.4.7 “通讯簿 - 主标识”窗口

2）选择 文件(F) → 新建联系人(C)... Ctrl+N 命令；或者单击工具栏上的 新建 按钮，在弹出的菜单中选择 新建联系人(C)... 命令，弹出如图 7.4.8 所示的联系人 属性 对话框。

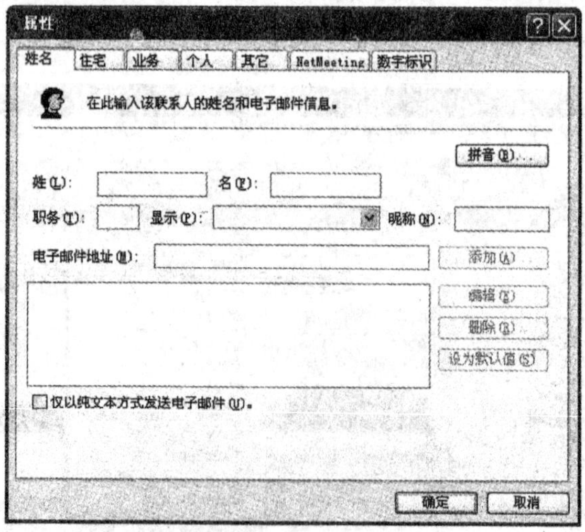

图 7.4.8 联系人“属性”对话框

3）在该对话框中输入联系人的相关信息，如姓名、职务和电子邮件地址等。

4）单击 确定 按钮，联系人就添加到通讯簿中，如图 7.4.9 所示。

除了可以在通讯簿中添加联系人外，还可以在通讯簿中添加联系人组，利用组名可以同时给组内各成员发送内容相同的邮件，便于更好地管理通讯簿。

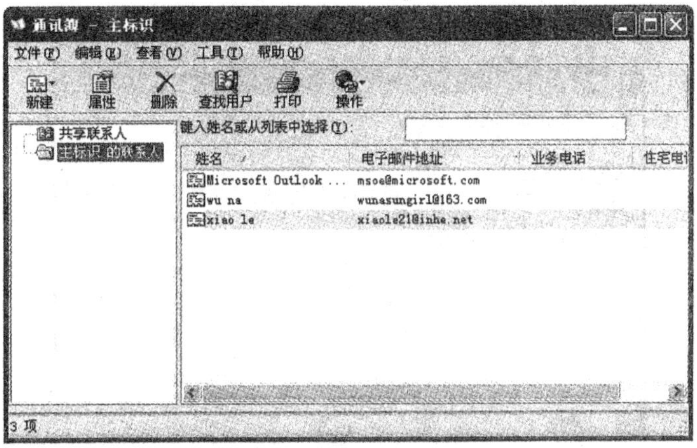

图 7.4.9 “添加联系人”通讯簿

添加联系人组的具体操作步骤如下：

1）在通讯簿 - 主标识窗口中，选择文件(F)→新建组(G)... Ctrl+G命令，弹出如图 7.4.10 所示的联系人组属性对话框。

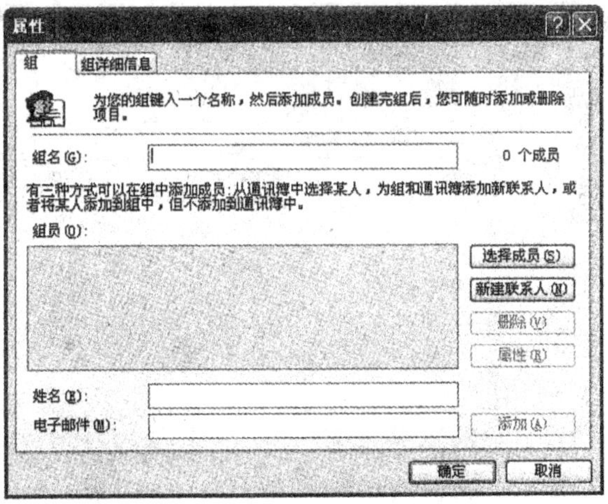

图 7.4.10 联系人组“属性”对话框

2）在“组名”文本框中输入联系人组的名称。

3）在“姓名”和“电子邮件”文本框中分别输入要添加到联系人组的联系人的姓名和电子邮件地址，单击添加(A)按钮，便添加到“组员”列表框中。

4）单击选择成员(S)按钮，弹出如图 7.4.11 所示的选择组成员对话框。

5）在该对话框中选择一个需要添加的邮件地址，单击选择(T) ->按钮，所选的邮件地址便移动到右边的“成员”列表框中。

6）单击确定按钮，“成员”列表框中的邮件地址便添加到“组员”列表框中。

7）单击确定按钮，新建的组便添加到通讯簿中，如图 7.4.12 所示。

（3）文件夹管理。当收件箱中的邮件太多时，用户可以通过管理文件夹来对邮件进行分类管理。

新建文件夹的具体操作步骤如下：

1）选择文件(F)→文件夹(F)→新建(N)... Ctrl+Shift+E命令，弹出创建文件夹对话框，如图 7.4.13 所示。

2）在“文件夹名”文本框中输入新的文件夹名，单击确定按钮，创建好的文件夹如图

7.4.14 所示。

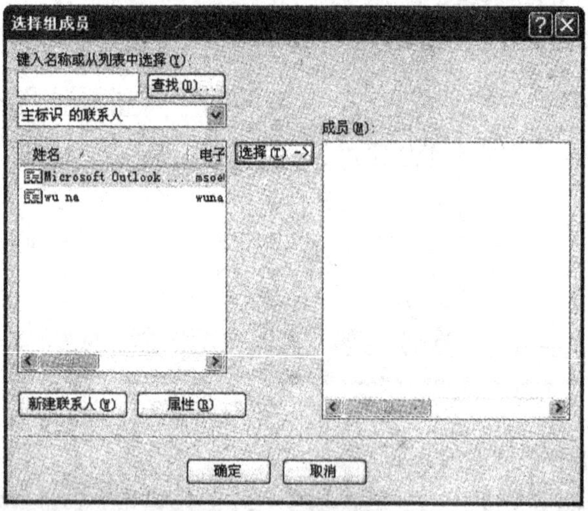

图 7.4.11　“选择组成员”对话框

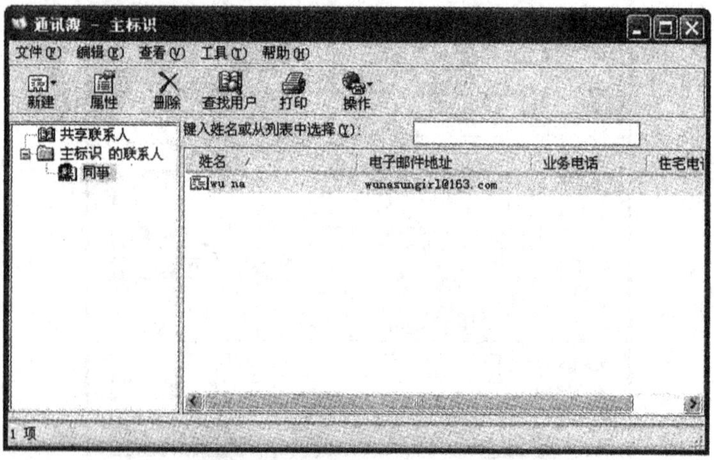

图 7.4.12　“添加联系人组”的通讯簿

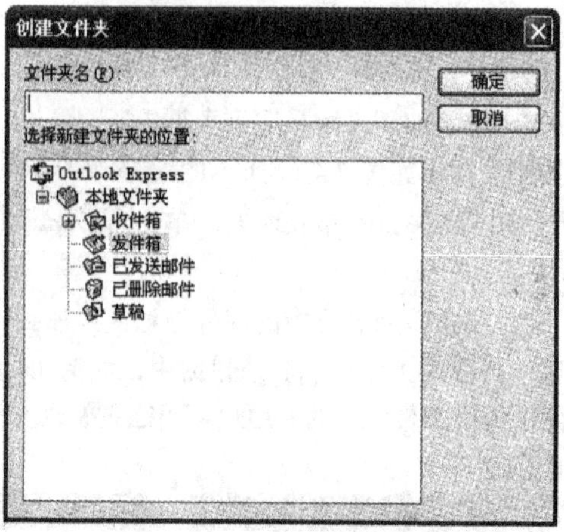

图 7.4.13　“创建文件夹”对话框

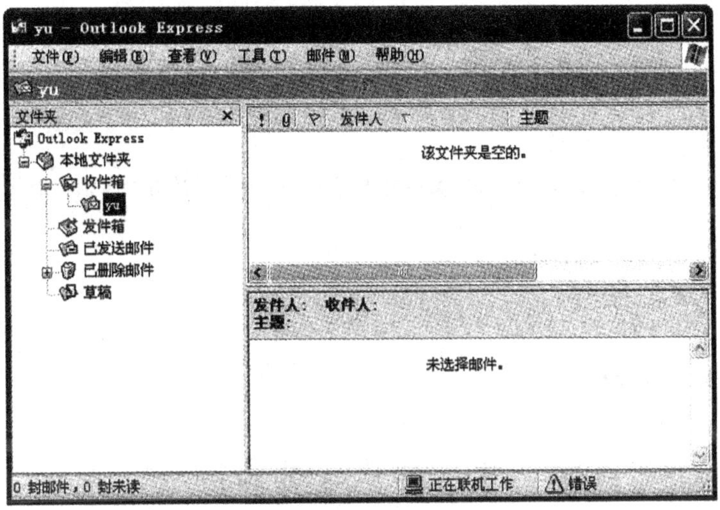

图 7.4.14 新建文件夹

习题七

一、填空题

1. 按照网络覆盖地理范围的大小，将计算机网络分为________、________和________。

2. Internet 得到广泛的应用，主要是它提供了________、________、________、________、________、________和信息查询工具（Gopher）等服务。

二、选择题

1. （ ）是因特网上的信息实时发布系统，通过它可以发布各种信息及进行各种交流。

（A）电子邮件　（B）新闻组

（C）电子公告板　（D）WWW

2. ADSL 接入 Internet 主要有（ ）方式。

（A）专线接入　（B）无线接入

（C）MODEM 接入　（D）虚拟拨号

3. 为了满足广大用户信息检索的需求，由专业网站提供的搜索工具，称为（ ）。

（A）网络导航　（B）搜索引擎

（C）检索工具　（D）推（Push）技术

三、上机操作题

1. 在网上用直接搜索和分类搜索两种功能搜索信息。

2. 申请一个免费的 E-mail 账号，申请成功后朋友之间互相收发 E-mail。

第八章　常用工具软件

本章主要介绍几个常用的工具软件，如豪杰超级解霸V8、金山毒霸6和压缩与解压缩软件WinRAR。

本章重点

（1）豪杰超级解霸V8。

（2）病毒防治。

（3）压缩软件WinRAR。

第一节　豪杰超级解霸V8

超级解霸是豪杰公司开发的一款娱乐工具软件，随着技术的研发而不断优化升级，2004年豪杰公司推出了其最高版本——豪杰超级解霸V8。

一、超级解霸V8的新增功能

超级解霸V8在以前的基础之上，增加了如下功能：

1．用超级解霸发送精彩画面

使用超级解霸V8可以将精彩的电影画面和DV、摄像头和DC拍摄的即时图像发送到手机上，和朋友共同分享。

2．超强纠错，高清影视

独门DIRECTDVD/VCD/CD技术，HDFT增益滤波高清影像技术。

3．音频技术

（1）独创两声道环绕技术，可用一对普通音箱实现7.1环绕音场效果。

（2）SPDIF输出技术，支持AC-3硬解码系统，令家庭影院超强震撼。

（3）从影音文件分离声音数据，轻松地把卡拉OK制成CD或MP3，还可随意提取电视电影主题曲。

（4）特有音箱软接线技术，不必反复插拔。

（5）多种视频格式的自由声道控制。

4．使模糊变清晰

独创领先国际的、使模糊图像变得更加清晰的、革命性的新技术。

5．全面的多媒体优化指令

（1）针对各种CPU指令集（P4HT，MMX，3DNOW!，SSE!，SSE2等）进行全面优化，大大降低系统资源占用率。

（2）针对各类主流声卡、显卡进行驱动优化，释放PC多媒体的最大能量。

6. 其他功能

（1）多年专注的DVD纠错防读死技术。

（2）全格式，全兼容——影碟机VCD，无文件VCD光盘格式支持。

（3）新增多种格式。支持的格式有：MPA，AVI，ASF，WMV，RM，RMVB，MOV，SWF，VQF，DAC，MP3PRO，WMA，DAT，VOB，MPG，MP3，WAV等。

（4）数字家庭的播放选择——DV、DC、摄像头都可以支持播放及截图。

（5）使用文件夹窗口预览影片——不必打开播放器，即可一览影片概要。

（6）背景播放一样精彩——边工作边看MTV，把任何窗口当成电影幕布。

（7）局部放大不失真。

（8）随心所欲调字幕，完全控制DVD字幕颜色、位置……还具备多语言字幕同屏显示功能，全面促进外语学习。

（9）强大的记忆播放功能，支持光盘播放的书签记录及断点续播。

二、超级解霸

超级解霸V8的外观比以前的版本更加美观，功能更加强大，它可以播放DVD，也可通过Internet播放在线影视。

1. 超级解霸V8的界面

安装好超级解霸V8之后，选择 开始 → 所有程序(P) → 豪杰软件 → 豪杰超级解霸V8 → 豪杰超级解霸V8 命令，打开如图8.1.1所示的播放界面和控制界面。

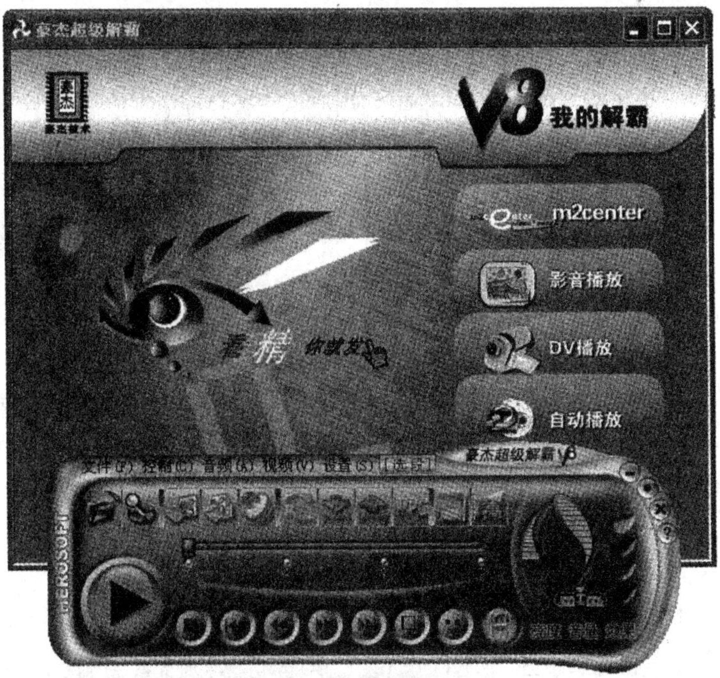

图8.1.1 豪杰超级解霸V8界面

播放界面变成了可操作的导航中心，通过它可与控制界面的按钮、菜单功能相结合，轻松实现影音播放等快速操作。

（1）m2Center：登陆豪杰多媒体中心即可享受在线影视、音乐动漫、手机图铃、娱乐花絮等多媒体服务。

（2）影音播放：点击后即将弹出打开对话框，用户可在该对话框中选择本地影音文件进行播放。

（3）DV播放：超级解霸V8增加了支持DV即时图像的显示功能。如果用户的计算机上安装了提供Twain标准接口的摄像头或DV设备（带有摄像功能），选择该功能即可显示即时的图像信号。同时结合“彩影无限”功能，轻轻松松即可将精彩画面传送至彩屏手机。

（4）自动播放：此功能可使超级解霸自动搜索光驱中的影碟进行播放。

（5）设置中心：单击此按钮将弹出超级解霸的设置中心对话框，可对软件的高级设置部分进行调节。

（6）在线更新：通过访问豪杰网站http://www.herosoft.com的用户可了解到更多媒体相关技术。

（7）帮助：浏览本软件的帮助文档。

控制界面主要由菜单栏和按钮图标组成。

（1）菜单栏主要包括文件(F)、控制(C)、音频(A)、视频(V)、设置(S)等。

1）文件菜单：提供文件、光盘的播放、关闭等方面的操作。

2）控制菜单：提供解霸的普通的操作设置，包括“播放”、“抓图”、“测试速度”和“循环”，具体见控制菜单详细说明。

3）音频菜单：与音频相关的设置可以通过它们来调节，例如“音量调节”、“环绕声控制”和“话筒输入”的调节。

4）视频菜单：与视频相关的设置可以通过它们来调节，例如“亮度调整”、“色度调整”、“画面比例”和“字幕选择”。

5）设置菜单：超级解霸的高级设置项目，如“控制设置”、“语言优先设置”、“区域设置”、“级别设置”。

（2）界面左上角的按钮从左至右依次是：“打开文件”按钮、“播放VCD/DVD”按钮、“单张抓图”按钮、“连续抓图”按钮、“静音”按钮、“循环播放”按钮、“选择开始点”按钮、“选择结束点”按钮、“保存MPG”按钮、“全屏”按钮和“使模糊变清晰”按钮。

（3）界面左下角的按钮从左至右依次是：“播放/暂停”按钮、“关闭一切”按钮、“上一段”按钮、“前跳”按钮、“后跳”按钮、“下一段”按钮、“微型界面”按钮、“高级”按钮和“彩影”按钮。

（4）界面右上角的按钮从上至下依次是：最小化、换肤、关闭和帮助。

（5）界面右中部的按钮从左至右依次是：“亮度调节”按钮、“音量调节”按钮、“音量平衡”按钮、“高亮”按钮、“标准”按钮、“柔和”按钮和“黑白”按钮。

2．超级解霸的播放功能

（1）播放DVD和VCD。播放DVD和VCD的方法有以下几种：

1）在播放界面中单击DV播放按钮，可播放DVD和VCD。

2）把VCD或DVD放到光驱里，选择文件(F)→自动搜索播放光盘(A) Alt + D命令，可播放DVD和VCD。

3）选择文件(F)→打开 媒体文件(O)... Ctrl + O命令，可播放DVD和VCD。

4）直接把要播放的文件拖到超级解霸的控制界面上进行播放就可以了。

（2）截取片断。对于一些精彩的片断，可以按以下操作步骤进行截取：

1）选择文件(F)→打开 媒体文件(O)... Ctrl + O命令，在弹出的打开对话框中选择需要播放的文件，如图8.1.2所示。

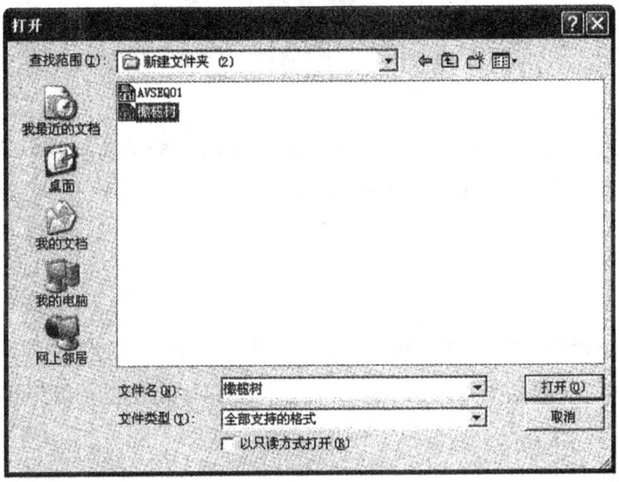

图 8.1.2　“打开”对话框

2）单击打开(O)按钮，即可打开所选择的文件。

3）在控制界面中单击“循环播放”按钮，可以看到播放进度条变为绿色，图标变成双箭头。

4）拖动鼠标到要截取的片断的起始位置，单击“选择开始点”按钮，选定开始点。

5）将游标拖至录取区域的终止位置，单击“选择结束点”按钮，绿色的部分就是选定的要截取的片段。

6）单击“保存MPG”按钮，弹出保存MPEG文件对话框，在“文件名”文本框中输入录像的文件名；在“文件类型”下拉列表中选择录制为“MPG”或“MPV”文件，如图8.1.3所示。

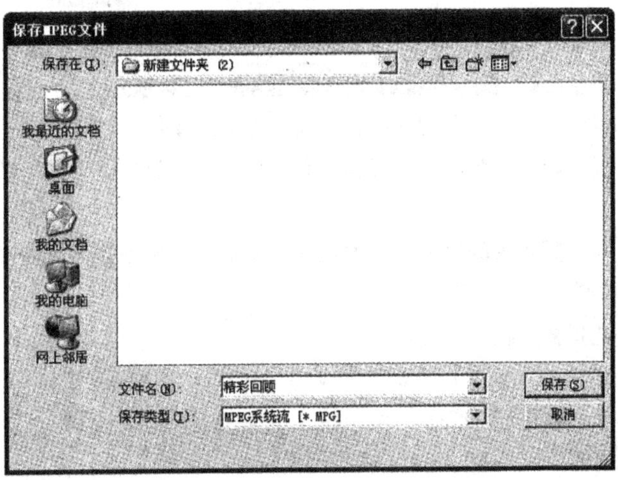

图 8.1.3　“保存 MPEG 文件”对话框

7）单击保存(S)按钮，系统将弹出如图8.1.4所示的正在处理对话框，显示影音文件的处理进度。处理完后自制的影音文件制作完成。

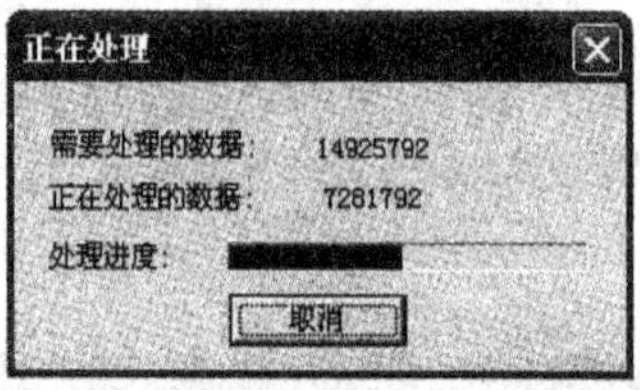

图 8.1.4　“正在处理”对话框

注意：用以上方法转换成的MPG文件不是标准的MPG格式，如果需要刻录成VCD，必须通过其他工具进行转换，可以使用豪杰视频通2.5来完成。

三、音频解霸 A8

音频解霸A8是一个播放音乐的应用程序，在原来的基础上，增加了一些功能，如用户可以对所选的曲目进行编辑，可以将原唱消除，从而可以用于卡拉OK，也可以播放VCD，DVD影碟的音频部分等。

1. 音频解霸的界面

安装好超级解霸之后，选择 开始 → 所有程序(P) → 豪杰软件 → 豪杰超级解霸V8 → 豪杰音频解霸A8 命令，打开如图8.1.5所示的控制界面。该界面主要由菜单栏和按钮组成。

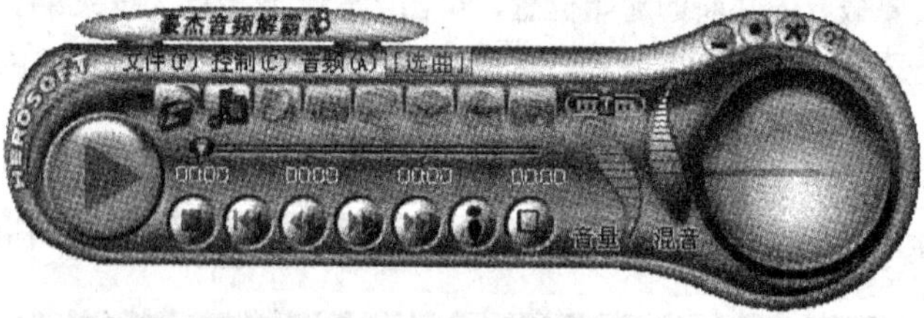

图8.1.5　音频解霸A8的控制界面

（1）菜单栏主要包括 文件(F)、控制(C)、音频(A) 和 [选曲]。

1）文件菜单：提供文件、光盘的播放、关闭等方面的操作。

2）控制菜单：提供超级音频解霸的操作设置，包括“播放”、“选择”、“测试速度”、“控制设置”和“各模块选择”。

3）音频菜单：与音频相关的设置可以通过它们来调节，例如立体声的调节、缓冲帧数、消除立体声（如MTV）的原唱。

4）选曲菜单：选择播放歌曲的曲目。

（2）界面左上角的按钮从左至右依次是：“打开文件”按钮、“文件列表”按钮、“静音”按钮、“播放并录音”按钮、“循环”按钮、“选择开始点”按钮、“选择结束点”按钮和“声音平衡”按钮。

（3）界面左下角的按钮从左至右依次是：“播放/暂停”按钮、“关闭一切”按钮、“上一段”按钮、“后跳”按钮、“前跳”按钮、“下一段”按钮、“信息”按钮和“微型界面”按钮。

（4）界面右上角的按钮从上至下依次是：最小化、换肤、关闭和帮助。

（5）界面右中部的按钮是播放进度、音量和混音。

2. 消除MTV原唱

消除MTV原唱的具体操作步骤如下：

（1）选择 开始 → 所有程序(P) → 豪杰软件 → 豪杰超级解霸V8 → 豪杰音频解霸A8 命令，打开音频解霸的控制界面。

（2）选择 文件(F) → 打开 音频文件(O)　Ctrl+O 命令，在弹出的 打开影音文件 对话框中选择需要播放的音乐文件。

（3）单击 打开(O) 按钮，将播放所选择的音乐文件。

（4）单击控制界面中的“静音”按钮，“播放并录音”按钮将变为可用状态。

（5）单击“播放并录音”按钮，弹出 保存声音波形文件 对话框，在“文件名”文本框中输入“清除MTV原声”；在“文件类型”下拉列表中选择“声音波形文件”选项，如图8.1.6所示。

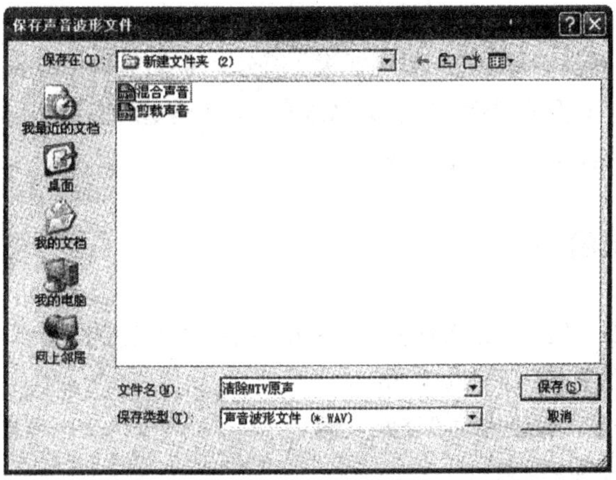

图 8.1.6　“保存声音波形文件”对话框

（6）单击 保存(S) 按钮，保存音乐文件。

第二节　病毒防治

随着计算机技术的迅速发展，计算机应用的范围也越来越广，随之也产生了许多问题，其中之一就是计算机病毒。

一、计算机病毒概述

计算机病毒不同于生物病毒，它的对象是计算机，主要对计算机系统进行各种破坏。那么，什么是计算机病毒？计算机病毒就是能够通过某种途径潜伏在计算机存储介质里，当达到某条件被激活时，进行自我复制和传播，对计算机资源进行破坏的一组程序或指令集合。计算机病毒实质上是在计算机程序中插入破坏计算机功能的数据，影响计算机使用并能自我复制的一组计算机指令或程序代码。它隐藏在计算机系统可存取信息资源中，利用系统信息资源进行繁殖并通过系统信息关系和途径进行传染，来影响计算机系统的正常运行。

二、计算机病毒的特点

计算机病毒的特点主要有以下几个：

（1）破坏性。计算机病毒的主要目的是破坏计算机系统，较轻的可以降低计算机系统的工作效率，严重的可以损坏系统资源和数据。

（2）传染性。传染性是计算机病毒的重要特征，是衡量一种程序是否为病毒的首要条件。计算机病毒通过各种渠道（磁盘、共享目录、网络等）从已被感染的计算机扩散到其他机器上，在某种情况下导致计算机工作失常。计算机病毒的传染是以读写磁盘和带毒的程序运行为基础的。

（3）潜伏性。病毒程序大多混杂在正常程序中，一些编制精巧的病毒程序，进入系统之后不马上发作，隐藏在合法文件中，对其他系统进行秘密感染，一旦时机成熟，就四处繁殖、扩散。有的则执行格式化磁盘、删除磁盘文件、对数据文件进行加密等使系统死锁的操作。潜伏性越好，其在系统中存在的时间就会越长，病毒的传染范围也就会越大。

（4）可触发性。计算机病毒程序一般包括两个部分：传染部和攻击部。病毒具有预定的触发条件，可能是时间、日期、文件类型或某些特定数据等。一旦满足触发条件，便启动感染或破坏工作，使病毒进行感染或攻击；如不满足，继续潜伏。

三、预防计算机病毒

计算机病毒种类繁多，但它们危害计算机的程度各不相同，因此对计算机病毒一定要进行预防。预防计算机病毒的措施主要有以下几个方面：

（1）保护好系统磁盘，保证启动机器时无毒。

（2）尽量不使用外来的磁盘。

（3）安装使用防毒卡或防毒软件，随时检测计算机病毒的入侵或定期查毒、杀毒。

（4）不使用公用软件和共享软件。

（5）禁止使用盗版软件。

（6）定期备份数据和文档。

（7）不做非法复制。

（8）限制下载网上文件。

（9）对不熟悉姓名的电子邮件不要轻易打开查看。

（10）严禁玩各种电子游戏。

四、金山毒霸 6 的概述

金山毒霸6是金山软件股份有限公司最新推出的一款突出易用性和互联网功能的杀毒软件。它是金山公司在深入调查用户需求的基础上，潜心研发的最新一代计算机安全防护产品。金山毒霸6在以前的版本之上又增加了以下功能：

1．快捷方式杀毒

“快捷方式杀毒”是为用户量身定造的全新功能。通过“快捷方式杀毒”功能，用户可根据自身需要设置扫描指定的文件，这样既可节省时间，又可提高工作效率，对需要查毒和杀毒的目标更一目了然。

2．屏保查毒

“屏保查毒”在电脑屏保运行期间对硬盘数据进行病毒扫描，有效地利用了电脑的空闲时间，在不影响用户工作的情况下，确保用户电脑免受病毒之害。金山毒霸屏保启动后，金山毒霸的屏保查毒一直在后台运行，一旦发现金山毒霸屏保激活，就会启动病毒扫描引擎，对当前硬盘分区进行病毒扫描，当屏保结束时中止查毒，并在屏保结束后弹出查毒结果对话框。

3．局域网同步升级

在一个子网中，一台计算机获得升级数据并更新后，可以向子网内发送一个升级广播通知，具有相同金山毒霸版本的计算机将反馈该信息。然后将本机的毒霸文件通过网络发送给可接受毒霸升级的计算机；其他计算机则将该计算机作为临时升级服务器，进行各自的升级。

4．独立的内存查毒

在安装金山毒霸6之前，首先执行内存查毒；查杀毒项目中提供了独立的内存查毒功能，即可独立执行内存查毒，保障机器内存的全面安全；病毒防火墙启动时先进行内存杀毒。

5．密码保护综合设置

“密码保护综合设置”主要针对的对象是学校、公司、网吧。加入密码保护，以防其他人随意修改防毒、杀毒设置，提高了机器的安全保障。

五、金山毒霸 6 的使用

金山毒霸6主要功能是查毒和杀毒。

1．定时查毒

定时查毒的具体操作步骤如下：

（1）双击桌面上的“金山毒霸6”图标，打开 金山毒霸 6 窗口，如图8.2.1所示。

图 8.2.1　“金山毒霸 6”窗口

（2）选择 工具(O) → 定时查毒(S) 命令，弹出 定时查毒... 对话框。

（3）在 定时查毒... 对话框中选中 ☑ 启动定时查毒 复选框，在“定时查毒方式”下拉列表中选择“每天”选项，“开始时间”选区为可用状态，在该选区中设置定时查毒的时间。在“定时查毒方式”下拉列表下出现“按日定时查毒”选区，在该选区中设置定时查毒的天数。在“高级选项”选区中用户可设置定时查毒的开始日期和结束日期，如图8.2.2所示。

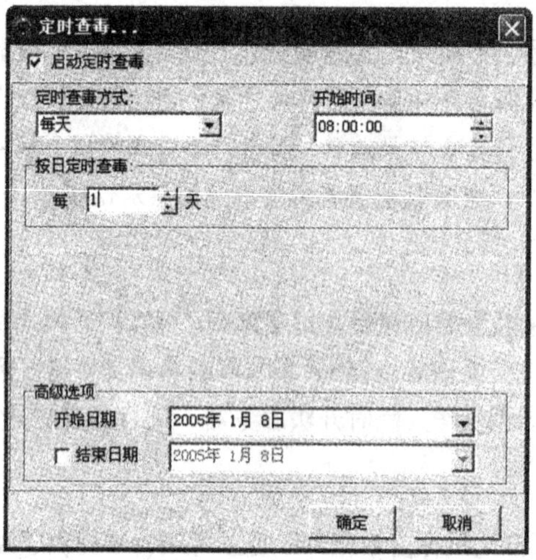

图 8.2.2　“定时查毒”对话框

（4）单击 确定 按钮，完成定时查毒的设置。

2．全面查杀毒

全面查杀毒的具体操作步骤如下：

（1）双击桌面上的“金山毒霸6”图标，打开 金山毒霸 6 窗口，单击 安全状态 标签，打开 安全状态 选项卡，选择需要查杀毒的硬盘及文件夹，如图8.2.3所示。

图 8.2.3　“安全状态”选项卡

（2）单击窗口中的 综合设置 按钮，弹出 综合设置 对话框，在“需要扫描的文件类型”选区中选中 ◉ 所有文件 单选按钮和 ☑ 进入压缩包查毒 复选框。在“需要扫描的其他内容”选区中选中

☑ 磁盘主引导记录和引导扇区（推荐）、☑ 注册表（推荐）和☑ 内存（推荐）复选框。在“发现病毒时的处理方式”选区中选中 ◉ 自动清除（推荐）单选按钮，在“清除失败后的动作”下拉列表中选择“隔离”选项，如图8.2.4所示。

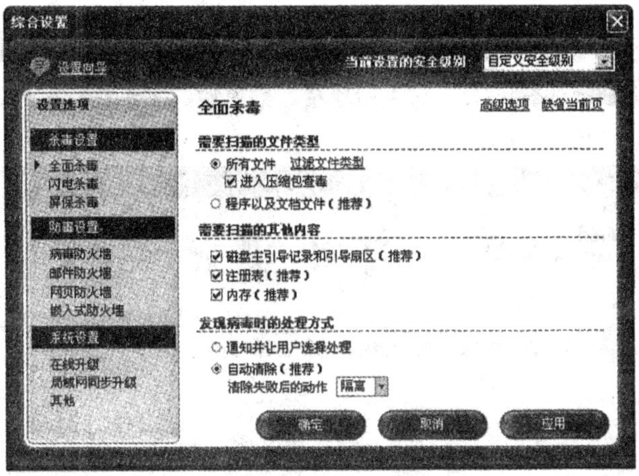

图 8.2.4　“综合设置”对话框

（3）单击 确定 按钮，返回到 安全状态 选项卡。

（4）单击 指定目录 标签，在打开的 指定目录 选项卡中单击 全面杀毒 按钮，弹出 金山毒霸 6 － 正在扫描 对话框，如图8.2.5所示。

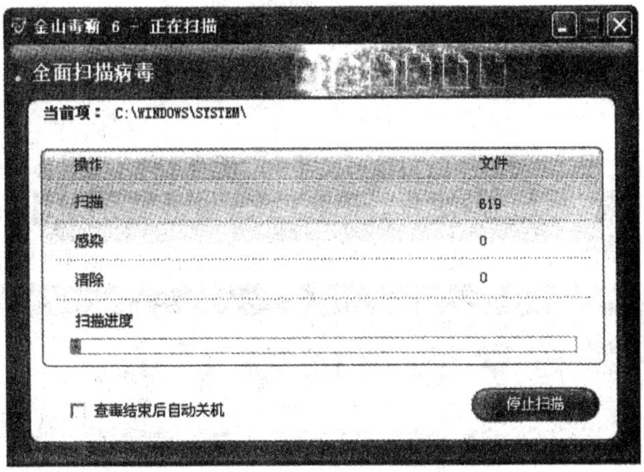

图 8.2.5　“金山毒霸 6–正在扫描”对话框

（5）扫描完毕之后，打开“病毒报告”窗口，该窗口显示查杀毒的信息。

第三节　压缩软件 WinRAR

WinRAR是Windows 98/2000下使用最广泛的压缩软件，它把计算机中的文件数据转换成紧凑的格式保存起来，在需要时重新解压出来再编辑使用。WinRAR的优点是功能更加强大，使用更加简单，压缩比更高，速度更快，支持Zip文件。文件压缩后可以节省很多空间，一般能减少50%，而图像文件可以减少90%以上。

一、WinRAR的窗口

安装了WinRAR之后，选择 开始 → 所有程序(P) → WinRAR → WinRAR 命令，可打开 NHLjc - WinRAR 窗口，它由标题栏、菜单栏、工具栏、后退键、目录栏、列表栏、文件区和状态栏组成，如图8.3.1所示。

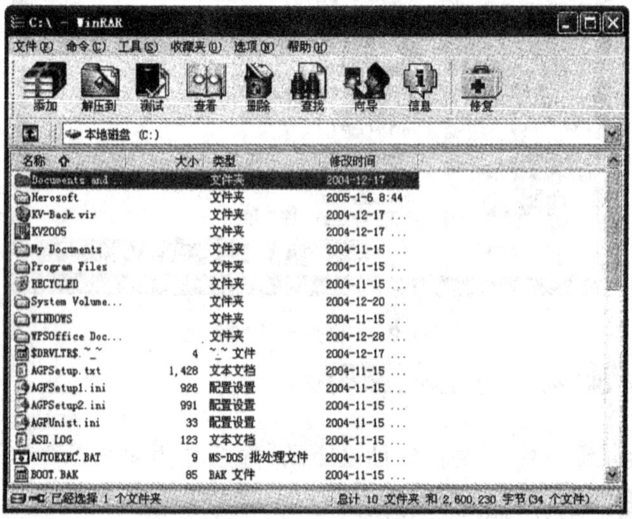

图 8.3.1　“WinRAR”窗口

二、压缩文件

WinRAR可以压缩文件，也可以压缩文件夹及其中的所有文件，其具体操作步骤如下：

（1）选择 开始 → 所有程序(P) → WinRAR → WinRAR 命令，打开 Macromedia - WinRAR 窗口，在目录栏中选择需要压缩的文件夹，如图8.3.2所示。

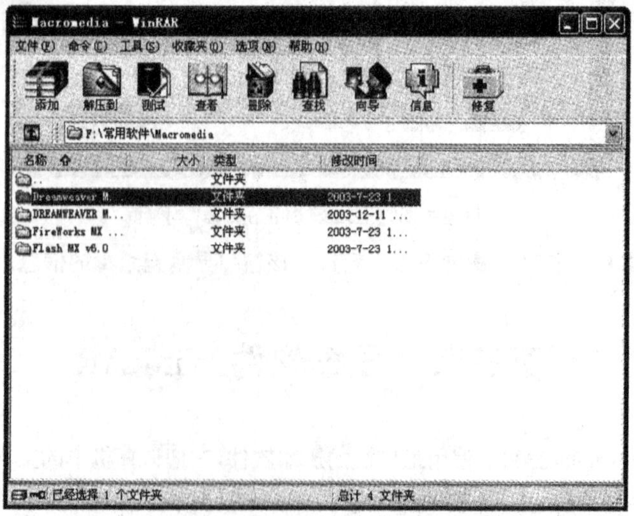

图 8.3.2　“Macromedia - WinRAR”窗口

（2）单击工具栏中的添加按钮，弹出压缩文件名和参数对话框，如图8.3.3所示。

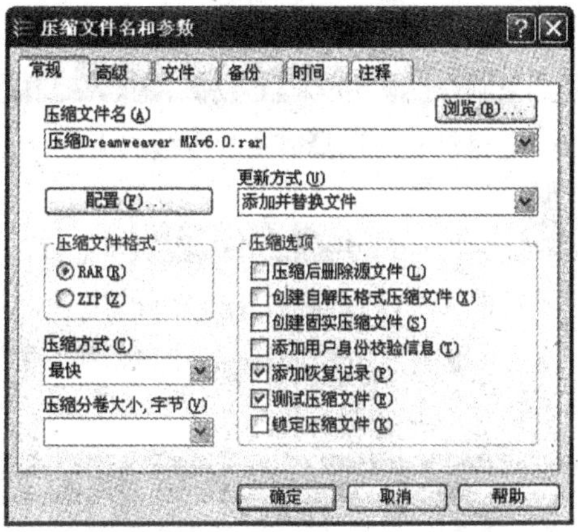

图 8.3.3　“压缩文件名和参数”对话框

（3）在“压缩文件名”文本框中输入“压缩Dreamweaver MXv6.0.rar”，在“更新方式”下拉列表中选择“添加并替换文件”选项，在“压缩文件格式”选区中选中RAR(R)单选按钮，在“压缩选项”选区中选中添加恢复记录(P)和测试压缩文件(E)复选框，在“压缩方式”下拉列表中选择“最快”选项。

（4）单击确定按钮，弹出压缩进度条对话框，程序开始压缩文件夹，如图8.3.4所示。

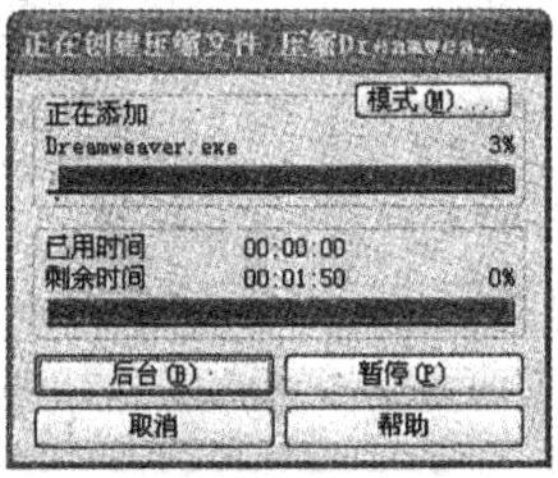

图8.3.4　压缩进度条

（5）当压缩完成之后，在Macromedia - WinRAR窗口中的文件区中将出现以新创建的压缩文件作为当前选定的文件，如图8.3.5所示。

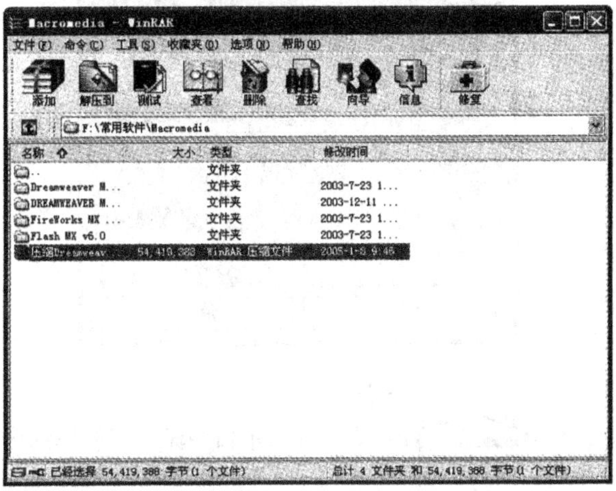

图8.3.5　新创建的压缩文件

三、解压缩文件

解压缩文件是压缩文件的相反操作，其具体操作步骤如下：

（1）选择 开始 → 所有程序(P) → WinRAR → WinRAR 命令，打开 Macromedia - WinRAR 窗口，在目录栏中选择需要解压缩的文件“压缩Dreamweaver MXv6.0.rar”。

（2）单击工具栏中的 解压到 按钮，弹出 解压路径和选项 对话框，如图8.3.6所示。

（3）在“目标路径”下拉列表中选择将文件解压的路径，在“更新方式”选区中选中 解压并替换文件(R) 单选按钮，在“覆盖方式”选区中选中 跳过已经存在的文件(S) 单选按钮，在“杂项”选区中选中 在资源管理器中显示文件(X) 复选框。

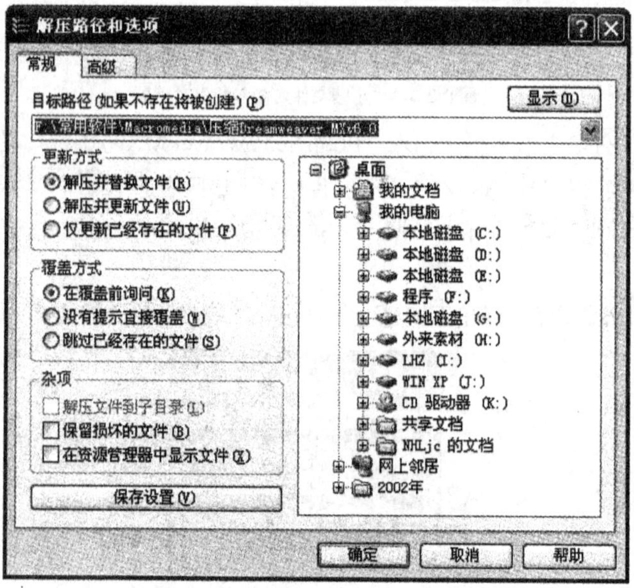

图 8.3.6　“解压路径和选项”对话框

（4）单击 确定 按钮，弹出解压进度条对话框，如图8.3.7所示。

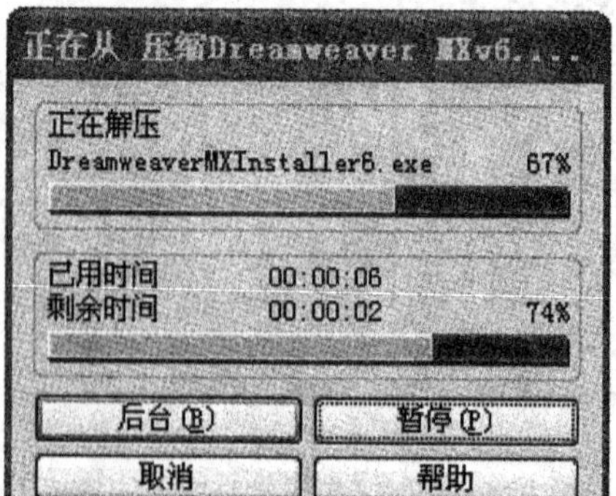

图8.3.7　解压进度条

（5）解压完成之后，打开 chengxu 窗口。在该窗口中添加了解压缩的文件夹，如图8.3.8所示。

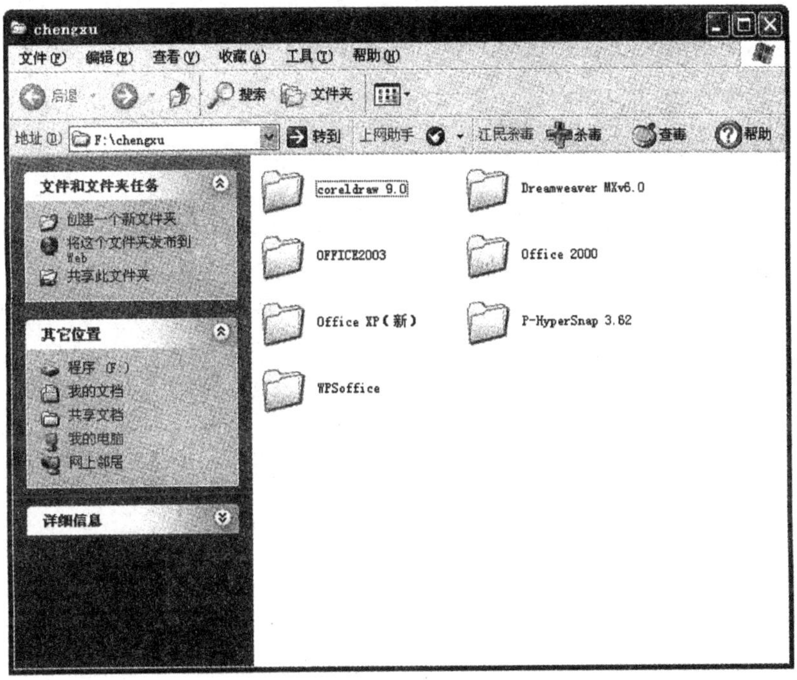

图 8.3.8　“Chengxu”窗口

习题八

一、简答题

1. 简述豪杰超级解霸的新增功能。
2. 什么是计算机病毒？它有什么特点？
3. 预防病毒应采取哪些措施？

二、上机操作题

1. 使用压缩与解压缩软件WinRAR进行压缩文件。
2. 使用豪杰超级解霸V8播放DVD。
3. 使用江民杀毒软件杀毒。